星際效應
電影幕後的科學事實、推測與想像

THE SCIENCE OF
INTERSTELLAR

基普‧索恩（Kip Thorne）著

克里斯多福‧諾蘭（Christopher Nolan）序言

蔡承志譯

漫遊者文化

目次

I.　基本認識

II.　「巨人」黑洞

III.　地球上的災難

序言

　　拍攝《星際效應》的最大樂趣之一就是結識基普・索恩。從我們第一次交談，我就很清楚看出他對科學懷抱著一種深具感染力的熱情，以及他有多不願勉強提出不成熟的見解。不論我就故事情節拋給他哪種挑戰，他總是從容以對、慎重考量，而且最重要的是，謹守科學的態度。他費心指引我堅守可信性的正軌，而當我不肯言聽計從、輕信就範時，他也從不曾表現出絲毫不耐（然而，當我有一次拋出難題，要他在兩星期內解決他那個不准超越光速的禁令時，似乎招來了他微微一聲嘆息）。

　　他不認為自己在扮演科學警察的角色，而是劇情敘事的協同創作人。每當我在劇本上作繭自縛時，他就動手翻找科學期刊和學術論文，想法子幫我解套。基普教導我科學的關鍵特性：謙遜面對大自然的意外現象。這種態度讓他得以欣賞那些小說提出的種種可能性，從另一個角度——說故事的角度——來著手探究悖論與不可知。本書繽紛展現了基普生氣蓬勃的想像力，以及他想提高科學親和性的不懈努力，讓我們這群不具備他那般高強智慧或淵博學識的普通人，也都能親近科學。他希望大家能夠理解我們這個宇宙的狂亂真理，為它們而興奮激動。本書的撰寫方式旨在吸引讀者深入探究，科學性向高的人能見其深，低淺的人也不會一無所獲，而且所有人都能體驗到個中的趣味，分享我努力追隨基普敏捷心智時所經歷的樂趣。

克里斯多福・諾蘭
加州洛杉磯
二〇一四年七月二十九日

緒論

　　我投入科學家生涯已經有半個世紀。從事這一行，大半的時間充滿歡欣樂趣，也讓我對我們這個世界和這個宇宙，培養出一種強有力的觀察角度。

　　在我小時候，以及之後的青少年時期，幸蒙好些人士的著述啟發而立志當個科學家，包括艾薩克‧艾西莫夫（Isaac Asimov）、羅勃特‧海萊茵（Robert Heinlein）與其他作家的科幻作品，還有艾西莫夫和物理學家喬治‧加莫夫（George Gamow）的科普類著作。我深受他們的恩澤，也渴盼能將其理念轉達給下一代，來回報這些前輩。我的做法是，不分年輕人或成年人，引領他們進入科學的世界，涉足現實的科學；我還為一般人解釋科學的運作方式，闡述科學為我們每個人，為人類的文明，以及為整個人類族群，帶來何等強大的力量。

　　克里斯多福‧諾蘭的《星際效應》電影就是落實此一心願的最理想信使。我從《星際效應》孕育之初就參與其中，委實是莫大的好運（真的是運氣使然），負責協助諾蘭和其他人把現實科學編織融入電影的素材中。

　　《星際效應》的科學原理，大半處於人類知識的最前緣，或稍微超前一些。這一點為影片更增神祕色彩，也讓我有機會闡釋區辨嚴謹科學（firm science）、有根據的推測（educated guess），以及想像臆測（speculation）的相異之處。它讓我得以描述科學家如何檢驗起初只是一種想像或臆測的概念，進一步證明該理念不成立，抑或使之進展為有根據的推測或嚴謹科學。

　　這方面我有兩種做法：一是，我解釋目前我們對電影中所見現象（黑洞、蟲洞、奇異點、第五次元等）的相關認識，同時說明我們是如何學到這些知識，以及期望如何掌握未知。另一種是，我從科學家的角度就《星際效應》片中所見景象加以詮釋，好像

藝評家或一般民眾詮釋一幅畢卡索畫作那樣。

我的詮釋大體針對片中情景來鋪陳，描繪我心裡設想的幕後可能現象：「巨人」黑洞（Gargantua）的物理學，包括黑洞的奇異點、視界和可見外觀；「巨人」的潮汐重力（tidal gravity）如何在米勒的星球上激起四千尺的水波浪濤；四個空間次元的超立方體如何傳送三次元的庫柏穿越五次元的「體」……

我的詮釋有時是從《星際效應》的劇情外推，超出我們在電影中所見內容，比如布蘭德教授如何早在電影劇情的展開點之前，就憑藉重力波發現了蟲洞，而那股重力波是從「巨人」附近一顆中子星所發出的，穿過蟲洞才傳抵地球。

當然，這些詮釋都是我的見解，並沒有徵得諾蘭認可，就好比藝術評論界的任何詮釋也從不曾徵得畢卡索認可一樣。這些詮釋是我用來描述某些奇妙科學的工具。

本書或許有些段落不是很輕鬆好讀，但這就是現實的科學。科學需要思索，有時還必須有深刻的思維。不過，思索也會有回報。你可以直接跳過艱澀的部份，也可以費勁設法讀懂。倘若你絞盡腦汁卻徒勞無功，那麼錯是在我，不在你，我向你道歉。

我希望，各位至少會有一次在夜深人靜、半睡半醒之間，發現自己正在苦思我所寫的某個段落內容，就像我也曾在夜裡苦思諾蘭為了完成劇本而拋給我諸多問題。我更希望，各位在夜深人靜、思前忖後之際，至少能體驗到一次靈光乍現的快樂，就如同我尋思諾蘭的問題時所經常體驗的。

這裡要感謝克里斯多福·諾蘭、喬納森·諾蘭（Jonathan Nolan）、艾瑪·托馬斯（Emma Thomas）、琳達·奧布斯特（Lynda Obst）和史蒂芬·史匹柏（Steven Spielberg）接納我進入好萊塢，給我這個實現夢想的大好機會，讓我能將科學的美好、誘人魅力與強大力量的信息轉達給下一代。

基普·索恩
加州帕薩迪納市
二〇一四年五月十五日

一個科學家在好萊塢：

《星際效應》的孕育

我的好萊塢搭檔：琳達‧奧布斯特

《星際效應》源自一段失敗的戀情。那份浪漫後來昇華為一段激發創意的友誼與搭檔關係。一九八〇年九月，我的好朋友卡爾‧薩根（Carl Sagan）打電話給我。他知道我是個單親爸爸，獨立撫養一個青春期的女兒（或者應該說，努力試著這麼做，但這方面我不是很擅長），在南加州過著單身生活（這方面我只是稍微擅長一點），同時投身理論物理學家的事業生涯（這方面我就屬害得多了）。

卡爾介紹我一個約會對象，慫恿我去約琳達‧奧布斯特一起參加他即將推出的《卡爾‧薩根的宇宙》（Cosmos）電視系列節目的世界首映會。

琳達是個才氣出眾的美麗女子，在《紐約時報雜誌》（New York Times Magazine）工作，是個反傳統文化、重科學的編輯，最近才移居落腳洛杉磯。她心不甘情不願地被丈夫拖了過來，這後來也成了兩人分手的原因之一。琳達困陷泥淖中，但仍善加利用這看似惡劣的處境，正在構思一部電影，想藉此打入電影界。那部電影叫做《閃舞》（Flashdance）。

《卡爾‧薩根的宇宙》的首映在格里菲斯天文台（Griffith

Observatory）舉行。那是一場必須打黑色領結的正式聚會，結果我很不識相地穿了一身淺藍色小禮服。洛杉磯有頭有臉的人物全都到場了，而我的穿著跟他們完全格格不入，就這樣風光地度過那一天。

之後的兩年間，琳達和我斷斷續續偶爾約會一下，無奈兩人就是不怎麼來電。她的充沛活力很吸引我，卻也把我累壞了。我心裡掙扎著，衡量值不值得累垮自己來追求激情，但結果這不是我能抉擇的——或許是因為我的天鵝絨襯衫和雙面針織長褲，我不知道，總之，不久之後，琳達就對我失去興趣，不再有浪漫激情，但另一樣更美好的東西也在增長中：來自截然不同世界、大相逕庭的兩個人，培養出一段充滿創造性的長年友誼和搭檔關係。

時間快轉到二〇〇五年十月，我們再一次共進晚餐。這樣子面對面交談，總會聊起許多話題，從宇宙學最新發現到左翼政治，乃至於美食到變化多端的電影製片業。

琳達那時已經躋身好萊塢最有成就、也最多才多藝的製片，作品包括《閃舞》、《奇幻城市》（The Fisher King）、《接觸未來》（Contact），還有《絕配冤家》（How to Lose a Guy in Ten Days）等。我則是已經再婚，妻子卡蘿莉（Carolee Winstein）也和琳達結為最好的朋友，而我在物理學界也發展得不錯。

琳達在那次的晚餐上說了她對一部科幻電影的構想，要我幫她充實細節部份。這是她第二次涉足科幻領域，希望仿效她先前和卡爾·薩根拍攝《接觸未來》電影的模式，來跟我協同合作。

我從沒想過自己會有幫忙創作電影的一天。除了聽琳達轉述、旁觀她的艱辛歷程之外，我也從不曾夢想在好萊塢占個位置。不過，跟琳達合作讓我很感興趣，而且她的構想還涉及蟲洞——我參與開拓的天文物理學概念，因此她不費吹灰之力就吸引了我和她展開一場腦力激盪。

往後的四個月間，我們又共進了幾次晚餐，加上電郵和電話往來，粗略勾勒出了影片的面貌。內容包括蟲洞、黑洞和重力波，還有一個五次元宇宙，再加上人類與較高次元生物的接觸經歷。但對我來說，最重要的是，我們對這部大製作鉅片的想像，打從一開始就根植於現實科學：位於人類知識的最前端，或稍微超前一些的科學。

這是一部從導演、編劇到製片，所有人都尊重科學的電影，

而且整個劇情徹頭徹尾從科學擷取靈感,將之編織融入電影的素材中。這是一部能夠帶領觀眾稍事領會物理定律可以與可能在我們的宇宙創造出哪些奇妙現象的電影,以及人類掌握了物理定律後,有可能成就哪些偉大事項。這是一部能夠激勵眾多觀眾投身學習科學,甚至以科學事業為職志的電影。

九年後,《星際效應》實現了我們所有的想像與展望。不過,從當年起步迄今,一路走來倒有點像系列電影《寶蓮歷險記》(*Perils of Pauline*),過程中的許多轉折點都有可能讓我們夢碎。

我們曾經延攬到傳奇導演史蒂芬・史匹柏相助,接著失之交臂。我們也找到年輕的編劇高手喬納森・諾蘭,卻兩度在關鍵階段失去他,天窗一開就是好幾個月。有整整兩年半期間,這部電影沒有導演,處於半死不活的狀態。

然後,它神奇地起死回生,還改頭換面轉為由喬納森的哥哥克里斯多福・諾蘭接掌——這個年輕世代最了不起的導演。

首任導演:史蒂芬・史匹柏

二〇〇六年二月,琳達和我開始腦力激盪的四個月後,她和史匹柏的經紀人——創新藝人經紀公司(Creative Artists Agency, CAA)的陶德・費爾德曼(Todd Feldman)——共進午餐。費爾德曼問她在忙哪些電影,她說了和我合作的狀況,以及一開始就把現實科學融入一部科幻電影的願景——我們的《星際效應》夢想。費爾德曼聞言精神一振,認為史匹柏說不定會有興趣,慫恿琳達送一份電影故事大綱(treatment)給他,**當天就寄出!**(所謂「電影故事大綱」是用來說明故事和角色的檔案,一般來說篇幅有二十頁或更多)

但我們手邊的文字紀錄只有幾封往來的電郵,加上幾次吃飯討論留下的筆記,於是快馬加鞭忙了幾天,草擬出八頁讓我們非常自豪的故事大綱,馬上把它寄出。幾天後,琳達發電郵告訴我:「史匹柏讀了那篇大綱,非常感興趣。我們有可能需要跟他見個面。同意?」

我當然同意!但一星期後,碰面的事還沒著落,琳達就打電話來了:「史匹柏要簽約執導我們的《星際效應》了!」琳達欣喜若狂,我也是。「好萊塢從來沒有發生過這種事。」她告訴我。

「從來沒有！」但是它確實發生了。

接著我向琳達坦承，我這輩子只看過一部史匹柏的電影——當然是《E.T. 外星人》（長大後我對電影從來不是很感興趣），於是她指定了一份家庭作業給我：「基普必看的史匹柏電影」。

一個月後，我們和史匹柏在二○○六年三月二十七日第一次碰面——這裡或許應該稱他史蒂芬才對，因為我已經開始這樣叫他了。我們前往南加州伯班克（Burbank），在他的安培林（Amblin）製片公司一間舒適的會議室裡開會。

會議上，我向史蒂芬和琳達提出兩條原則做為《星際效應》的科學指導方針：

1. 片中不得有任何事項違反已經確立的物理定律，或違背任何我們已經確立的宇宙知識。
2. 影片裡對我們一知半解的物理定律和宇宙所提出的想像臆測（往往相當離奇），都必須根源於現實科學，而且相關構想至少得有某些「可敬的」科學家認為不無可能。

史蒂芬對此似乎都能認同，還接受琳達的提議，召集一群科學家來和我們腦力激盪：一場《星際效應》科學研討會。

研討會在六月二日召開，地點就在加州理工學院我的辦公室走道另一頭的會議廳。

議程進行了八個小時，大家熱烈投入討論，題材百無禁忌。與會的有十四位科學家（天文生物學家、行星科學家、理論物理學家、宇宙學家、心理學家和一位太空政策專家），加上琳達、史蒂芬，以及史蒂芬的父親阿諾德（Arnold）和我。散會時，大家都疲憊不堪，卻滿懷著興奮之情和嶄新構想，以及對我們先前構想的異議。這是一劑強心針，刺激琳達和我去改寫、擴充我們的故事大綱。由於我們倆同時忙著處理其他事，這次修訂花了我們六個月時間，但到了二○○七年一月時，這份大綱已經擴增到三十七頁，外加十六頁《星際效應》相關科學的討論。

編劇：喬納森・諾蘭

在此同時，琳達和史蒂芬開始進行面試，遴選有潛力的編劇人才。

經過一段冗長的過程，焦點最後匯集在三十一歲的喬納森‧諾蘭身上，當時他才寫過兩部劇本，而且都是與哥哥克里斯多福合寫的：《頂尖對決》（*The Prestige*）和《黑暗騎士》（*The Dark Knight*），兩部都是賣座大片。

喬納森（叫喬納也行，朋友都這樣叫他）對科學所知有限，但他很聰明，充滿好奇心，又很肯學習。他花了好幾個月時間大量閱讀相關書刊，吸收星際相關領域的科學知識，提出犀利又深入的問題，並且提出讓史蒂芬、琳達和我都欣然接受、嶄新又重大的構想。

跟喬納森合作是很開心的事。我們一起腦力激盪了許多次，探討《星際效應》的相關科學。我們一般是在加州理工學院的「雅典娜神殿」（Athenaeum，學院教職員俱樂部）碰面，一邊用餐一邊談個兩、三小時。

喬納森會帶著滿腦子的新構想和新問題來跟我吃飯，由我當場回應他：這一點在科學上有可能實現，那個就不可能……我的現場回應有時候是錯的。喬納森會追問我：為什麼？那如果這樣呢……？但我的反應沒那麼快。我帶著問題回家，帶著它入睡。午夜時分，在直覺反應受到抑制的狀態下，我反而往往可以想出法子來落實他希望達到的成果，或至少找出變通的方法來達成他的最終目標。我變得擅長在半睡半醒之間進行創意思考。

第二天早上，我會把夜裡寫下的片段筆記彙整起來、解讀它們的意義，然後寫電郵給喬納森。他不是打電話過來、用電郵回覆，就是在下次共進午餐時提出他的回應，漸次整合兩人的想法。我們就這樣逐步向前進展，例如想出種種重力異常，並克服駕馭這些現象的挑戰，讓人類升空離開地球。我還稍微突破現有知識的侷限，使這些異象成為科學上有可能實現的事。

遇到關鍵時刻，我們就邀琳達一起加入戰局。她總是能對我們的想法提出中肯的評論，也很善於引導我們嘗試往各種不同的方向探索。在和我們腦力激盪之餘，她還發揮了神奇的影響力，約束派拉蒙影業以保障我們的創作自主性，同時還投入後續階段的規劃作業，思考如何使《星際效應》的構想落實為真正的電影。

到了二〇〇七年十一月時，喬納森、琳達、史蒂芬和我已經在故事結構上取得共識——根據琳達和我的原始故事大綱、喬納森的重大構想，還有許多在討論過程中成形的想法，加以徹底改

寫——而喬納森也已經全心投入劇本的編寫。但接下來，二〇〇七年十一月五日，美國編劇工會（Writers Guild of America）卻發起一場罷工。喬納森因此不得再繼續寫作，也不再現身。

我慌了。我們所有的努力，所有的夢想，會不會就此完全化為泡影？我問琳達。她要我稍安勿躁，但顯然也為此非常沮喪。在她出版的那本《好萊塢夜未眠》（*Sleepless in Hollywood*）一書中的第六章裡，琳達生動講述了那次罷工的經過，章名是〈大災難〉（The Catastrophe）。

罷工持續了三個月。等到二月十二日罷工結束，喬納森重新歸隊，並跟琳達和我展開密集討論。接下來的十六個月期間，他寫出一份詳細的劇情大綱，然後就投入劇本的實際寫作，接連完成了三版初稿。每一版完成之後，我們都和史蒂芬見面討論，而史蒂芬每次都花一個小時或更長的時間來仔細提問，接著提出建議、要求或如何修改的指示。他不是那種什麼都要管的人，但他的思慮非常周詳、敏銳，並且富有創意——有時也很堅決。

二〇〇九年六月，喬納森向史蒂芬遞交劇本第三稿後，又從我們的身邊消失。當時他投入撰寫《黑暗騎士：黎明昇起》（*The Dark Knight Rises*）劇本已經有一段時日，但為了處理《星際效應》的事而耽誤了進度，一個月拖過一個月，到這裡他實在不能再拖下去了，於是我們又沒了編劇。雪上加霜的是，喬納森的父親當時還病得很重。喬納森待在倫敦陪伴照料父親好幾個月，直到他父親在十二月裡病逝為止。這段漫長的空窗期中，我很害怕史蒂芬會因此對這部片失去興趣。

圖1.1
喬納森‧諾蘭、基普和琳達‧奧布斯特。

但史蒂芬和我們一起堅守到底，靜待喬納森歸來。他和琳達本來大可雇用另一個人來完成劇本，不過他們非常看重喬納森的才氣，決定等下去。

喬納森終於在二〇一〇年二月回來，接著在三月三日，史蒂芬、琳達、喬納森和我碰面討論喬納森九個月前出爐的第三稿。這次會談的成果非常豐碩。我有點暈陶陶。終於，我們重回正軌。

然後在六月九日，喬納森潛心撰寫第四稿之際，我收到琳達發來的一封電郵。「我們和史蒂芬的協議出了問題。正在處理中。」結果問題解決不了。史蒂芬和派拉蒙沒辦法就《星際效應》的下階段進度達成共識，琳達調解無功。突然間，我們沒了導演。

拍《星際效應》會非常花錢——史蒂芬和琳達兩個人都這樣告訴我。而以這等規模的電影來說，其他能讓派拉蒙放心託付的導演寥寥可數。我覺得自己看到了《星際效應》就此陷入絕境，慢慢凋零死去。我整個人心力交瘁，琳達剛開始也是。但她解決問題的本領，實在令人刮目相看。

導演兼編劇：克里斯多福・諾蘭

從琳達發出電郵告知「我們和史蒂芬的協議出了問題」才過了短短十三天，我打開電子信箱，發現一則令人開心的最新進展信息：「和艾瑪・托馬斯（Emma Thomas）談得非常愉快……」艾瑪是克里斯多福・諾蘭的妻子，也是他所有電影的製片兼合作夥伴。她和克里斯多福都對《星際效應》很感興趣。琳達興奮到渾身顫抖。喬納森打電話告訴她：「這是最好的結果。」但基於諸多因素，這項協議直到兩年半後才終於敲定，儘管我們十分確信克里斯多福和艾瑪都已經決定投入。

於是我們乖乖等候，從二〇一〇年六月，等到二〇一一年，又等到二〇一二年九月。整段期間，我焦躁不安。琳達在我面前總是神色自若，自信滿滿的樣子，但她後來招認，她曾經給自己寫下這段話：「經過兩年半的等待，說不定明天當我們醒來，克里斯・諾蘭也走了。說不定他會有他自己其他的想法，說不定別的製片會交給他更讓他喜愛的腳本，也說不定他會決定休息一陣子。這樣一來，我花這麼多時間等他就錯了。這種事在所難免。我的人生，身為創意製片（creative producer）的人生，就是這樣。

但他是我們夢寐以求的導演，所以我們只能等。」

遠遠高出我的薪等的協商終於正式展開。克里斯多福・諾蘭要求派拉蒙必須接受和華納兄弟（幫他製作先前幾部電影的片商）共同製作這部電影，否則他就不出任導演。於是，這兩家平常競爭敵對的大片商必須達成一份協議，而且內容極端複雜。

終於，到了二〇一二年十二月十八日，琳達發來電郵：「派拉蒙和華納談成協議。鹹魚大翻身！春天啟動！！」《星際效應》就此交到克里斯多福・諾蘭的手中，而且就我所知，一切從此一帆風順。終於！晴空萬里，樂趣無窮，生龍活虎！

克里斯多福很熟悉喬納森的劇本。他們倆畢竟是兄弟，而且喬納森在編寫時也會跟克里斯多福討論。他們合作的劇本全都很轟動，包括《頂尖對決》、《黑暗騎士》和《黑暗騎士：黎明昇起》。喬納森寫了《星際效應》的劇本初稿，克里斯多福接手改寫，一邊字斟句酌，一邊審慎思考他要怎麼拍攝每一場戲。

完全掌握《星際效應》的主導權後，克里斯多福把喬納森的腳本和他手中另一個計畫的腳本結合起來，注入一個全新的視界和一整套重大又嶄新的構想——它最後將把這部電影帶往一些意想不到的新方向。

一月中，克里斯（很快我就開始用這個暱稱來稱呼他）邀我前往他的電影製作公司 Syncopy 一談。它位於華納兄弟片廠裡。我們約在他的辦公室單獨碰面。

從這次的交談可以清楚看出，克里斯的相關科學知識極其淵博，而且擁有很強的直覺。他的直覺偶爾會出錯，但大多數時候正中紅心。他還富有極高度的好奇心，於是我們的談話內容經常從《星際效應》岔到一些他感興趣的不相干科學議題。

第一次見面，我就要求克里斯必須遵奉我提出的科學指導方針：不得有任何事項違反已經確立的物理定律，以及所有想像臆測都必須根源於現實科學。他對此看來抱持正面的態度，但他也告訴我，如果我不喜歡他在科學層面上的某些做法，我也無須公開幫他辯解。這一點讓我當下有點動搖。但現在電影已經進入後製階段，看他如此恪遵這兩條指導方針，又沒讓它們妨礙他完成這樣一部優秀的電影，真的讓我印象非常深刻。

從一月中到五月初，克里斯埋頭工作，改寫喬納森的劇本。有時候，他或他的助理安迪・湯普森（Andy Thompson）會打電話

給我，請我去他的辦公室或他家裡討論科學的議題，或是要我去讀剛完成的劇本，然後再約見面討論。我們每次討論時間都很長，通常需要九十分鐘，有時一、兩天後還要講很久的電話繼續討論。他會提出我必須動腦筋思考的問題，而且就像當初和喬納森合作時一樣，我總是在夜深人靜時想出最好的法子，隔天上午再把這些想法寫成幾頁的備忘，附上圖表和照片，然後帶著它們去找克里斯。（克里斯很擔心我們的構想會洩漏出去，減損了他的影迷對其作品的高度期待。他是好萊塢最注重保密的電影人之一）

克里斯提出的點子偶爾看似違反我的指導方針，神奇的是，我幾乎永遠想得出辦法來落實他的想法，而且符合科學原理，只有那麼一次，以慘敗收場，後來經過兩星期內多次討論後，克里斯才放過我，往另一個方向發展那段劇情。

就這樣，我終於放下所有不安，不再擔心哪天必須為克里斯在科學層面上的處理方法公開辯解。事實上，我根本就是衷心擁戴！他實現了琳達和我的夢想，拍出一部奠基於現實科學，而且從頭到尾交織涵納現實科學的熱門賣座電影。

《星際效應》的劇情在喬納森和克里斯的手中完全改頭換面，最後只剩大架構還看得出琳達和我那個原始大綱的痕跡。改得實在好太多了！至於科學方面的構想，也不完全出自我的手，有許多出色的想法必須歸功於克里斯，是那種會讓我的物理界同行以為出自我本人的構想，那種讓我看了會不禁自問「我怎麼沒想

圖1.2
基普和克里斯多福・諾蘭在拍片現場的「永續號」控制艙裡交談。

到？」的構想。其他當然還有一些是我和克里斯、喬納森或琳達一起討論出來的。

四月的某天晚上，卡蘿莉和我在我們位於帕薩迪納的家裡，為史蒂芬‧霍金（Stephen Hawking）辦了一場盛大的宴會，邀集了各行各業數百位嘉賓，包括科學家、藝術家、作家、攝影師、電影人、歷史學家、學校老師、社區組織人士、勞工組織人士、創業家、建築師與其他人士。

克里斯和艾瑪來了，喬納森和他的太太麗莎‧喬依（Lisa Joy）也來了，當然還有琳達。夜深時，我們幾個人站在露台上，遠離晚宴的喧鬧，在星光下佇立良久低聲交談。這是我第一次有機會認識有血有肉的克里斯，而不是電影人克里斯多福。那感覺實在太愉快了！

克里斯很平易近人，跟他聊天非常有意思，而且他有種古怪詼諧的高度幽默感。他讓我想起另一個朋友：英特爾的創辦人高登‧摩爾（Gordon Moore）。這兩人都是自身領域的頂尖人物，卻一點也不裝腔作勢，喜歡開老爺車，愛它勝過他們其他更豪華的座車。他們倆都讓我覺得很自在──這對像我這樣內向的人來說，是很不容易的事。

視覺特效團隊：保羅‧富蘭克林、奧利弗‧詹姆斯和歐吉妮‧馮‧騰澤爾曼

二〇一三年五月中的某一天，克里斯打電話給我，說要派一個叫做保羅‧富蘭克林（Paul Franklin）的人來跟我討論《星際效應》電腦繪圖的事。保羅隔天就來了，我們在我家的辦公室裡開心地腦力激盪了兩小時。他的舉止和克里斯的強勢作風相較之下顯得相當謙遜，而且是個很厲害的人，大學時主修藝術，卻對相關科學具備非常淵博的知識。

保羅要離開時，我問他打算找哪家繪圖公司來負責視覺特效。他淡淡地回答：「我的公司。」我無知地追問：「那是哪家公司？」「雙重否定（Double Negative）。我們在倫敦有一千名員工，在新加坡有兩百人。」

保羅離開後，我用谷歌搜尋他，結果發現他不只與人共同創辦了「雙重否定」公司，還幫克里斯的電影《全面啟動》（Inception）

圖1.3
保羅・富蘭克林和基普。

贏得奧斯卡最佳視覺效果獎。「我也該開始學點電影圈的事了。」
我低聲告訴自己。

　　幾個星期後，保羅在一次視訊會議上介紹我認識他的倫敦公
司裡負責《星際效應》視效的團隊，當中和我關係最密切的小組
長有奧利弗・詹姆斯（Oliver James），以及藝術組組長歐吉妮・馮・
騰澤爾曼（Eugenie von Tunzelmann），前者是負責編寫視覺成像
電腦指令碼的首席科學家，後者的小組負責運用奧利弗的指令碼，
大量添入美術上的手法，為電影打造出令人目眩神迷的影像。

　　奧利弗和歐吉妮是我最早認識的具有物理學訓練背景的《星
際效應》工作人員。奧利弗有光學和原子物理學學位，也很熟悉
愛因斯坦狹義相對論的技術性細節。歐吉妮是牛津培訓的工程師，
專精於資料工程和電腦科學。他們跟我有共通的語言。

　　我們很快就發展出非常融洽的工作關係。有好幾個月，我幾

圖1.4
歐吉妮・馮・騰澤爾曼、基普
和奧利弗・詹姆斯。

乎全時間投入其中，竭力構思呈現黑洞和蟲洞附近宇宙影像的方程式（第八章和第十五章）。

我用一種非常便利、名為 Mathematica 的低解析度電腦軟體來測試我的程式，然後將這些方程式和 Mathematica 代碼寄給奧利弗。他很快就消化它們，轉換成能夠因應《星際效應》所需、產出超高品質 IMAX 影像的精密電腦指令碼，再交給歐吉妮和她的小組。跟他們合作非常愉快。

最後的成果就是在《星際效應》片中看到的視覺影像，效果令人驚豔，而且精準符合科學原理！

你絕對無從想像，當奧利弗寄給我影片最初的幾個鏡頭時，我心中的那份狂喜。我這輩子有生以來頭一次——而且先於其他所有科學家——看到了（以超高畫質呈現）快速自旋黑洞是什麼樣子，目睹它對周遭環境產生什麼影響。

卡司陣容：馬修・麥康納、安・海瑟薇、米高・肯恩和潔西卡・崔絲坦

七月十八日，影片開拍的兩星期前，我收到飾演庫柏（Cooper）的馬修・麥康納（Matthew McConaughey）寄來一封電郵：「關於《星際效應》，」他寫道。「我想請教幾個問題，還有⋯⋯如果你在洛杉磯一帶，最好是見面談。請回覆我可否，謝謝。進行中，麥康納。」

六天後，我們約在比佛利山莊碰面，地點在精品旅館「耶爾米塔格」（L'Hermitage）的一間套房。他把自己安頓在那裡，竭力揣摩庫柏一角，並鑽研《星際效應》的相關科學。

我抵達飯店時，他穿著短褲和運動背心，光腳走來開門。由於他才剛拍完《藥命俱樂部》（ Dallas Buyers' Club ），身形還很瘦削（他在片中飾演愛滋病患，後來還以此贏得奧斯卡最佳男主角獎）。他問能不能叫我「基普」，我說當然可以，然後反過來請教我該怎樣稱呼他。

「怎樣都好，就是別叫我馬特。我恨馬特。」他說。「馬修、麥康納、喂你⋯⋯都可以，隨你高興。」我選了「麥康納」，因為這個名字念起來很順，而且我這輩子已經認識太多馬修了。

套房裡那間寬敞的起居兼用餐室裡大半的家具，都被麥康納

搬開了，只留下 L 形沙發和一張咖啡桌。地板和桌面上到處散落著 30 乘 45 公分大小的紙張，每一張上頭都寫著一個特定議題的相關筆記，而且書寫方向不拘，非常隨興潦草。我們坐到沙發上。他隨手拿起任何一張筆記、瀏覽一眼，然後發問。這些問題通常都很深入，引發長時間討論，過程中他會一邊在紙上做註記。

　　這場討論經常岔開到突如其來的方向，筆記被他忘在一邊。可以說，我很久沒有跟人聊得這麼興致勃勃、這麼開心了！我們上天下海無所不談，從物理定律——尤其是量子物理學——談到宗教和神祕主義，到《星際效應》的相關科學，到我們的家庭，尤其是我們的孩子，再到我們的生命哲學，以及我們如何得到靈感、我們的心思怎麼運作，乃至於我們如何有所發現。兩小時後，我滿心歡喜暢快地離去。

　　後來我告訴琳達我們那次見面的情況，她回答我：「這是當然的啦。」她大可以事先讓我有點心理準備，畢竟《星際效應》是她和麥康納合作的第三部片了。我很高興她沒有先說破。能自己發現他是怎樣的人讓我相當開心。

　　下一封電郵相隔了好幾星期，來自在片中飾演艾蜜莉亞·布蘭德（Amelia Brand）的安·海瑟薇（Anne Hathaway）。「嗨，基普，收信平安！……艾瑪·托馬斯給我你的電郵，以便我有問題時找得到人釋疑。這電影的題材還滿重的，所以我有好些問題要請教！……我們能不能見面聊聊？非常感謝，安。」

　　結果我們找不到見面討論的空檔，只能直接在電話上講。她形容自己本來就有點像個物理宅，又說她的角色應該對物理學瞭若指掌才對，然後開始提出一大串非常專門的物理學問題：時間和重力之間是怎麼樣的關係？我們為什麼認為或許有較高次元的存在？量子重力的研究現況如何？有沒有進行過實驗來檢測量子重力？……事實上，她直到最後才讓這場談話岔開主題，改聊音樂，說起高中時代她吹小號的事，而我是吹薩克斯風和單簧管。

　　《星際效應》拍攝期間，我幾乎沒去過拍片現場，因為我沒必要在場。但有天早上，艾瑪·托馬斯領我走了一趟「永續號」太空船的布景現場：「永續號」指揮暨導航艙的全尺寸模型，設於索尼片廠（Sony Pictures Studios）的三十號攝影棚。

　　模型令人歎為觀止：長近十四·五公尺，寬近八公尺，高近五公尺，吊掛在半空中，能夠從水平變換到近乎垂直，細節製作

也非常考究。我整個人看到呆了，卻也忍不住好奇。

「艾瑪，既然可以用電腦繪圖達到相同目的，為什麼還要搭建這麼龐大複雜的場景？」她答道：「我們不確定哪種方法比較便宜，而且，用電腦繪圖還沒辦法製作出像真實場景那樣逼真的視覺細節。」所以，她和克里斯都會盡可能使用真實場景和現場效果，只有碰上沒辦法這樣實際去拍攝的事物，例如「巨人」黑洞，他們才會另謀他途。

還有一次是，我在布蘭德教授的黑板上寫了幾十條方程式和圖表解說後，留在現場觀看克里斯在教授辦公室裡拍攝飾演教授的米高·肯恩（Michael Caine）、飾演墨菲的潔西卡·崔絲坦（Jessica Chastain）演出。[1]肯恩和崔絲坦對我表現出那樣的熱情和友善敬重，讓我非常驚訝。儘管我在製片層面上不扮演任何角色，卻獲謬讚為《星際效應》幕後的真實科學家，說是我啟發所有人致力於讓這部賣座熱門電影在科學層面上站得住腳。

這個盛名促使我和一票好萊塢偶像展開饒富興味的對話，不光是諾蘭兄弟、麥康納和海瑟薇，還包括肯恩、崔絲坦與其他人。它是我和琳達這段充滿創意的友誼帶來的額外收穫。

於是琳達和我的《星際效應》夢想就此進入最後階段。那個階段就是你們，各位讀者，對《星際效應》的相關科學開始感到好奇，想知道你在電影中見到的奇特異象該如何解釋。

答案就在這裡。這是我寫這本書的原因。希望大家讀得開心！

1　參見第二十五章。

I
基本認識

2

簡單認識我們的宇宙

我們的宇宙廣闊無垠，美麗至極。它就某些層面看來十分單純，從另一些角度看來又錯綜複雜。但它的豐富萬象，我們也只需採擷其中幾項基本事實揭露如下。

大霹靂

一百三十七億年前，我們的宇宙在一陣驚天爆炸中誕生。宇宙爆炸說後來由我的宇宙學家朋友弗雷德‧霍伊爾（Fred Hoyle）起了個「大霹靂」（the big bang）的名號，因為當時（一九四〇年代）他認為那是一種不切實際的離譜概念，因此取了這個帶有貶義的稱呼。

弗雷德終究是錯了。在那之後，我們已經發現了那場爆炸留下的輻射，甚至就在（我寫下這段文字的）短短一星期之前，還看到了爆炸開始後第一個兆兆兆分之一秒間發出之輻射的初步證據！[2]

---

2 用谷歌搜尋「gravitational waves from the big bang」或「CMB polarization」，了解一下二〇一四年三月那項驚人發現的內情。我在第十六章末尾提供了一些細節內容。

　　我們不知道引爆大霹靂的起因為何，也不清楚大霹靂之前有沒有任何東西，或存有哪些事物。但宇宙就是這樣莫名其妙地以一片浩瀚無垠的超熱氣體汪洋姿態現身，而且就像核彈轟擊或瓦斯管爆炸引燃的火球一樣，高速朝四面八方擴展。唯一的差別在於，大霹靂不具有破壞性（就我們目前所知）。事實上，大霹靂**創造出**我們所處這個宇宙的一切——或是應該說，一切事物的種子。

　　我很樂意寫個長篇章節來介紹大霹靂，但仍發揮強大意志力壓下了這個衝動。本書接下來的章節都不會談到它。

星系

隨著我們的宇宙向外擴展，熱氣也冷卻了下來。某些區域的氣體密度稍高於其他區域，高低隨機分布。當氣體充分冷卻，重力便分別將每個高密度區域向內朝本身拉扯，一座星系就此誕生（星

圖2.1
名為「阿貝爾1689」（Abell 1689）的豐富星系團，以及其他眾多較遙遠的星系。哈伯太空望遠鏡拍攝。

系是一個龐大的星團，包含恆星、所屬行星，以及恆星間的瀰漫氣體）；參見圖 2.1。最早的星系在宇宙幾億歲時誕生。

可見宇宙（the visible universe）約含一兆個星系。最大型星系包含好幾兆顆恆星，跨越百萬光年空間；[3] 最小的星系則約含千萬顆恆星，跨越一千光年。非常大型的星系，中心多半有個巨大的黑洞（第五章），重可達太陽重量的百萬倍或更高。[4]

地球棲身的星系稱為銀河系。銀河系的大多數恆星，位於一條橫越地球清朗夜空的明亮光帶之間。而且，不光是這些位於明亮光帶裡的星辰，所有我們在夜空見到的明亮光點，也幾乎全都位於銀河系內。

最靠近我們這座星系的大型星系稱為仙女座星系（Andromeda，圖 2.2），距離地球兩百五十萬光年。它包含一兆顆恆星，約跨越十萬光年。銀河系和仙女座星系宛如孿生星系，大小、形狀和恆星數量都約略相等。如果圖 2.2 呈現的是銀河系，那麼地球就位於圖中黃色菱形圖案的位置。

圖2.2
仙女座星系

100,000光年

3　一光年是光在一年間傳播的距離，約相當於十兆公里。

4　用更技術性的說法來說，其質量為太陽質量的百萬倍或更高。這表示，當與它相距一固定距離，其重力引力就相當於一百萬顆太陽的引力。本書中，我用「質量」和「重量」代表同一件事。

　　仙女座星系裡有個巨型黑洞，重達太陽的一億倍，橫跨範圍相當於地球的繞日軌道（重量和大小都與《星際效應》裡的「巨人」黑洞相當；見第六章）。這個黑洞位於圖 2.2 正中央那個明亮球體的中間。

太陽系

恆星是大型的氣態高熱球體，一般是靠燃燒核心的核燃料來保持高熱。

　　太陽是一顆相當典型的恆星。它的直徑為一百四十萬公里，約為地球的一百倍大。太陽的表面有閃焰（flare）、高熱斑點，以及較低溫斑點。用望遠鏡探勘太陽，是一件非常有趣的事。（圖2.3）。

　　八顆行星，包括地球在內，沿著橢圓形軌道繞日運行，其他

圖2.3
太陽。美國航太總署太陽動力學天文台（Solar Dynamics Observatory）拍攝。

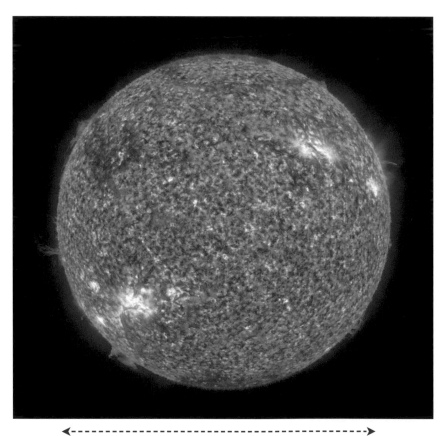

140萬公里

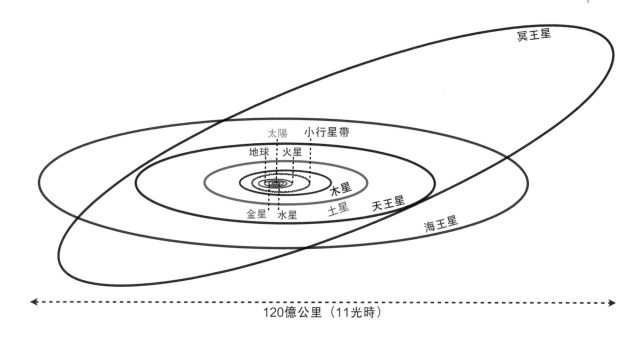

120億公里（11光時）

還有許多矮行星（冥王星是當中最知名的一顆）與許多彗星，另外就是一些被稱為小行星的較小岩質星體，以及流星體（圖2.4）。

　　地球是從太陽算起第三顆行星，土星則是第六顆，外圍環繞著幾道壯觀的環，在《星際效應》片中扮演一個角色（第十五章）。

　　太陽系比太陽本身大上一千倍，而光橫越太陽系需要十一個小時（11 光時）

　　除了太陽之外，最接近地球的恆星是半人馬座比鄰星（Proxima Centauri），和我們相距 4.24 光年，相當於太陽系跨距的兩千五百倍！我會在第十三章討論這種距離對星際旅行的可怕意涵。

圖2.4
太陽的行星群，以及冥王星的繞口軌道，加上一個布滿小行星的區域。

恆星死亡：
白矮星、中子星和黑洞

太陽和地球誕生至今約有四十五億年，約是我們這處宇宙年齡的三分之一。再過六十五億年左右，太陽就會把賴以保持熱度的核心核燃料全數耗盡。

　　接著，太陽會改而燃燒包裹核心那一道殼層中所含的燃料，表面也會同時擴張，將地球吞噬焚毀。

而當核心的殼層燃料也耗盡，地球被燒成灰燼，太陽將會縮成一顆白矮星，大小約莫和地球一樣，但密度高出百萬倍。這顆白矮星會逐漸冷卻，在數百億年後變成一團緻密的黑暗殘燼。

恆星的重量遠超過太陽，燃料消耗的速率也高得多，最後會塌縮成一顆中子星或黑洞。

中子星的質量約為太陽的一至三倍，周長為七十五到一百公里（約芝加哥的大小），密度則和原子的核心相當，約是岩石和地球密度的百兆倍。

真正來講，中子星幾乎完全由核物質構成：緊挨在一起的原子核。

相對的，黑洞（見第五章）則是整個完全由翹曲空間和翹曲時間構成（我會在第四章解釋這個奇特的說法）。

黑洞不含任何物質，但是有表面，稱為「事件視界」（event horizon），或簡稱「視界」，沒有東西能逸出視界，連光都不行。所以黑洞是黑的。黑洞的周長和質量成正比：當黑洞愈重，它的尺寸也愈大。

當黑洞的質量大約相當於一顆典型中子星或白矮星（約莫太陽的 1.2 倍重）時，它的周長約有二十二公里，等於中子星周長的四分之一，白矮星周長的千分之一；參見圖 2.5。

由於恆星通常重不超過百倍太陽的重量，因此它們生成的黑洞也不會超過百倍太陽之重。

但位居星系核心的巨型黑洞，重可達太陽的百萬倍至兩百億倍，因此不可能是從一顆恆星生成的。它們肯定是以其他某種方式形成的，或許是許多較小型黑洞附聚凝成，也說不定是由龐大的氣體雲（cloud of gas）塌縮生成。

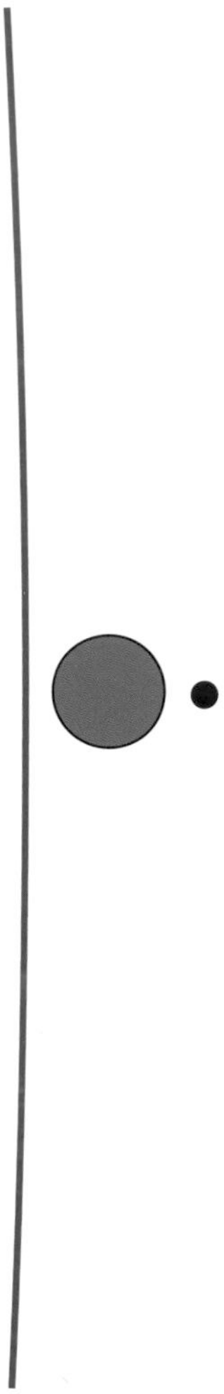

圖2.5
重量分別都相當於1.2顆太陽的白矮星（左）、中子星（中）和黑洞（右）。圖中的白矮星，只畫出表面的一小片段。

磁場、電場和重力場

磁力線在我們所處的這個宇宙影響甚大，在《星際效應》片中也扮演吃重的角色，因此在我們深入探究《星際效應》的相關科學之前，先在此稍加討論。

各位在上自然科學課時，說不定都做過一個漂亮的小實驗，見識過磁力線。

記不記得你曾經拿來一張紙，紙下擺著一塊條形磁鐵，然後

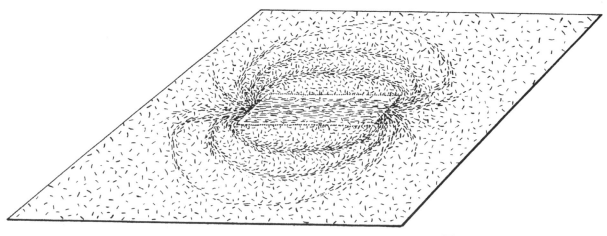

圖2.6
把鐵屑撒在一張紙上，就能看見條形磁鐵發出的磁力線。（馬特・齊梅特〔Matt　Zimet〕根據我的草圖繪製，援引自我的著作《黑洞與時間彎曲：愛因斯坦的幽靈》*）

往紙面撒下鐵屑（細長的碎屑）？

　　這些鐵屑會自行沿著看不見的磁力線列置，排出如圖 2.6 所示的圖樣。作用力線從磁鐵的一極發出，繞過磁鐵，然後從另一極進入。這些磁力線的統合稱為磁場。

　　當你拿著兩塊磁鐵，讓兩個北極面對面，努力想讓磁鐵吸攏在一起，它們的磁力線會把彼此推開。

圖2.7
世界上第一條商業運轉的磁浮列車，中國上海。

* 此為中文簡體版書名。原書名為 "Black Holes & Time Warps: Einstein's Outrageous Legacy"。

圖2.8
地球的磁力線。

在這兩塊磁鐵之間，你看不到任何東西，卻感受得到磁場的斥力。這就是磁浮的原理，可以使磁化物懸浮在半空中──連軌道列車都可以（圖 2.7）。

地球也有南、北兩個磁極。磁力線從南磁極發出，繞過地球，然後下行進入北磁極（圖 2.8）。這些磁力線能夠抓住羅盤針（就像抓住鐵屑那樣），使指針轉動，並盡可能貼著磁力線的方向擺

圖2.9
挪威亨墨菲斯（Hammerfest）
上空的北極光。

圖2.10
中子星的甜甜圈形磁場和兩極
噴流的繪製圖。

250公里

置。這就是羅盤的運作原理。地球的磁力線透過北極光在我們的眼前現形（圖 2.9）。太陽噴出的質子被地球的磁力線逮住，沿線進入地球大氣，跟大氣中的氧、氮分子對撞，使氧和氮發出螢光。這就是極光。

　　中子星的磁場非常強，磁力線狀似甜甜圈，就像地球的磁力線一樣。陷入中子星磁場的高速運動粒子會點亮磁力線，產生如圖 2.10 所示的藍色圈環。有些粒子被釋放出來，從磁場的兩極噴出，形成圖示的兩束紫羅蘭色噴流。

　　這些噴流包含各式各樣的輻射：伽瑪射線、X 射線、紫外線、可見光、紅外線和無線電波。當中子星自旋時，燦爛的噴流就像探照燈那樣掃過上方天空。每次當噴流掃過地球，天文學家就觀察到一股輻射脈衝，因此將這些星體命名為「脈衝星」（pulsar）。

　　除了磁場之外，宇宙中還有其他種類的「場」（力線群）。其中一個例子就是電場，例如驅動電流在電線中通行的電力線群；另一個例子則是重力場，例如將我們拉向地球表面的重力線群。

地球的重力線呈放射狀指入地球內部，拖著物體朝地球運動。
重力的引力強度和重力線的密度（通過一定面積範圍的重力線數
量）成正比。當重力線向內趨進，逐一穿過面積漸小的球體表面（圖
2.11 中以虛線標示出的球形），力線的密度必然與球體表面積成
反比逐步提高，這表示，當你朝地球運動，重力也會隨之增強，
寫成 1/（紅色虛線球體的表面積）。

由於各球體的表面積都跟它和地心的距離 r 之平方成正比，因
此地球重力的引力強度是以 $1/r^2$ 的比率在增長。這就是牛頓的「萬
有引力平方反比定律」——《星際效應》片中布蘭德教授鍾情的
物理學基本定律之一，也是本書下一個要談的基本知識。

圖2.11
地球的重力線。

3

主宰宇宙的定律

測繪世界地圖
與破解物理定律

從十七世紀開始,物理學家便努力不懈以發現那些塑造並主宰我們這處宇宙的物理定律,就像當初歐洲探險家努力不懈於發掘這個星球的地理學一樣。(圖3.1)

一五〇六年時,歐亞大陸逐漸成為關注焦點,南美洲的身影也初露端倪。到了一五七〇年,美洲開始成為關注焦點,但還沒有澳大利亞的蛛絲馬跡。等到一七四四年時,澳大利亞逐漸成為關注焦點,南極洲則仍完全不為人所知。

同理(圖3.2),一六九〇年時,牛頓的物理定律已經備受關注。它探究諸如力、質量和加速度等概念,以及將它們連結在一起的方程式,例如 $F = ma$。這些方程式準確闡述了月球繞行地球和地球繞行太陽的運動、飛機的飛行、橋樑的建造,以及孩童彈珠碰撞的現象。我們在第二章已經淺談了牛頓定律之一:萬有引力平方反比定律。

到了一九一五年,愛因斯坦等人已經發現確鑿的證據,認定牛頓定律在極高速度(物體以近光速運動)、極大尺度(將宇宙

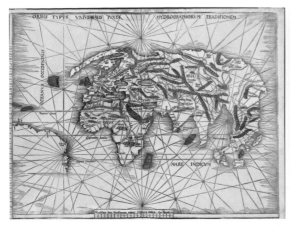

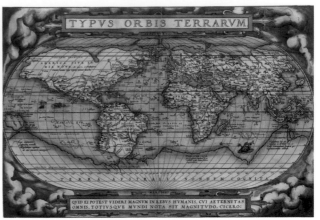

一五〇六年世界地圖。馬丁・瓦德西穆勒（Martin Waldseemuller）繪製。　一五七〇年世界地圖。亞伯拉罕・奧特利烏斯（Abraham Ortelius）繪製。

圖3.1
一五〇六年到一七四四年的世界地圖。

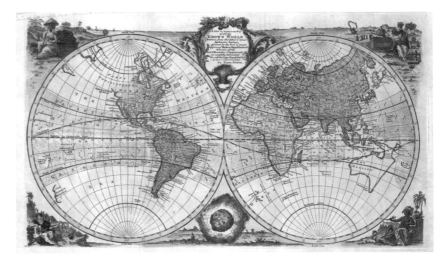

一七四四年世界地圖。伊曼紐爾・鮑文（Emanuel Bowen）繪製。

視為一個整體），以及極強重力（例如黑洞）之下，都不適用。為了補正這些情況，愛因斯坦為我們提出了開創大變革的物理學「相對論定律」（圖 3.2）。透過翹曲時間和翹曲空間等概念（我會在下一章闡述），他以這一套「相對論定律」預測並解釋宇宙的膨脹、黑洞、中子星和蟲洞等現象。

　　到了一九二四年，我們已經非常清楚：牛頓定律也不適用於極小尺寸（分子、原子和基本粒子）之下的情況。就這個問題，尼爾斯・波耳（Niels Bohr）、維爾納・海森堡（Werner Heisenberg）和埃爾溫・薛丁格（Erwin Schrodinger）等物理學家為我們提出量子定律（圖 3.2）以為因應。透過「萬物都會（至少）微量隨機漲落」

相對論定律
翹曲的空間和時間、
宇宙膨脹、黑洞、
蟲洞……

牛頓定律
行星、恆星、星系、
飛機、橋樑、彈珠……

量子重力定律
宇宙的誕生、   時光旅行……
奇異點、   幾乎完全未知之地

量子定律
量子漲落、雷射、
核能、化學、
發光二極體……

圖3.2
支配宇宙的物理定律。

（我會在第二十六章闡述），以及「這些漲落可以憑空生成新的
粒子和輻射」等概念，量子定律為我們帶來了雷射、核能、發光
二極體（LED），以及對化學的深刻認識。

　　到了一九五七年，情況已經十分明顯：相對論定律和量子定
律根本無法相容。在重力強度和量子漲落程度極高的領域，這兩
套定律分別預測出不相同、不相容的結果。[5] 這些領域包括我們這
處宇宙誕生時的「大霹靂」（第二章）、「巨人」這一類黑洞的
核心（第二十六和二十八章），以及逆向時光旅行（第三十章），
不相容的相對論定律和量子定律在這些情況下「熱情似火訂終
身」，[6] 催生了「量子重力定律」（圖3.2）。

5　舉例來說，在這些領域中，光的能量具有龐大的量子漲落作用，而且劇烈得能
　　夠隨機地大幅彎曲空間和時間。這種漲落翹曲已經超出愛因斯坦相對論定律的
　　規範範疇，而這種翹曲對光的影響作用也踰越了光的量子定律範疇。

6　「熱情似火訂終身」（fiery marriage）一詞用在這裡是我的恩師約翰・惠勒（John
　　Wheeler）發明的。他非常擅長為事物命名，還創造出「黑洞」和「蟲洞」這兩
　　個詞彙，以及「黑洞沒有毛」（a black hole has no hair）這句話；見第十四和第
　　五章。有一次他告訴我，他會連續泡熱水澡好幾小時，任思緒自由奔馳，好找
　　到最貼切的用語或句子。

　　儘管我們目前還不理解量子重力定律，但至少已得出一些令人信服的見解，包括超弦理論（第二十一章），這必須感謝二十一世紀世界各地最偉大的物理學家竭盡心思投入努力。然而，即便擁有這些洞見，量子重力仍可謂幾近完全未知的領域，從而為精彩刺激的科幻作品留下充裕的揮灑空間。克里斯多福‧諾蘭也在《星際效應》一片中精巧地善用了這片空間；見本書第二十八至三十一章。

真理、有根據的推測和想像臆測

《星際效應》的相關科學，根植於牛頓、相對論、量子，以及量子重力這四門學域。這些科學有些已知為真，有些則是有根據的推測，另有一些屬於想像臆測。

　　要成為**真理**，科學必須根植於有憑有據的物理定律（牛頓、相對論或量子），還得擁有充分的觀察論據，並確知如何應用那些確鑿的定律。

　　正是基於此，本書第二章裡闡述的中子星與其磁場才都確認為真。為什麼？首先，中子星是依循量子定律和相對論定律明確預測應該存在的星體。其次，天文學家已經鉅細靡遺研究了中子星發出的脈衝輻射（第二章談到的光、X射線和無線電波等脈衝）。倘若脈衝星是一種自旋的中子星，量子定律和相對論定律就能漂亮又準確地解釋這種脈衝觀測結果；此外別無其他解釋。

　　第三，根據學理預測，名為「超新星」的天文爆炸事件發生時，肯定會形成中子星，而我們在舊時超新星的殘骸──浩瀚、膨脹的氣體雲──中心位置，也確實見到了脈衝星。因此，我們天文物理學家深信不疑：中子星確實存在，而且確實會生成觀測得見的脈衝輻射。

　　另一個獲認為真理的例子，是「巨人」黑洞和光的偏折現象，導致恆星影像的扭曲變形（圖3.3）。由於這種扭曲作用，很像照片受到彎曲的透鏡或鏡面影響的結果，有如遊樂場哈哈鏡的反射影像，因此物理學家稱之為「重力透鏡效應」（gravitational lensing）。

　　愛因斯坦的相對論定律，明確地預測了黑洞表面之上的所有

特性，包括重力透鏡效應。[7] 天文學家
已經掌握了確切的觀測證據，確認我
們的宇宙存有黑洞，包括像「巨人」
那樣龐大的黑洞。他們已經見到其他
星體導致的重力透鏡效應（如圖24.3
所示），跟愛因斯坦相對論定律的預
測完全相符。

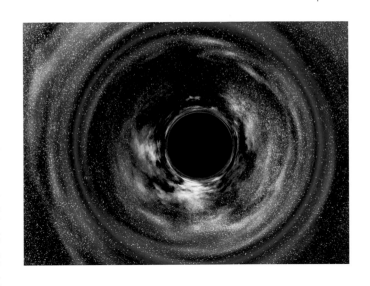

　　儘管我們還沒看過黑洞造成的重
力透鏡效應，但在我看來，目前的證
據已經足夠了。「巨人」的重力透鏡
效應——富蘭克林「雙重否定」團隊
運用我提供的相對論方程式生成之模
擬結果——是真的。真實景象看起來就會是這個樣子。

圖3.3
「巨人」黑洞所屬星系裡的星
群環繞著「巨人」暗影之景
象。「巨人」偏折了從各恆星
發出的光線，也因此大幅扭曲
了其星系的外觀：星系產生重
力透鏡效應。（「雙重否定」
視覺特效團隊為本書特製之模
擬影像。）

　　相對地，就某種意義而言，《星際效應》片中危害人類在地
球上生存的枯萎病（圖3.4和第十一章）就只是有根據的推測，而
且從另一個角度來說是一種想像臆測。接下來請容我就此說明。

　　自有史以來，人類栽植的作物總是不時遭受枯萎病（微生物
引發並快速散布的疾病）侵染。這類枯萎病背後的生物學原理奠

圖3.4
燒毀染上枯萎病的玉米。（擷
自《星際效應》畫面。華納兄
弟娛樂公司〔Warner Bros. Entertainment, Inc.〕提供）

7　見第五、第六和第八章。

基於化學，而其化學原理則又奠基於量子定律。目前科學家還不知道如何——從量子定律——推演出**所有的**相關化學原理（但已經能推演出**大半**），也還不知道如何從化學推演出所有相關生物學原理。

不過，從觀察和實驗所得，生物學家已經得知枯萎病的大半內情。人類迄今遭遇過的枯萎病，還沒出現過從感染一類植物跨種到另一類，而且蔓延速度快到足以危害人類生存的類型。但就我們所知，也沒有任何東西能擔保這種事不會發生。「這樣的枯萎病有可能存在」是一種有根據的推測，「它有一天說不定會發生」則是一種想像臆測，大多數生物學家認為這個可能性非常低。

再舉例來說，出現在《星際效應》片中的重力異常（見第二十四、二十五章），以及庫柏拋出硬幣，硬幣卻猛地墜地，這些都是想像臆測。另外，駕馭重力異常，從而脫離地球建立殖民站也一樣（第三十一章）。

儘管實驗物理學家在測定重力時努力尋找任何異常，那種無法以牛頓定律或相對論定律來解釋的作用，但我們在地球上至今仍未見過令人信服的重力異常。

倒是，從科學家對量子重力的研究來看，我們的宇宙有可能是一種薄膜（membrane），物理學家稱之為「膜」（brane），棲身於一個高次元的「超空間」，而物理學家稱之為「體」（bulk）；參見圖3.5，以及第四章、第二十一章。物理學家把愛因斯坦的相對論定律代入這個「體」，就如同布蘭德教授在辦公室黑板上進行的運算（圖3.6），結果發現重力異常是有可能的——由棲身於「體」當中的物理場所觸發的異常。

目前我們仍完全無法確認「體」是否存在；而如果「體」真的存在，那裡仍受愛因斯坦的定律所支配，也只是一種有根據的推測。倘若真的有「體」的存在，我們也不知道那裡有沒有能夠

圖3.5
我們這個宇宙（太陽附近的區域），以二次元表面或棲身於三次元「體」的「膜」來描繪。實際上我們的「膜」有三個空間次元，「體」則有四個。我們會在第四章更深入說明這幅插圖；請尤其留意圖4.4。

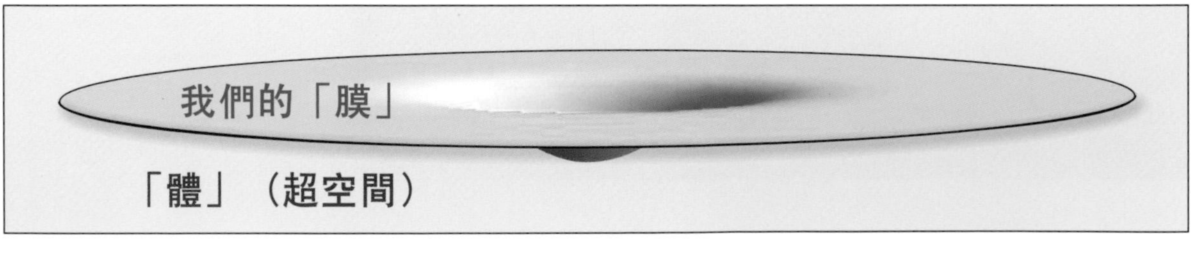

我們的「膜」

「體」（超空間）

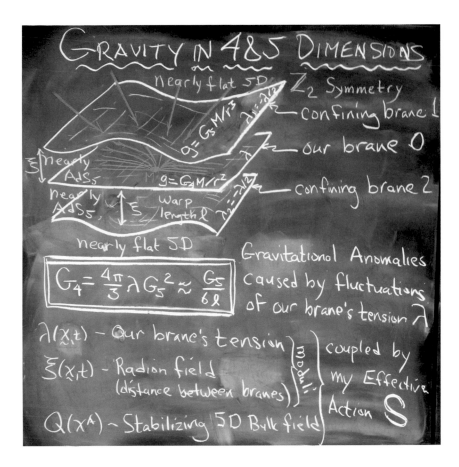

圖3.6
布蘭德教授辦公室黑板上的相
對論方程式，闡述重力異常之
可能基礎；詳情參見第二十五
章。

形成重力異常的場——就算真的有，那些異常能否被駕馭，我們
也一無所知。異常和駕馭異常，都是相當極端的想像臆測，但這
種想像臆測是有科學根據的。我和幾位物理學家朋友都很喜歡用
這樣的思考來自娛，至少可以在晚上喝啤酒時拿來助興。總之，
這些臆測都服膺我力主的《星際效應》指導方針：「想像臆測……
……必須根源於現實科學，而且相關構想至少得有某些『可敬的』
科學家認為不無可能。」（第一章）

　　本書中，凡討論《星際效應》的相關科學時，我都會說明該
科學論述的狀態——已確認為真理，或是有根據的推測，抑或仍
只是想像臆測——也會在每個篇章或段落的開頭標示以下的符號：

　　Ⓣ　代表真理
　　ⒺⒼ　代表有根據的推測
　　Ⓢ　代表想像臆測

　　當然，這些觀念的狀態──真理、有根據的推測，抑或是想像臆測──是會改變的；在電影和本書中，偶爾就可見這樣的改變。對庫柏來說，「體」是一種有根據的推測，而後來當他進入超立方體，「體」就成為一項真理（第二十九章）；量子重力定律也是一種想像臆測，但最後塔斯（TARS）在黑洞中得出那些定律，於是對庫柏和墨菲來說，它們就成了真理（第二十八和第三十章）。

　　對十九世紀的物理學家而言，牛頓的重力平方反比定律是一項絕對真理，但大約在一八九〇年時，這項定律卻遭到徹底顛覆，禍首是在觀測水星繞日軌道時察覺到的一個微小異常（第二十四章）。牛頓定律在我們的太陽系裡已經非常接近確然，卻也不是絕然的。那個異常為愛因斯坦鋪設了坦途，幫助他在二十世紀發展出相對論定律。這套定律──在重力極強的領域──起初是一種想像臆測，隨著觀測資料開始湧現，成了一種有根據的推測，然後到了一九八〇年，由於觀測結果日新月異，便演變為真理（第四章）。

　　顛覆既定科學真理的重大變革極其罕見。但它們一旦出現，就有可能為科學和技術帶來深遠的影響。

　　你能否說出，在你的人生經驗中，曾經有哪些想像臆測後來變成有根據的推測，然後又成了真理？你是否曾經遭遇過，本來認定的真理後來被徹底推翻，在你的生活中造成革命性的改變？

翹曲時間、翹曲空間
和潮汐重力

Ⓣ

愛因斯坦的時間翹曲定律

愛因斯坦從一九〇七年開始陸續投入鑽研重力，到了一九一二年，他終於豁然開朗，領悟到：時間一定是受到地球或黑洞這類質量龐大的沉重物體影響而產生翹曲現象，而那種翹曲和重力息息相關。他將這項洞見具體化為一個精確的數學公式[8]，而我喜歡稱這個公式為「愛因斯坦的時間翹曲定律」，並且給它一個定性描述：萬物都喜歡住在自己年歲增長最慢的地方，而重力牽引它到那裡。

時間減速愈明顯，重力的引力也愈強。在地球上，時間每天只減速幾個微秒，重力引力也不強。在中子星表面，時間每天減速好幾個小時，重力引力非常強大。而在黑洞表面，時間減慢到停頓下來，因此重力引力也強大無比，沒有任何東西能夠逸逃，連光都不行。

黑洞附近這種時間減速現象，在《星際效應》片中扮演一個

8　見本書末的〈技術筆記舉隅〉。

很重要的角色。庫柏涕泣悲嘆能否再見女兒墨菲一面，因為他航行到「巨人」黑洞附近這段期間，自己只老了幾個小時，地球上的墨菲卻已經增長了八十歲。

愛因斯坦公式化他這套定律時，人類的技術能力還太薄弱，沒有能力進行測試，直到將近半個世紀後，情況方才改觀。最早一次可靠的測試出現在一九五九年，當時羅勃・龐德（Robert Pound）和葛倫・雷布卡（Glen Rebca）運用一種名為「梅斯堡效應」（Mössbauer effect）的新技術，比較了哈佛大學一座二十二・二五公尺高塔的地下室和塔頂閣樓這兩處定點的時間流動速率。他們的實驗極其精準，足以偵測出一天 0.0000000000016 秒（兆分之1.6秒）的時間差。結果十分可觀。他們發現的時間差，達到這個精確度的一百三十倍，而且非常吻合愛因斯坦的定律：時間在地下室流動得比在閣樓緩慢，每天相差兆分之 210 秒。

一九七六年，這個準確度更精進了。這一年，哈佛大學的羅伯・維索特（Robert Vessot）將一座原子鐘送上航太總署的一枚火箭，射上一萬公里高空，並使用無線電信號來比對它和地表上的時鐘行走速率（圖 4.1）。維索特發現，時間在地面流動得比在一萬公里的高空緩慢，相差約每日三十微秒（0.00003 秒），而他的測量結果也和愛因斯坦的時間翹曲定律相符，誤差落在他的實驗準確度範圍內。這個準確度——應該說，維索特測量法的不準度——為十萬次當中有七次，亦即，每日相差三十微秒的占比 0.00007。

我們的智慧型手機能透過全球定位系統——仰賴懸在兩萬公里高空的二十七顆衛星（圖 4.2）發送的無線電信號——告訴我們所在位置，精確度達到十公尺的範圍。一般來講，從地球上的任何位置，同一時間應該只能見到當中的四到十二顆衛星，每一顆可見衛星都發射出無線電信號告知智慧型手機該衛星位於何方，以及信號的發射時間。手機會測定信號的傳抵時間，並以之與發射時間相比對，如此就能得知信號的傳輸距離——也就是衛星和手機之間相隔的距離。然後，

圖4.1
原子鐘測量地表的時間減速現象（參考《愛因斯坦錯了嗎？廣義相對論的全面驗證》〔*Was Einstein Right? Putting General Relativity to the Test*〕重製圖，作者：克里福特・威爾〔Clifford M. Will〕，出版社／年：Basic Books, 1993）

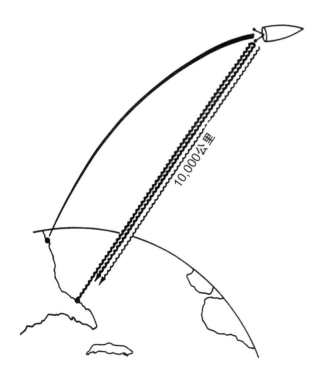

10,000公里

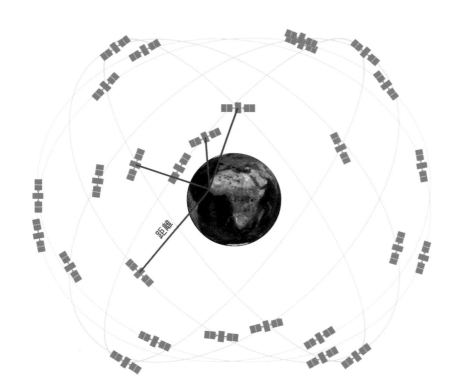

圖4.2
全球定位系統。

距離

得知這幾顆衛星的位置和距離後，智慧型手機就能以三角測量法算出自身位置所在。

　　倘若信號發射時間是在衛星上測得的「真時」（true time），這套系統就會失靈，因為在兩萬公里的高空，時間流動得比在地球上還快，每天相差四十微秒，因為衛星必須校正這個時間差。它用自身的時鐘來測定時間，然後將時間減慢到地球上的時間流動速率，再把信號發送到我們的手機。

　　愛因斯坦是個天才，或甚至可以說是歷來最偉大的科學家。他許多的物理定律見解都無法在他自己的時代進行測試，這只是其中一個例子。花了半個世紀，人們才開發出夠先進的技術來進行高精確度的測試，又再過了半個世紀，他所闡述的現象才成為我們日常生活的一部份。除此之外，其他例子還包括雷射、核能和量子密碼技術。

空間的翹曲現象：「體」和我們的「膜」

一九一二年，愛因斯坦意識到：如果質量龐大的物體會讓時間翹

曲，則空間一定也會翹曲。不過，儘管他投注了最大的心力與心思，卻始終無法掌握空間翹曲的詳情。

從一九一二年到一九一五年這段期間，他不斷思量，終於在一九一五年十一月靈光乍現，建構出他的「廣義相對論的場方程式」，統合了他的相對論定律，包括空間翹曲。

但同樣地，人類當時的技術能力實在太薄弱，也無力進行高精確度的測試。[9] 這一次，必要的改良花了六年時間，在幾個關鍵實驗的積累下才達成。

當中我最喜歡的一個實驗，指導者是哈佛大學的羅勃特·里森堡（Robert Reasenberg）和歐文·夏皮羅（Irwin Shapiro）。一九七六至七七年間，他們朝環繞火星軌道上的兩艘太空船發射了無線電信號。

這兩艘太空船分別名為「維京一號」（Viking 1）和「維京二號」（Viking 2），會將信號放大並回傳到地球，再從地面來測定信號往返傳輸的時間。

由於地球和火星都在各自的繞日軌道上運行，因此無線電信號是在變動的路徑上傳播。這些路徑起初距離太陽很遠，之後從太陽附近通過，接著再次遠離，如圖 4.3 下半部所示。

倘若空間是平坦的，信號往返行進的時間應該會逐步、穩定地變化。但事實並非如此。當無線電波從太陽附近通過時，它們的行進時間比預期的還長，長了數百微秒。多出來的行進時間標示為太空船位置的函數，如圖 4.3 上半部所示；曲線向上揚升，然後下降。照愛因斯坦的相對論定律之一所示，無線電波和光是以絕對恆定、不變的速度在行進。[10] 因此，從太陽附近通過時，地球和太空船之間的距離必須比預期的更長才對—長了數百微秒乘以光速，約為五十公里。

倘若空間是平坦的，像一張紙那樣，這更長的距離就不可能出現。那是太陽的空間翹曲造成的。從這

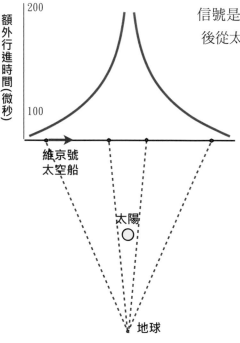

圖4.3
無線電信號從地球傳到「維京」，再傳到地球的行進時間。

9　參見第二十四章第一節。

10　在行星際空間中行進時，由於與電子互動會導致些微減速，但經過我們知之甚詳的修正步驟，即所謂「電漿修正」（plasma corrections）後，就恆定不變。

額外的時間延遲，以及它如何隨著太空船與地球的相對距離而改變，里森堡和夏皮羅推導出了空間翹曲的形狀。或是更精確來說，他們推導出「維京號」無線電信號路徑形成的二次元表面的形狀。這個表面和太陽的赤道面非常貼近，因此這裡我就照它來描繪。

這支團隊測得的太陽赤道面形狀如圖 4.4 所示，翹曲幅度經誇大呈現。這個形狀和愛因斯坦相對論定律的預測完全相符，精確到落在實驗誤差之內──實際翹曲現象的 0.001，也就是千分之一。如果是在中子星的周邊，空間翹曲幅度還會大上許多；在黑洞的周邊，更是會大得驚人。

太陽的赤道面把空間劃分成一模一樣的兩半，平面的上、下各一半，但圖 4.4 所示的赤道面呈現類似碗面的翹曲外形，在內側、靠近太陽的位置向下彎曲，於是太陽周邊圓圈的直徑和圓周率（3.14159…）的乘積便大於圓周──就太陽的情況而言，約莫大了一百公里。差別不大，太空船可以輕鬆測得，精確度為千分之一。

太空怎麼會「向下彎」？它是在**什麼**的裡面向下彎？答案是在較高次元的超空間（「體」）裡面，而「體」並不屬於我們的這個宇宙！

讓我們說得更明白一點。圖 4.4 的太陽赤道面是個二次元的表面，在三次元的「體」裡面向下彎曲。

這激勵了我們物理學家依樣思索我們這整個宇宙。我們的宇宙有三個空間次元（東西、南北、上下），而我們將它視為一個三次元的薄膜──或者說，在較高次元的**體**裡面翹曲的**膜**。至於「體」有幾個次元？我會在第二十一章深入討論這一點，但是就《星際效應》一片所需來說，「體」的空間次元只多出一個，共四個空間次元。

圖4.4

「維京號」無線電信號通過太陽的翹曲赤道面之傳播路徑。

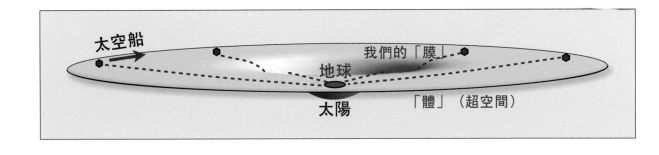

人類很難想像我們的三次元宇宙——我們完整的「膜」——是如何棲居在四次元「體」之中，並在它的裡面彎曲。因此，我在本書所有篇章中繪圖呈現我們的「膜」和「體」時，都先移除一個次元，就如同圖 4.4 的做法。

《星際效應》片中的角色經常提到**五個**次元，其中三個是我們這處宇宙（或我們的「膜」）的空間次元，包括東西、南北、上下，第四個是時間次元，第五個則是「體」的額外空間次元。

「體」是否真的存在？真的有第五次元嗎——甚至更多次元，雖然人類從來沒有體驗過？非常有可能。我們會在第二十一章探討這個問題。

空間的翹曲作用（我們這個「膜」的翹曲作用）在《星際效應》片中扮演極重要的角色。比方說，它對蟲洞的存在是很關鍵的要素，而因為有蟲洞，我們的太陽系才能和「巨人」黑洞棲身的偏遠宇宙串聯在一起。另外，它還扭曲了蟲洞周圍和「巨人」黑洞周圍的太空；這就是我們在圖 3.3 看過的重力透鏡效應。

圖 4.5 是空間翹曲的一個極端例子。這幅奇異的手繪圖出自我

圖4.5
黑洞和蟲洞從我們的「膜」向外延展，伸入並穿透「體」。本圖中，我們的「膜」和「體」的次元都移除了一個。（繪製者：莉亞・哈洛倫）

FOR MY FRIEND KIP　LIA HALLORAN　2008

的藝術家朋友莉亞・哈洛倫（Lia Halloran），假設性地描繪了位於我們這個宇宙的一個區域。這裡存在大量的蟲洞（第十四章）和黑洞（第五章），它們從我們的「膜」向外延展，伸入並穿透「體」。黑洞的末梢是我們稱為「奇異點」的尖形端點，而蟲洞將我們這個「膜」的一個區域與另一個區域連結起來。這裡同樣將我們的「膜」的三個次元移除一個，因此「膜」看來就像個二次元的表面。

潮汐重力

根據愛因斯坦的相對論定律，黑洞附近的行星、恆星和沒有動力的太空船，都沿著黑洞翹曲空間與時間所允許的最筆直路徑運動。

圖 4.6 呈現這些路徑的其中四條。導往黑洞的兩條紫色路徑起初彼此平行，儘管路徑各自試行保持直行，卻受到帶動而趨近彼此；空間和時間的翹曲作用驅使它們向彼此匯聚。而環繞黑洞圓周行進的綠色路徑起初也是平行的，但在這個情況下，翹曲作用帶動它們分道揚鑣。

好幾年前，我的學生和我就這些行星路徑發現了一個新觀點。愛因斯坦的相對論中，有個名為「黎曼張量」（Riemann tensor）的數學量，可以描述空間和時間翹曲的詳細數值。我們發現，隱藏在黎曼張量數學中的力線會擠迫某些行星路徑聚攏，將另一些拉伸分開。我的學生大衛・尼科爾斯（David Nichols）給這種力線起了個「拉伸線（Tendex line）」名稱，字源是拉丁文的「tendere」，意為「伸展」。

圖 4.7 顯示了幾條分布在圖 4.6 中該黑洞周圍的拉伸線。右側的綠色路徑剛開始時還彼此平行，但紅色的拉伸線之後將它們拉開。

我在紅色拉伸線上畫了一名躺臥的女子。那條拉伸線也把她拉長了。她可以感覺到紅色拉伸線讓自己從頭到腳受到一股拉伸的力量。

圖4.6
分布於黑洞附近的四條行星運動路徑。（擷自圖4.5，哈洛倫的畫作）

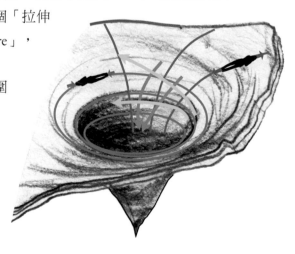

圖4.7
黑洞周圍的拉伸線。（擷自圖4.5，哈洛倫的畫作）

圖4.8
牛頓就地球的海洋潮汐提出之
解釋。

　　圖 4.7 中同樣可見，紫色路徑的上端一開始時也是平行，之後被藍色拉伸線擠迫而趨近，而躺在一條藍色拉伸線上的女子也同樣受到擠壓。

　　這種拉伸和擠壓作用，只是用另一種方式來思考空間和時間翹曲的影響。從某個觀點來看，這些路徑是拉伸分開抑或擠壓趨近，原因出在這些行星是沿著翹曲空間和時間裡最筆直可能的路線而行進。從另一個觀點來看，造成這種拉伸和擠壓作用的是拉伸線——因此，拉伸線一定是以某種非常玄妙的方式，來表現空間和時間的翹曲作用。事實上也正是如此，這是黎曼張量數學所告訴我們的。

　　能製造這些拉伸、擠壓力量的，不光是黑洞。恆星、行星和衛星也都能生成這樣的力。一六八七年，牛頓在他自己的重力理論中發現了這種力，並據此來解釋海洋潮汐。

　　牛頓推斷，月球的重力對地球近側面的引力，高於對地球的遠側面，而且對地球旁側的引力方向略朝內傾，這是由於施力方向都朝向月球中心，因此地球各側的受力方向略有不同。此即圖 4.8 所示有關月球重力的通常觀點。

　　地球沒有受到這些重力引力的平均作用，[11] 因為它是沿著軌道自由墜落（道理一如當「永續號」停在黑洞上方的軌道，隊員待在船艙裡時也不會感受到「巨人」黑洞重力的引力，只會感覺到「永續號」旋轉產生的離心力）。地球感受到的，是圖 4.8 左半部中紅色箭頭所示的月球引力，平均作用已經去除了；也就是說，同時受到朝向和遠離月球的拉伸作用，以及施加於地球側邊的擠壓作用（圖 4.8 右半圖）。就性質上來說，這就等同於黑洞周邊的情況（圖 4.7）。

11 一九〇七年，愛因斯坦意識到，假使他向下墜落，例如從他家屋頂上跌下來，下墜的時候也不會感受到重力的作用。他稱這是他「這輩子最開心的念頭」，因為它讓愛因斯坦開始投身鑽研重力，促使他發展出翹曲時間和空間的概念，以及支配翹曲作用的定律。

　　這些有感力量,將地球表面向月那一側和背月那一側的海洋扯離地表,造成滿潮;而那些擠壓地球側邊的海洋、將之推向地表的力量,則會造成乾潮。由於地球環繞自身的軸心轉動,每二十四小時環繞一周,因此一天可以看到兩次滿潮和兩次乾潮。這就是牛頓對海洋潮汐的解釋,只是情況還要再稍微複雜一點:太陽的潮汐重力也會影響我們的潮汐,其拉伸和擠壓也為月球的拉伸和擠壓再錦上添花。

　　由於太陽與月球的重力擠壓、拉伸作用力——地球**感受到**的力——對海洋潮汐扮演這樣的角色,因此我們稱之為潮汐力(tidal force,又稱引潮力)。不論用牛頓的重力定律或用愛因斯坦的相對論定律來計算這種潮汐力,求得的結果都是相同的,而且準確度極高。兩個計算結果當然是一致的,因為當重力相當微弱,而物體運動速度遠低於光速時,相對論定律和牛頓定律永遠會做出相同的預測。

　　當我們用相對論來闡述月球的潮汐(圖4.9),潮汐力就是擠壓地球側邊的藍色拉伸線,跟拉扯地球朝向與遠離月球的紅色拉伸線所共同造成的。它們就如同黑洞的拉伸線(圖4.7)。月球的拉伸線是月球的空間和時間翹曲作用之具體展現。這麼微弱的翹曲作用,竟然能夠生成足以引發海洋潮汐的強大力量,真的是很厲害的事。

　　而在《星際效應》片中,米勒的星球(第十七章)上的潮汐力量更是出奇強大,成為庫柏和他的隊員遇上滔天巨浪的關鍵。

至此,我們已經看到三種和潮汐力相關的論點:

- **牛頓的論點(圖 4.8)**:地球不會受到月球重力的全引力影響,而是全引力(在地球各地強弱互異)減去平均引力。
- **拉伸線論點(圖 4.9)**:月球的拉伸線同時拉伸並擠壓地球的海洋;(圖 4.7)黑洞的拉伸線也會拉伸和擠壓行星、恆星環繞黑洞的路徑。
- **最筆直路線論點(圖 4.6)**:恆星和行星繞行黑洞的路徑,是黑洞翹曲空間和時間當中的最筆直可能路線。

月球

地球

圖4.9
潮汐的相對論觀點:潮汐是月球的拉伸線造成的。

　　同一個現象出現三種不同的論點，可以說是極其寶貴的成果。科學家和專家們投入大半生涯，試著解決各種謎題。它可以是如何設計太空船，又或許是揭開黑洞如何運作的祕密。

　　不論謎題為何，當某個論點遲遲沒有進展，另一種論點反而或許可以。從一種論點下手探索謎題，再從另一種論點來研究，往往能夠觸發新的想法。這正是《星際效應》一片中布蘭德教授試圖理解並駕馭重力異常時所採取的方法（第二十四和二十五章），也是我成年以後投注大半生涯所從事的工作。

5

黑洞

Ⓣ

「巨人」黑洞在《星際效應》片中扮演著關鍵角色，本章就讓我們先來看一些黑洞的基本事實，下一章再來專心討論「巨人」。

首先是一個看來非常不可思議的主張：黑洞是由翹曲空間和翹曲時間構成的，此外別無其他──什麼都沒有。

請容我解釋如下。

螞蟻爬上彈翻床：
黑洞的翹曲空間

假設你是一隻螞蟻，住在一張孩童用的彈翻床上。那是一面用好幾支桿子撐開來的橡膠布，上頭放了一塊沉重的石頭，使它向下沉，如圖 5.1 所示。

你是隻瞎眼的螞蟻，看不到桿子、石頭或彎曲下沉的橡膠布，但是你很聰明。橡膠布是你的整個宇宙，而你隱約猜到它是彎曲變形的。

為了確認橡膠布的形狀，你沿著彈翻床上緣繞了一圈，沿路測量它的周長，然後從一側穿越中心點走到另一側，以測量它的

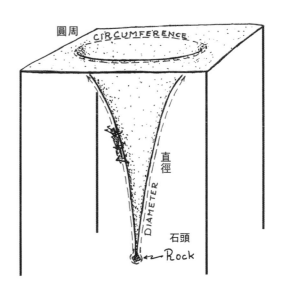

圖5.1
一隻螞蟻在翹曲的彈翻床上。
（我本人的手繪圖）

直徑。如果你的宇宙是平坦的，那麼它的周長就應該是 π = 3.14159... 乘以直徑。

結果你發現它的周長遠小於直徑，據此認定：你的宇宙有大幅翹曲的現象！

不自旋黑洞周遭的太空也像彈翻床一樣有翹曲現象。假設我們從黑洞的赤道切出一個截面。這是一個二次元的表面。從「體」看過去，這一片表面和彈翻床一樣是翹曲的。

圖 5.2 和圖 5.1 雷同，只是拿掉螞蟻和桿子，石頭也換成一個奇異點，擺在黑洞的中心位置。

奇異點是個極微小的區域——表面在這裡形成一個點，造成「無限大的翹曲」，於是那裡的潮汐重力作用也無限強大，我們所知的一切都被拉伸、擠壓到蕩然無存。在本書第二十六、二十八和二十九章，我們會看到「巨人」的奇異點和這個有些不同，以及為什麼不同。

就彈翻床來說，空間翹曲是石頭重量造成的。同理，我們可能會猜想，黑洞的空間翹曲是它中央那個奇異點造成的。

事實並非如此。黑洞的空間實際上之所以發生翹曲，來自它龐大的翹曲作用能量。沒錯，我想說的正是這個意思。如果這讓你覺得有點像循環論證，我得說，它確實是如此，只是有深刻的意義在其中。

就如同在射箭之前，拉開一把僵硬的弓必須用上許多能量一樣，彎曲空間（翹曲空間）也同樣需要用上許多能量。

而且，就像能量儲存在被拉到彎曲的弓柄裡一樣（直到弓弦鬆開、將弓柄的能量導入箭矢中），翹曲的能量也儲存在黑洞的翹曲空間裡，而黑洞的翹曲能量非常龐大，大到能夠引發翹曲作用。

翹曲作用以一種非線性、自發啟動的方式來引發翹曲作用。這是愛因斯坦相對論定律的一種基本特徵，跟我們習以為常的日常經驗有天差地別，就像科幻小說裡某個人回到過去的時空、懷孕生下自己那樣匪夷所思。

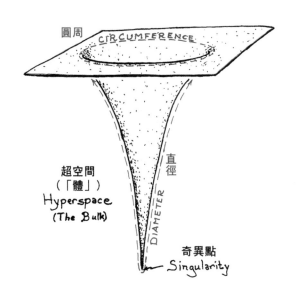

圖5.2
從「體」看過去，黑洞內部與周遭的翹曲空間。（我本人的手繪圖）

　　這種「翹曲引發翹曲」的情節，幾乎不曾發生在我們的太陽系中。這裡的空間翹曲是如此微弱，能量小到無法造成什麼自發啟動的翹曲作用。

　　我們這個太陽系內的空間翹曲，幾乎全是直接由物質造成的，例如太陽的物質、地球的物質、其他行星的物質——黑洞則完全是另外一回事，那裡的翹曲只源自翹曲作用。

事件視界和翹曲時間

頭一次聽到人提起黑洞時，你大概會像圖 5.3 描繪的那樣去想像它吞噬萬物的力量，不會想到它的翹曲空間。

　　假如我帶著一台微波發射機掉進黑洞裡，一旦我通過它的**事件視界**，就再也出不來了，被往下拖進黑洞的奇異點。

　　而且，不論我用什麼方法發出任何信號，都會跟著我一起拉下去。

　　等我跨進視界後，視界之上就再沒有人能收到我發出的信號了。

　　信號和我一起被困在黑洞裡。（見第二十八章，了解這段情節在《星際效應》片中是如何表現的）

　　這其實是黑洞的時間翹曲造成的。

　　假如我靠著火箭引擎的噴發力量航行在黑洞的上空，這時候，當我愈靠近視界，我的時間就流動得愈慢。

　　然後當我抵達視界本身時，時間會減緩到不再流動，而根據愛因斯坦的時間翹曲定律，我肯定會體驗到無窮強大的重力引力。

　　事件視界之內，會發生什麼事？

　　那裡的時間是如此極端扭曲，會讓人以為時間流是一種空間屬性：

　　時間朝下流向奇異點。

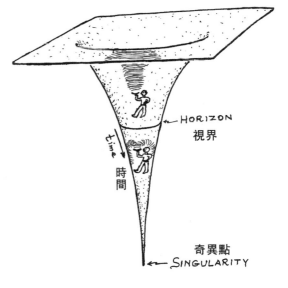

圖5.3
跨越事件視界之後，我發射的信號就完全無法傳出去。注意：由於此圖已經移除了一個空間次元，因此我是二次元的基普，順著翹曲的二次元表面滑落，而那個表面是我們的「膜」的一部份。（我本人的手繪圖）

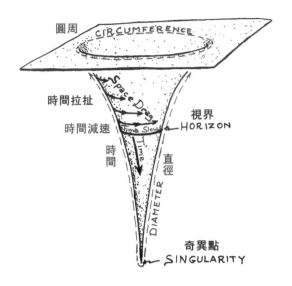

圖5.4
自旋黑洞周圍的空間被拉扯捲入旋轉運動中。（我本人的手繪圖）

事實上，這種「向下流動」正是沒有任何事物能從黑洞逃逸的原因所在。所有事物都一去不回，被拉向未來，[12] 而且既然黑洞內部的未來走向是向下——背離視界——因此沒有任何事物能夠回頭向上越過視界、脫離黑洞。

空間旋動

黑洞會自旋，就像地球會自轉。自旋黑洞會拖著周遭的空間進入一種渦流式的旋轉運動（圖5.4）。如同龍捲風內的空氣一般，空間的旋動速率也在黑洞中心一帶達到最高，而當我們向外移動、遠離黑洞，旋動也跟著減緩。

凡是朝黑洞視界下墜的事物，全都會被這種空間旋動現象捲入，展開一種旋轉運動，繞著黑洞打轉，有如一根被捲入龍捲風裡的稻草那樣。

一旦它來到視界一帶時，就再也沒有任何辦法可以掙脫這種旋動的拉力了。

精確描繪黑洞周圍的翹曲空間與時間

時空翹曲作用的三個層面——空間的翹曲、時間的減速和扭曲，以及空間的旋動——全都可以用數學算式來描述。

這些算式都是由愛因斯坦的相對論定律推導而來，這裡將它們的精確預測值定量呈現如圖5.5（相對地，圖5.1 - 5.4 都只是定性圖解）。

圖5.5 所示之表面的翹曲形狀，正是我們從「體」觀察黑洞赤道面時看到的景象。那些顏色是表示某個人航行在視界上空之固定高度時測得的時間減速作用。

12 如果時光逆向旅行是有可能的，唯一方式只有在空間中向外航行，然後在你出發之前回到你的起點。你不可能待在一個定點進行逆向時光旅行，而其他人在同一時間下順著時光前行。第三十章還會對此議題有更多討論。

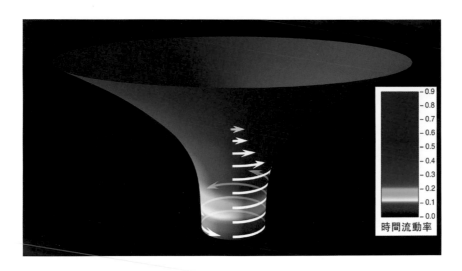

圖5.5
一顆快速自旋黑洞周圍翹曲時空的精確描繪，自旋速率達到最高可能速率的99.8%。（唐‧戴維斯〔Don Davis〕根據我的草圖繪製）

從藍色過渡到綠色區域的時間流速，相當於遠離黑洞地帶之時間流速的兩成。從黃色過渡到紅色區域的時間流速，已經減至遠處平常流速的一成。到了該表面底部的黑色圓圈處時，時間就減慢到不再流動。這裡就是事件視界。

由於我們現在看的是黑洞的赤道面，只是我們這處宇宙（我們這個「膜」）的兩個次元，因此這裡的視界是個圓圈，而不是個球面。如果我們讓第三個空間次元歸位，視界就會變成一個壓扁的球面：一個球狀體（spheroid）。

白色箭頭表示空間以哪種速率環繞黑洞旋動。視界上的轉速很高，如果我們搭太空船向上攀升，會發現旋動速度在遞減。

這張圖並未描畫出黑洞內部的情況，這部份我們留到後面的第二十六與二十八章再討論。

黑洞的精髓是圖 5.5 中所示的翹曲現象。物理學家可以從翹曲的細節——以數學算式傳達——推導出與黑洞相關的一切，唯一例外是中心奇異點的根本屬性。

關於奇異點，他們需要目前仍一知半解的量子重力定律（第二十六章）。

從我們的宇宙看黑洞

人類被束縛在我們的「膜」之中。我們沒辦法從「膜」脫離、進入「體」（除非有某個超先進文明讓我們搭上超立方體或類似載

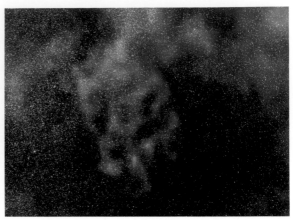

圖5.6
一顆快速自旋黑洞（左）在右圖
所示之星場前方運動的情景。（
援引自「雙重否定」視覺特效團隊為
本書製作的模擬圖像）

具，例如《星際效應》片中庫柏經歷的情況；見第二十九章），
所以我們無法見到如圖 5.5 中所示的黑洞翹曲空間。黑洞的漏斗和
漩渦，都經常出現在電影當中，迪士尼影業（Disney Studios）
一九七九年發行的電影《黑洞》（*The Black Hole*）就是一例，但居
住在我們這個宇宙的所有生物，永遠都見不到那樣的景象。

　　《星際效應》是第一部正確描繪黑洞的好萊塢電影，而且，
片中情景都是以人類實際會看見、體驗到的方式來呈現。圖 5.6 是
一個例子，但它不是來自電影畫面。黑洞投影在它後方的星場，
恆星發出的光線被黑洞的翹曲空間偏折了；星群發出的光線受到
重力透鏡效應影響，形成一種同心圓式的變形圖樣。從陰影左緣
朝我們而來的光線，跟黑洞的旋動空間以相同的方向移動；這些
光線受到空間旋動的助力，得以從較貼近視界的位置逸出。陰影
右緣的光線就辦不到了，因為它們必須奮力對抗空間的旋動。於
是，陰影左側顯得扁平，右側卻向外隆起。

　　我會在第八章裡更深入探討這種現象與黑洞的其他層面，描
述從我們這處宇宙（從我們的「膜」當中）貼近觀察黑洞所見的
實際樣貌。

我們怎麼知道這是真的？

愛因斯坦的相對論定律已經通過高準確度的驗證。我深信這些定
律是正確無誤的，只有遇上量子物理學時才無法成立。而以《星
際效應》片中「巨人」那麼龐大的黑洞來說，量子物理也只跟黑

洞的中心——亦即奇異點——附近相關而已。因此，倘若我們的宇宙果真存有黑洞，它們必然具有愛因斯坦相對論定律規範的特性，也就是我前面描述的那些特性。

這些（還有其他的）特性，都是由愛因斯坦的方程組推導出來的。它們是無數物理學家站上彼此的肩膀上，發揮智慧、相互成就而落實的成果（圖5.7）；當中，最重要的有三位：卡爾・史瓦西（Karl Schwarzschild）、羅伊・克爾（Roy Kerr）和史蒂芬・霍金。

一九一五年，史瓦西在一次大戰德／俄前線不幸身亡，死前不久，他推導出不自旋黑洞周圍翹曲時空的細部詳情。這些細節依物理學家的行話來說，稱為「史瓦西度規」（Schwarzschild metric）。一九六三年，克爾為自旋黑洞完成相同推論，這位紐西蘭數學家導出的成果稱為「克爾度規」（Kerr metric）。接著在一九七〇年代早期，霍金等人推導出黑洞在吞噬恆星、碰撞合併，感受其他星體潮汐力的時候必須服從的一組定律。

黑洞絕對是存在的。愛因斯坦的相對論定律堅決主張，當一顆大質量恆星將賴以保持高熱的核燃料耗盡，它必然會發生內爆。一九三九年，J. 羅勃特・歐本海默（J. Robert Oppenheimer）和他的學生哈特蘭・斯奈德（Hartland Snyder）運用愛因斯坦的定律發現了：倘若內爆呈圓球狀，則這顆內爆的恆星**一定**會在自身周遭生成一個黑洞，然後在黑洞中心產生一個奇異點，再接下來是被吞噬入奇異點之中，最後不留下任何物質，點滴不存。這樣生成的黑洞，完全以翹曲的空間和時間構成。

一九三九年之後的幾十年間，物理學家們又運用愛因斯坦的定律證實了：即使內爆的恆星出現變形與自旋現象，同樣會生成一個黑洞。現今的電腦模擬也已披露個中完整細節。

直至今天，天文學家已經見到令人信服的證據，顯示我們的

圖5.7
黑洞科學家。從左到右：卡爾・史瓦西（1873－1916）、羅伊・克爾（1934－）、史蒂芬・霍金（1942－）、J. 羅勃特・歐本海默（1904－1967）和安德莉亞・蓋茨（1965－）。

宇宙存在著眾多黑洞。這當中最精彩的，是一顆位於銀河系中心的大質量黑洞。美國加州大學洛杉磯分校的安德莉亞·蓋茨（Andrea Ghez）領導她的一小群天文學家，監測了該黑洞周圍那些恆星的運行動態（圖5.8）。圖中每一條軌道上的圓點，分別代表相隔一年的恆星位置。至於黑洞的位置，我用白色的星型符號標示出來了。

從這些恆星的運動，蓋茨推導出了黑洞的重力強度。這個黑洞的重力在一段固定距離之下，引力相當於太陽在同等距離下之引力的四百一十萬倍。這表示，那個黑洞的質量，相當於太陽質量的四百一十萬倍！

圖5.9顯示這個黑洞在夏日夜空中的位置：位於人馬座右下方、標示「銀河系中心」的X點。

在我們這個宇宙中，幾乎所有大型星系的核心位置都有一顆大質量黑洞，當中有許多都和「巨人」等重（相當於一億顆太陽），

圖5.8
銀河系中心大質量黑洞周圍恆星的觀測軌道，由蓋茨與其同事測得。

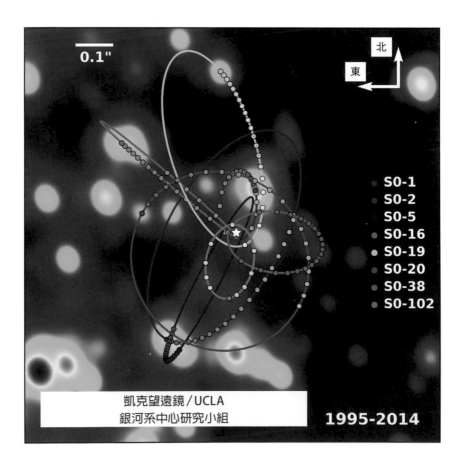

*S0-1表示可見於人馬座範圍內的0-1號恆星，以下類推。

圖5.9
我們銀河系中心的天空中有一
顆巨大的黑洞。

或甚至更重。到目前為止測得的最重黑洞，質量相當於太陽的 170
億倍，位於一座編號 NGC1277 的星系中央，距離地球兩億五千萬
光年——大約位於前往可見宇宙邊緣的十分之一路程上。

我們的銀河系中，大約有一億個較小型的黑洞，重量一般約
有太陽的三到三十倍。我們之所以知道這一點，不是我們實際看
到了這些黑洞的相關證據，而是因為天文學家做過一次大重量恆
星——它們在耗盡核燃料時會變成黑洞——的調查。調查的結果，
讓天文學家推斷出至今已經有多少這種恆星耗盡自身燃料、變成
了黑洞。

因此，我們知道黑洞普遍存在這個宇宙中，但幸好我們的太
陽系裡沒有，否則它的重力會嚴重干擾地球的運行軌道，可能會
被拋擲到太陽近處（被煮熟），又或是遠離太陽（被凍死）——甚
至被拋出太陽系外，或是墜入黑洞。這樣一來，我們人類大概活不
過一年！

天文學家估計，最靠近地球的黑洞約略位於三百光年之外，
相當於離我們最近的恆星（除了太陽之外）半人馬座比鄰星的百倍
距離。

現在，我們已經掌握了宇宙、場、翹曲時間和空間，尤其是黑洞
的相關基本認識，萬事終於齊備，可以開始探勘《星際效應》的「巨
人」黑洞了。

II

「巨人」黑洞

6

「巨人」的解剖構造

只要知道黑洞的質量和自旋速率，我們就能從愛因斯坦的相對論定律推導出它的其他特性：大小、重力的引力強度、它的事件視界受離心力影響在赤道附近向外伸展多遠，以及它的重力透鏡效應如何影響其背後的星體。一切的一切。

這實在非常神奇，跟我們的日常經驗是那麼不同。

這就好比只要知道我的體重，還有我能跑多快，就能夠推導出關於我的一切：我的眼珠是什麼顏色、鼻子有多長、智商有多高……

我的恩師惠勒——創造「黑洞」這個名稱的人——用「黑洞沒有毛」這句話來描述這一點：黑洞它別無其他**獨立**特性，除了質量和自旋之外。

所以，其實他應該說「黑洞只有兩根毛，而你可以從這兩根毛推導出關於它的一切」才對。

但這句話實在不如「沒有毛」那麼順口，於是「沒有毛」這個用詞很快在黑洞這門學問和科學家的語彙中生根。[13]

---

13 「黑洞沒有毛」翻譯為法文後，字面讀來實在太過猥褻，引來法國出版商大力抵制，但終究無濟於事。

從《星際效應》片中所述米勒的星球所屬特性，懂得愛因斯坦相對論定律的物理學家，就能推導出「巨人」的質量和自旋，從而得知有關那個黑洞的其他所有特質。

讓我們看看這是怎樣辦到的。[14]

「巨人」的質量

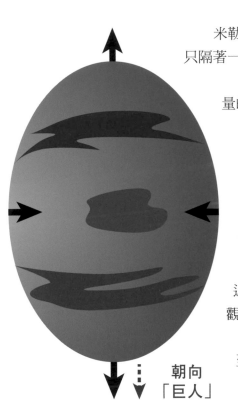

米勒的星球（第十七章會大篇幅討論它）和「巨人」貼得很近，只隔著一段讓它得以存續的最短可能距離。

我們會知道這一點，是因為庫柏一行人在這裡損失極大量的時間，這只有在非常靠近「巨人」的地方才可能發生。

在那麼近的距離下，「巨人」的潮汐重力作用（第四章）會特別強大。它拉扯著米勒的星球朝向與遠離「巨人」，並擠壓星球的側邊（圖6.1）。

這種拉伸和擠壓的力道，與「巨人」質量的平方成反比。為什麼？

當「巨人」的質量愈大，它的圓周也愈長，於是「巨人」作用於米勒星球各不同部位的重力強度也會比較相近，而這麼一來，潮汐力就會比較弱（見牛頓對潮汐力的觀點；圖4.8）。

經過許多精密的運算後，我推斷出：「巨人」的質量至少必須達到太陽質量的一億倍。

「巨人」的質量若低於這個數值，它就會撕裂米勒的星球！

我在《星際效應》一片中提出的科學詮釋，全都是假設「巨人」的質量就是這麼大：相當於一億顆太陽。[15]

比方說，第十七章談到「巨人」的潮汐力時，我就是設定它具有這種質量，據此說明它如何在米勒的星球上掀起滔天巨浪，向「漫遊者號」撲來。

圖6.1
「巨人」的潮汐重力拉伸與擠壓米勒的星球。

朝向「巨人」

---

14 相關的定量細節，請見本書末尾的〈技術筆記舉隅〉。

15 更合理的數值或許應該是太陽質量的兩億倍，但我希望讓數字簡單一點，而且那個倍率會引發許多波折，因此我最後選擇了一億倍。

　　黑洞事件視界的周長，與黑洞的質量成正比。以「巨人」相當於一億顆太陽的質量來計算，可得出視界的周長大約相當於地球的繞日軌道：**十億公里左右**。真的很大！

　　富蘭克林的視覺特效團隊和我商議後，採用了這個周長來打造《星際效應》片中的影像。

　　物理學家認為黑洞的半徑等於其視界周長除以 2π（約 6.28）。由於黑洞的內部有極高度的翹曲現象，所以那並非黑洞的真正半徑——不是在我們這處宇宙中所測得的從視界到黑洞中心的真正距離，而是在「體」之中測得的事件視界半徑；見圖 6.3 的下部。

　　在這種意義下，「巨人」的半徑約為一億五千萬公里，相當於地球繞日軌道的半徑。

「巨人」的自旋

當克里斯多福・諾蘭告訴我，他希望時間在米勒的星球上減速多少——他要那裡的**一個小時等於老家地球上的七年**——我聽了後整個傻眼。

　　我覺得那是不可能的，所以我告訴克里斯多福辦不到。

　　但他堅決地表示：「沒有商量餘地。」於是我只能回家埋頭苦思（這不是頭一遭，也不是最後一次），用愛因斯坦的相對論方程式算了又算，終於想出一個辦法。

　　我發現，假如米勒的星球和「巨人」之間相隔的距離，約等於不會讓它墜入黑洞的最近距離，[16] 加上如果「巨人」自旋的速度夠快，則克里斯多福的「一小時等於七年」的時間減速作用是有可能辦到的。

　　但「巨人」的轉速必須非常非常快。

　　黑洞的自旋速率有一個最大值。當自旋速率高於這個最大值，它的視界就會消失，使整個宇宙都看得到它裡面的奇異點；意思是，它整個**裸露**在外，一無遮掩——這恐怕不是物理定律所能容許的事（第二十六章）。

---

16 參見圖17.2與第十七章的相關討論。

我發現，想達到克里斯多福的時間極度減速要求，「巨人」的轉速就必須逼近最大值，只比最大值低約百兆分之一。[17]我在《星際效應》片中所做的科學詮釋，大多採用這個自旋速率。

當機器人塔斯墜入「巨人」時（圖 6.2），[18]「永續號」的成員可以從非常、非常遙遠的地方直接觀測「巨人」的自旋速率。

從遠處看去，塔斯始終沒有跨入視界（因為當它跨入其中後，就無法把信號傳出黑洞）。事實上，塔斯的墜落速度看起來整個慢了下來，而且好像盤旋在視界的正上方一樣。當塔斯在盤旋時，從遠處看去，它也被捲進「巨人」的旋動空間，繞著「巨人」一圈圈打轉。而由於「巨人」的自旋速度非常接近可能的最大值，因此從遠處看去，塔斯的軌道周期約為一個小時。

你可以自己動手計算一下：環繞「巨人」運行的軌道距離為十億公里，塔斯只花一個小時就跨越那段距離，所以，從遠處測

圖6.2
塔斯墜入「巨人」的情景。從遠處看去，它被拖著繞行黑洞長達十億公里的圓周，每小時環繞一圈。

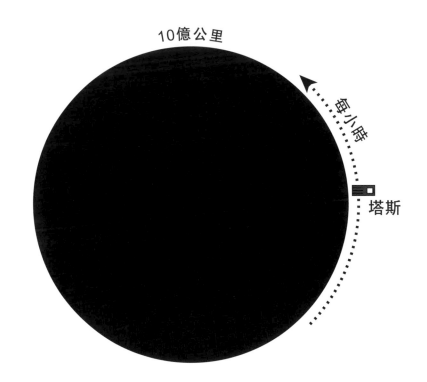

17 換句話說，它的自旋速率是最大值減去最大值的0.00000000000001倍。

18 塔斯向黑洞墜落時，「永續號」並未在非常遙遠之處，而是在臨界軌道（critical orbit）上，相當接近視界，也環繞著黑洞高速旋轉，速度幾乎和塔斯一樣快，因此「永續號」上的艾蜜莉亞‧布蘭德不會看到塔斯以高速繞行著黑洞。此議題的其他相關討論請見第二十七章。

定的結果，塔斯的速度約為每小時十億公里，這已經接近光速了！

倘若「巨人」自旋速率高於最大值，塔斯就會快馬加鞭以超光速繞行黑洞，而這違反了愛因斯坦的速度限制。這樣思考下來，你就會明白為什麼黑洞的自旋速率要有一個可能的最大值。

我在一九七五年發現了一種大自然藉此防範黑洞自旋速率超過最大值的機制：當黑洞的自旋速率接近最大值時，它很難再捕獲繞軌方向與黑洞本身旋轉方向相同的物體，否則該物體一旦被捕獲，就會提高黑洞的自旋轉速。

但黑洞可以輕易捕獲繞軌方向與黑洞本身旋轉方向相反的物體，而該物體一旦被捕獲，就會減緩黑洞的自旋轉速。所以，當黑洞自旋速率接近最大值時，會很容易減緩下來。

我的這個發現，重點在討論一種盤狀氣體構造，有點像是土星環，而且和黑洞自旋以同方向繞軌運行。它叫做吸積盤（accretion disk，第九章）。

吸積盤內的摩擦力，會導致氣體逐漸螺旋墜入黑洞中，並提高其轉速。摩擦還會使氣體升溫，使之放射出光子。黑洞周圍的空間旋轉作用會抓住與黑洞自旋同向行進的光子，將它們向外甩去，於是光子進不了黑洞。

相對地，空間旋轉也會抓住試圖與自旋反向行進的光子，將它們吸進黑洞，從而減緩自旋轉速。最後，當黑洞自旋達到最大值的 0.998 倍時，就會達到一種均勢，這時候，被捕獲光子所造成的減速作用，正好抵銷了吸積氣體造成的加速作用。這種均勢看來還算穩健。就大多數天文物理環境來說，我認為黑洞的自旋都不會比最大值的 0.998 倍左右還快。

但我可以想像在某些情況下——非常罕見，或永遠不會出現在真實宇宙，只是仍然有可能性——自旋可以極逼近這個最大值，甚至逼近到可以讓時間在米勒的星球上減速、達到克里斯多福的要求：比速率最大值只低了百兆分之一的白旋——這雖然不太可能，卻還是有可能。

要拍出好電影，高明的電影人經常得把事情推到極致。這在電影界是司空見慣的事。就《哈利波特》這類科學奇幻片來說，它的極致狀況遠遠踰越了科學可能性的邊界。至於科幻片的極致狀況，則一般都約束在可能性的範疇之內。

這就是科學奇幻片和科幻片的主要區別。《星際效應》是一

部科幻片，不是科學奇幻片。「巨人」的最高自旋轉速，在科學上是有可能成真的。

「巨人」的解剖構造
Ⓣ

決定「巨人」的質量和自旋速率之後，我再用愛因斯坦的方程式估算出它的構造。

就像前一章的做法一樣，這裡我們只先專心討論外部構造，內部（尤其是「巨人」的奇異點）就留待第二十六和二十八章再討論。

圖 6.3 的上半圖，顯示從「體」審視「巨人」赤道面時所見的

圖6.3
「巨人」的解剖構造，其自旋轉速只比可能之最大值低了百兆分之一，這就是讓時間在米勒的星球上極大幅減速的必要條件。

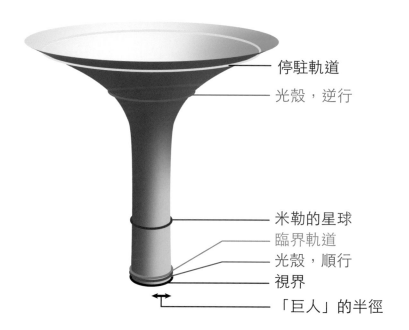

停駐軌道
光殼，逆行
米勒的星球
臨界軌道
光殼，順行
視界
「巨人」的半徑

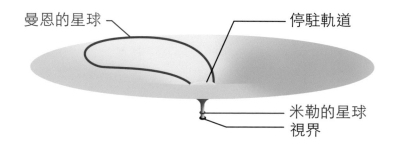

曼恩的星球
停駐軌道
米勒的星球
視界

形狀。它和圖 5.5 非常相像，只是由於「巨人」的自旋轉速遠遠更為逼近可能之最大值（百兆分之一相對於圖 5.5 的千分之二），因此「巨人」的咽喉也長了更多，向下延伸很大的長度才觸及視界。從「體」觀察它，視界附近看來就像個長形圓柱。圓柱形部份的長度，約兩倍於視界的周長，也就是二十億公里。

圖中的圓柱的截面都呈圓形，不過倘若我們移動脫離「巨人」的赤道面，恢復我們的「膜」的第三次元，那些截面就會變成壓扁的球面（球狀體）。

我在「巨人」的赤道面上標出好幾個特殊位置，它們全都含括在我對《星際效應》的科學詮釋之中，諸如：

黑圈：「巨人」的事件視界；

綠圈：臨界軌道——電影接近尾聲時，庫柏和塔斯就是從這裡墜入「巨人」（第二十七章）；

藍圈：「米勒的星球」的軌道（第十七章）；

黃圈：停駐軌道——庫柏一行人探訪米勒的星球時，「永續號」停駐在此；

紫圈：「曼恩的星球」從非赤道面突伸進入「巨人」赤道面的片段軌道。

在這當中，由於「曼恩的星球」軌道的外側部份偏離「巨人」極遠（約相當於「巨人」半徑的六百倍或更遠；第十九章），因此我必須用大上許多的比例尺再另外畫一張圖來表現它（圖 6.3 的下半圖），但儘管我已經這麼做了，還是沒有據實將它畫出來。我把它的外側部份畫在只跟「巨人」相隔一百倍半徑距離的位置上，事實上應該相隔六百倍半徑才對。

除了上述細節之外，還有一個紅圈，我標示為「光殼」，意指「火光殼層」（shell of fire, SOF）；詳情請見下文。

我是怎麼決定這些位置的？這裡我先舉停駐軌道為例，之後再討論其他的位置。

庫柏在電影裡是這樣描述這個停駐軌道：「所以我們進入『巨人』一條比較大圈的軌道，跟米勒的星球平行，只是稍微偏外側一些。」他還希望這個停駐軌道能和「巨人」保持充分的距離，這樣才能「避開時間偏移」，意思是，和「巨人」保持一段「時間減速作用不會與地球時間相差過大」的距離。

這促使我最後選定「巨人」五倍半徑的距離（圖 6.3 下半圖的

黃圈）。「漫遊者號」從這條停駐軌道航向米勒的星球得花兩個半小時——這一點，也強化了我這個決定。

但是這個決定有個問題。

在這個距離之下，「巨人」會看起來非常龐大；它會跨越「永續號」約五十度的天空。那景象，簡直令人歎為觀止。但這樣有氣魄的場景太早出現在電影裡——這可不是大家樂見的！於是克里斯多福和保羅決定，從停駐軌道看到的「巨人」尺寸必須大幅縮小，從五十度變成約兩度半，相當於我們從地球看月球所見尺寸的五倍大小——仍然相當可觀，但不至於大到嚇人。

光殼

「巨人」的附近，重力非常強大，空間和時間也翹曲得非常厲害，導致光線（光子）有可能被困在視界外側的軌道上，不斷環繞黑洞無數圈之後才逃逸散去。

這麼看來，視界外側的軌道其實是**不穩定的**，因為最後光子終究會逃逸。（相對地，視界內側被捕獲的光子就永遠出不來了）

我習慣把這種短暫「受困」的光稱為「火光殼層」，簡稱「光殼」。它在構成《星際效應》片中「巨人」視覺外觀基礎的電腦模擬作業（第八章）上扮演非常重要的角色。

就**不自旋**黑洞來說，光殼是個球面，周長為視界周長的一・五倍。受困的光線在這個球面上，順著大圓（就像我們的地表恆定經線）一圈圈繞行；當中有些逸入黑洞中，其餘的向外流洩，遠離黑洞。

當黑洞加速自旋，光殼也同時分別朝內、外擴展，從而擁有了一定的體積，而不只是一個球體的表面而已。

以「巨人」來說，由於它的自旋速率極高，赤道面的光殼於是從圖 6.3 的底部紅圈，擴展到上方紅圈，規模大到連米勒的星球和臨界軌道都含括在內，甚至比這還更大更遠！

圖 6.3 底部的紅圈是順著「巨人」自旋方向（順行）、一圈圈繞行「巨人」的一道光線（光子軌道），上方的紅圈則是與「巨人」自旋方向逆向運行（逆行）的光子軌道。很顯然的，空間旋動使順行光線與視界貼得很近——逆行光線則沒那麼靠近——又不至

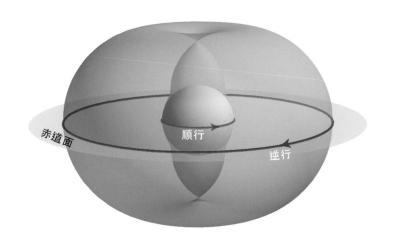

圖6.4
「巨人」周圍被光殼占據的環形區域。

於落入黑洞。

由此可見，空間旋動的影響是多麼巨大！

赤道面上、下空間被光殼占據的範圍，如圖 6.4 所示。這是一個很大的環形區域。這幅插圖省略了空間翹曲現象，因為呈現空間翹曲就無法畫出光殼完整的三個次元。

圖 6.5 所示為暫時困在光殼中的光線（光子軌道）之幾個範例。黑洞就位於這些軌道的中央。最左側的軌道盤繞著一個較小球體的赤道區域，始終與「巨人」的自旋同向順行。它和圖 6.3 底部與圖 6.4 內側的紅圈幾乎完全相同。

圖 6.5 中，左邊第二條軌道則環繞著一個稍大球體，行進方向接近兩極並稍微偏順行。

第三條軌道的環繞範圍還更大，但方向為逆行，並接近兩極。

第四條軌道非常貼近赤道並逆向行進，亦即與圖6.3上方與6.4外側的紅色赤道軌道相似。

這些軌道其實是彼此相互交疊的，這裡我將它們拆開來描繪

圖6.5
暫時困在光殼中的光線（光子軌道）範例，這是用愛因斯坦的相對論方程式計算出的結果。

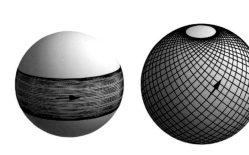

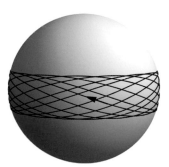

以便檢視。

　　暫時困在光殼中的光子有些會向外逸出，螺旋行進脫離「巨人」黑洞；其餘的光子則向內螺旋行進逃向「巨人」，一頭栽入視界中。

　　那些險些受困但成功脫逃的光子，對《星際效應》片中「巨人」的視覺外觀有非常重大的影響：它們勾勒出「永續號」隊員眼中所見的「巨人」陰影邊緣，並在陰影邊緣製造了一道明亮的細線：「火環」（ring of fire）──我們在第八章會談到它。

重力彈弓效應

⊤

在「巨人」附近駕駛太空船是一件難事，因為航行速度必須非常快。

行星、恆星或太空船要想在這裡存續下來，就必須以同等強大的離心力來抗衡「巨人」的強大重力。

這表示它必須以非常高速移動。

事實證明它必須達到近光速才行。在我對《星際效應》相關科學的詮釋中，「永續號」派遣隊員登上米勒的星球時，它是停駐在「巨人」半徑五倍的距離之外，繞行速率為光速的三分之一：c/3（c 代表光速）；米勒的行星則以 55% 光速運行，即 0.55c。

在我的詮釋中（圖 7.1），「漫遊者號」要從停駐軌道抵達米勒的星球，必須先減慢它的順行運動，從 c/3 降至遠低於此，然後「巨人」的重力才能夠拉它向下。等來到星球附近時，「漫遊者號」又必須從下行轉為順行。

而由於下墜時的加速，這時它的航速已經高出太多，因此必須減速 c/4（四分之一光速），降低到該星球的速度 0.55c，才能前往米勒的星球。

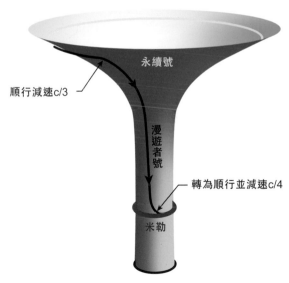

順行減速 c/3

永續號

漫遊者號

轉為順行並減速 c/4

米勒

圖7.1
「漫遊者號」如何前往米勒的星球（我對《星際效應》相關科學的詮釋）。

「漫遊者號」的駕駛庫柏可能使用哪種機制來執行這種劇烈的速度變化？

二十一世紀的技術

他必須達成的速度變化約為 $c/3$，相當於每秒十萬公里。（這不是時速，是秒速！）

相形之下，今天我們人類推力最強的火箭，秒速可達十五公里，約十萬公里的七千分之一，實在太慢了。

《星際效應》片中的「永續號」從地球航向土星花了兩年時間，平均速度為每秒二十公里，是十萬公里的五千分之一，一樣很慢。

人類的航空器在二十一世紀有可能達到的最高速度，我認為是每秒三百公里，而這得先大量投入核能火箭研發作業才能辦到，但這仍只是《星際效應》所需速度的三百分之一左右，還是太慢。

所幸，大自然提供了一種做法來落實《星際效應》片中必須達成的龐大速度變化（$c/3$）：運用重力彈弓效應繞過遠比「巨人」小上許多的黑洞來助推加速。

彈弓助推航向米勒的星球

像「巨人」這麼龐大的黑洞，周遭會聚集許多恆星和小型黑洞（下一節就會深入討論）。

在我的《星際效應》相關科學詮釋中，我設想：庫柏和他的團隊調查了所有繞行「巨人」的小型黑洞，確定其中有一顆黑洞的所在位置可供「漫遊者號」進行重力轉向作業，推動它從近圓形的軌道，轉向往米勒的星球俯衝而去（圖 7.2）。

這種重力助推操控的方法，稱為「重力彈弓效應」（gravitational slingshot），美國航太總署也經常在太陽系內善加運用，但是是借助行星的重力，而非黑洞（見本章末尾）。

《星際效應》片中沒有呈現或談到這種助推操控法，只讓庫柏說出下面這段話：「聽著，我可以繞過那顆中子星來減速。」

減速是必要的動作，因為「漫遊者號」受到「巨人」重力的龐大引力而下墜——從「永續號」的軌道降到米勒星球的軌道

圖7.2
「漫遊者號」繞過一顆小型黑洞，完成了一次彈弓助推操控，讓太空船轉朝下方往米勒的星球飛去。

永續號

漫遊者號

——它的速度已經拉得太高，行進速度比米勒的星球高出 c/4。

圖 7.3 所示的中子星，相對於米勒的星球朝左行進，「漫遊者號」就靠它來轉向、減速，然後才能正常接近那顆星球。

這種彈弓效應有一種特點可能會讓人非常不快，甚至會奪走人的性命，那就是：潮汐力（第四章）。

圖7.3
登陸艇繞過一顆中子星，藉彈弓助推作用前往米勒的星球。

速度變化要達到 c/3 或 c/4 的幅度，「漫遊者號」必須充分靠近小型黑洞和中子星，才能受到它們強大重力的影響。

在這麼近的距離下，倘若那顆偏轉天體（deflector）是中子星，或是半徑不到一萬公里的黑洞，則「漫遊者號」和上頭的人類都會被潮汐力撕碎（第四章）。

「漫遊者號」和人類要想存活，這個偏轉天體就必須是至少一萬公里大的黑洞（大小約如地球）。

大自然中**確實存在**這種大小的黑洞，統稱為中等質量黑洞（intermediate-mass black holes, IMBH），這尺寸其實已經很大，但和「巨人」比起來仍顯渺小：只有它的萬分之一。

本來克里斯多福‧諾蘭應該用一顆地球大小

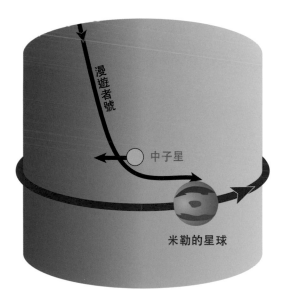

漫遊者號

中子星

米勒的星球

的中等質量黑洞來幫「漫遊者號」減速，結果他用了一顆中子星。

　　他一開始改寫喬納森的電影劇本時，我就和他討論過這件事。討論過後，他仍然選定中子星。為什麼？

　　因為他希望電影裡面只出現一個黑洞，才不會把廣大觀眾搞糊塗了。一個黑洞，一個蟲洞，還有一顆中子星，加上片中其他的豐富科學素材，全都要在兩小時的快節奏影片中讓觀眾吸收。

　　克里斯多福認為，這些素材是他能處理的極限。既然在「巨人」附近航行**必須**借助強大的重力彈弓效應，於是克里斯多福將一次彈弓效應放進庫柏的對白裡，卻也付出了代價，用了不合乎科學原理的偏轉天體：以中子星取代了黑洞。

星系核內的中等質量黑洞

一顆一萬公里的中等質量黑洞，重約一萬顆太陽的質量，相當於「巨人」的萬分之一，但已經是普通黑洞的千倍重量了。這正是庫柏需要的偏轉天體。

　　有些中等質量黑洞據信是在恆星密集的星團——稱為「球狀星團」（globular cluster）——的核心內形成的，當中又有一部份可能循徑進入有巨型黑洞棲身的星系核（Galactic Nuclei）內。

　　仙女座星系就是一個好例子。它是最接近我們銀河系的大型星系（圖7.4），星系核裡潛藏了一顆「巨人」尺寸的黑洞，擁有

圖7.4
左：仙女座星系裡藏著一顆「巨人」般大小的黑洞。
右：動力摩擦作用會使中等質量黑洞逐漸減速，沉陷到巨型黑洞的鄰近區域。

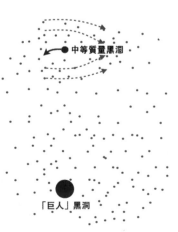

一億顆太陽的質量。數量龐大的恆星被拉進這種巨型黑洞的鄰近區域；每立方光年多達一千顆。

當一顆中等質量黑洞穿過這種密集區域，它發出的重力會讓恆星偏斜轉向，製造出一道更高密度的尾流，跟在它的身後（圖7.4）。這道尾流以重力拉動中等質量黑洞，使中等質量黑洞減速，這種過程就叫做「動力摩擦」（dynamical friction）。而當中等質量黑洞非常緩慢地減速時，它也漸沉漸深，進入巨型黑洞的鄰近區域。

在我為《星際效應》相關科學所做的詮釋中，大自然可以用這種方式為庫柏提供一顆中等質量黑洞，滿足他進行彈弓助推的需求。[19]

思考與挑戰：
超先進文明的軌道航行

在太陽系中，行星和彗星的軌道全都呈非常準確的橢圓形（圖7.5）。牛頓的重力定律為此提出保證，並且堅持主張這一點。

圖7.5
太陽系中行星群、冥王星和哈雷彗星的軌道，全都呈橢圓形。

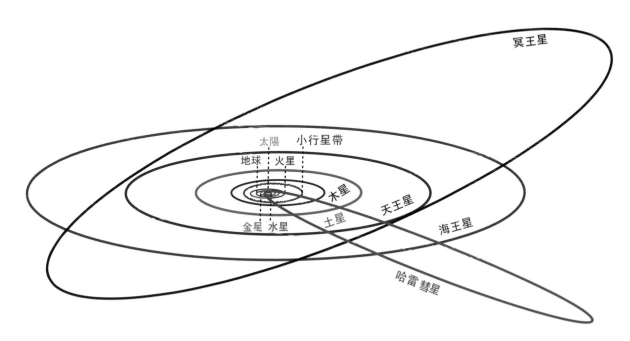

19 要適時適地找到中等質量黑洞的機率其實很低，但就科幻的精神來說，既然它沒有違反物理定律，我們就可以這樣運用。

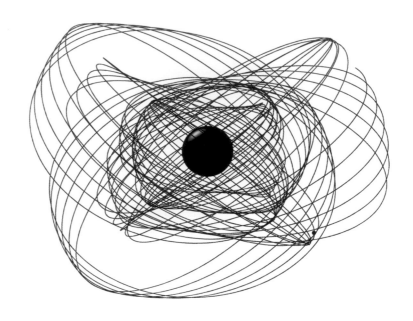

圖7.6
太空船、行星或恆星的單一運行軌道。中央的黑球是一顆尺寸、自旋都像「巨人」那般巨大、快速的黑洞。（援引自史帝夫・德拉斯哥〔Steve Drasco〕的模擬圖像）

相對來說，一顆像「巨人」那樣快速自旋且體型巨大的黑洞周遭——這裡是愛因斯坦的相對論定律主宰之地——那些軌道就遠遠更加複雜了。圖 7.6 就是一例，任意繞行「巨人」一圈，都需要好幾小時到好幾天，因此圖 7.6 中畫出來的軌道大約需要一年時間才能走完；或許幾年之後，它的軌道就會經過幾乎所有你想去的目的地，只是你的速度有可能不符所需，或許會需要來一次彈弓助推來改變速度，才能達成會合的目標。

我就讓各位自行想像一下，超先進文明有可能怎麼利用這種複雜的軌道。在我對這部電影的科學詮釋中，我為了簡單起見，大致上會避開它們，把重點放在圓形的赤道軌道上（例如「永續號」的停駐軌道、「米勒的星球」繞行軌道，以及臨界軌道），以及「永續號」如何從一條圓形的赤道面軌道轉換到另一條之上。當中只有一個例外，那就是曼恩的星球，但這部份我們等第十九章再來討論。

美國航太總署的太陽系內重力彈弓助推

現在就讓我們從（物理定律所容許的）「可能性」世界，回到鐵面無情的現實中，看看截至二〇一四年為止，人類在太陽系的舒適牢籠裡，實際完成了哪些重力彈弓作業。

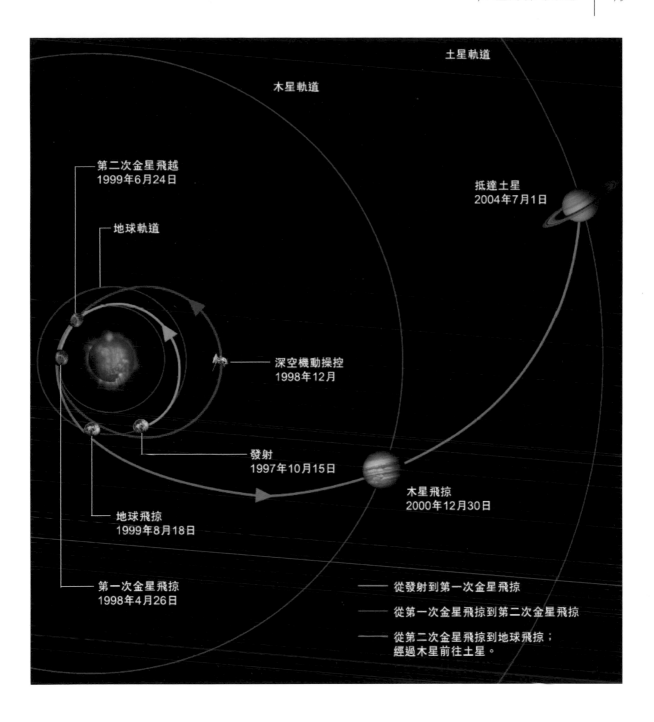

各位或許對航太總署的「卡西尼號」（Cassini）太空船並不陌生（圖 7.7）。「卡西尼號」在一九九七年十月十五日從地球發射升空，船上搭載的燃料並不足以讓它飛抵目的地土星。這不足的部份，就是運用幾次彈弓助推來解決：一九九八年四月二十六

圖7.7
「卡西尼號」從地球前往土星的飛行軌跡。

日繞過金星；一九九九年七月二十四日完成二度繞行金星的彈弓助推，接著在二○○○年十二月三十日繞過木星。二○○四年七月一日，「卡西尼號」終於抵達土星，之前還繞過最貼近土星的衛星「木衛一」（Io），借助一次彈弓作業來降低航速。

這一系列的彈弓助推作業，沒有一次和我前面所描述的相同。前面我提到彈弓效應會強力偏轉太空船的行進方向，但金星、地球、木星和木衛一卻只讓太空船稍微轉向。為什麼？

因為偏轉天體的重力太弱，沒辦法強力偏轉航向。以金星、地球和木衛一來說，偏轉影響必然都很微弱，因為它們的重力原本就很弱。木星的重力雖然強大得多，但大幅偏轉會把「卡西尼號」送上錯誤航向，因此必須使用較小幅偏轉作業以抵達土星。

這幾次偏轉幅度雖然都很小，「卡西尼號」仍然從飛掠作業取得充裕的推力，足以彌補燃料的不足。每一次飛掠（木衛一那次除外），「卡西尼號」都是尾隨著偏轉行星前行，但角度得以讓行星的重力以最理想的方式拉著它向前行進並提增飛航速度。《星際效應》片中的「永續號」也曾繞行火星完成一次近似的彈弓作業。

「卡西尼號」在過去十年中探訪了土星和土星的衛星群，傳回了令人稱奇的影像和資訊──蘊涵著美感和科學的寶藏。各位可以上網一瞥端倪：http://www.nasa.gov/mission_P.s/cassini/main/

相對之下，「巨人」的助推就不像太陽系內的彈弓效應那麼弱小。它的重力非常強勁，就算是以超高速行進的物體，它也抓得住，然後還能以大幅偏折的彈弓效應，將它們拋向四面八方，連光線也不能倖免，從而造成重力透鏡效應，這個讓我們得以見到「巨人」身影的關鍵。

8

塑造「巨人」的形象

Ⓣ

黑洞不會發光，因此想看到「巨人」，只能從它如何影響其他物體發出的光來觀測。《星際效應》片中出現的其他物體有：一個吸積盤（第九章）和它棲身的星系，以及星系中的星雲、多采多姿的星場。為求簡單起見，這裡讓我們只把恆星納入討論。

「巨人」在這個星場上投落一個黑影，還偏折了每顆恆星發出的光線，扭曲了照相機鏡頭見到的星空樣式。

這種扭曲現象就是第三章討論過的重力透鏡效應。

圖 8.1 顯示星場前方有一顆快速自旋的黑洞（讓我們稱它為「巨人」）。從它的模樣看來，你應該是從「巨人」的赤道面上進行觀測。

「巨人」的陰影是一片全黑的區域。緊貼著陰影外緣，有一道非常細窄、被稱為「火環」的星光環圈。這裡我做了一點強化處理，使暗影邊緣更為明顯。

圈環之外，我們看到一片繁密星

圖8.1
「巨人」一類快速自旋黑洞周圍的恆星，在重力透鏡效應下呈現的形態。從遠處觀看時，若以弧度計量，則黑洞陰影的角徑（angular diameter）為九倍「巨人」半徑除以觀測者和「巨人」之間的距離。（「雙重否定」視覺特效團隊製作的模擬圖像）

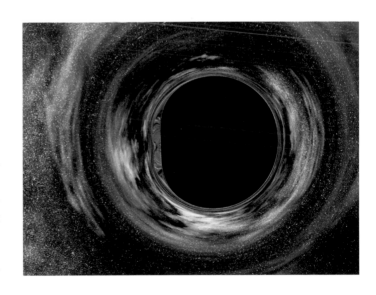

空呈同心殼層的圖樣——重力透鏡效應造成的結果。

當照相機環繞「巨人」軌道運行，恆星場看起來也隨之移動。這種運動與透鏡效應結合，便造成光線急遽變動的圖樣。有些區域的星光以高速川流而過，另有些區域的星光緩緩地飄移，還有些區域的星光滯留不前。參見本書網頁：Interstellar.withgoogle.com。

我會在本章內說明這所有的特徵，從陰影和它的火環開始，接著會說明《星際效應》片中的黑洞影像是如何製作出來的。

我在本章描繪的「巨人」影像是一顆快速自旋的黑洞，因為它必須快速自旋，才會產生「永續號」隊員所經歷的（相對於地球的）時間極大量流失現象（第六章）。

然而，如果「巨人」高速自旋，陰影的左緣就會出現扁平現象（圖 8.1），恆星流的軌跡和吸積盤也會出現某些怪異的特徵，可能會因此令廣大觀眾困惑不解，因此克里斯多福·諾蘭和保羅·富蘭克林決定：讓電影中的「巨人」影像呈現較小幅度的自旋——最大值的六成。參見第九章最後一段。

警告：下面三個小節的內容有可能相當耗費腦力，但各位也可以選擇略過，不會因此跟不上本書其餘的篇幅。不用擔心！

黑洞的陰影和外緣火環

光殼（第六章）是產生「巨人」陰影和周邊火環的關鍵要素。圖 8.2 中，光殼是環繞「巨人」的紫色區域，含括險些受困之光子的軌跡（光線），如右上方的小圖所示。[20]

假設你位於黃點的位置。白色光線 A、B 與其他同類光線會為你帶來火環的影像，黑色光線 A 和 B 則為你帶來陰影邊緣的影像。

舉例來說，白色光線 A 是從距離「巨人」很遠的某顆恆星發出的，光線向內行進，困陷在「巨人」赤道面上之光殼的內緣，在那裡被空間旋轉帶動，一圈圈地飛繞，然後才逸出並進入你的眼簾。

同樣標示為 A 的黑色光線發自「巨人」的事件視界，它向外

20 參見圖6.4和6.5。

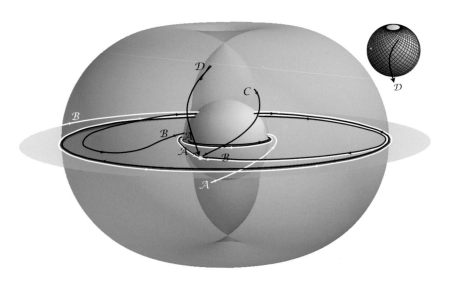

圖8.2
「巨人」（中央的球狀體）和
它的赤道面（藍色）、光殼（
紫色和紫羅蘭色），以及為你
帶來陰影邊緣與細環之影像的
黑、白色光線。

行進，同樣困陷在光殼的內緣，在那裡繞了一圈又一圈，之後才
逸出並與白色光線 A 一併傳抵你的眼簾。

　　白色光線為你帶來細環的片段影像，黑色光線則帶來陰影邊
緣的片段影像。光殼是促使兩種光線合併行進的功臣，還能引導
它們朝你的雙眼射來。

　　黑、白色光線 B 的情況也雷同，但它們是困陷在順時針旋轉
（奮力對抗著空間旋轉）的光殼之外緣，而光線 A 是困陷在逆時
針旋轉（被空間旋轉帶動）的光殼之內緣。

　　圖 8.1 的陰影左緣出現扁平現象，右緣則變得渾圓，這是由於
（左緣的）光線 A 是發自光殼內緣非常接近視界的位置，而（右
緣的）光線 B 是發自光殼外緣的非常外側之處。

　　圖 8.2 的黑色光線 C 和 D 起點位於視界，向外行進並困陷在光
殼的非赤道軌道上，然後逸出受困軌道，射向你的眼簾，也把位
於赤道面外側之陰影邊緣的片段影像傳送過來。光線 D 的受困軌
道如右上方小圖所示。

　　白色光線 C 和 D（圖中未顯示）都來自遙遠的恆星，和黑色
光線 C 和 D 一起受困，然後一同向你的雙眼射來，一併帶來火環
的片段影像和陰影邊緣的片段影像。

不自旋黑洞的透鏡效應

下面要說明位於陰影外的恆星在重力透鏡影響下呈現的模式，了解它們在照相機移動下表現的流動形態。

首先讓我們從不自旋黑洞開始，選一顆恆星檢視它發出的光線（圖8.3）。

恆星發出兩束光線向照相機行進。它們在黑洞翹曲空間各盡己能沿著最筆直路線行進，但都受到翹曲作用影響而偏向彎折。

一束偏折光線繞過黑洞左側向照相機射來；另一束則從右側繞過來。兩束光線都將自身的恆星影像傳給照相機。

照相機鏡頭接收到的兩個影像如圖8.3小圖所示。

我用紅圈將兩個影像框起來，將它們與照相機可見的其他恆星區隔開來。

注意：和左方的恆星影像相比，右方影像和黑洞陰影之間的距離近上了許多。

這是由於它的偏折光線是從比較靠近黑洞事件視界的地方通過所致。

圖8.3
上：從「體」中所見之不自旋黑洞周圍的翹曲空間，以及兩束光線從同一顆恆星發出，在翹曲空間裡穿行並射往照相機。
下：在重力透鏡效應影響下呈現的星光；照相機所見的影像。（援引自阿蘭・雷佐羅〔Alain Riazuelo〕的模擬圖像；請上網瀏覽他的模擬影片鏡頭：www2.iap.fr/users/riazuelo/interstellar）

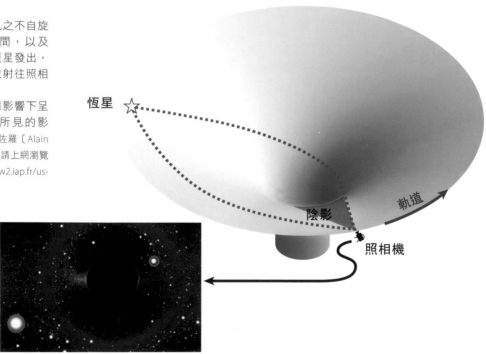

恆星

陰影

軌道

照相機

　　其他恆星也都在這張照片中出現了兩次，分別位於黑洞陰影的兩側。你能不能找出其中幾對？

　　照片中可見黑洞的陰影區，所有朝這裡射去的光線，都無法進入照相機鏡頭；參見上圖標示「陰影」的三角形區域。所有「想要」進入陰影區的光線，都會被黑洞逮住並吞噬。

　　當照相機沿著軌道向右運行（圖 8.3），鏡頭所見的星光形態也隨之改變，如圖 8.4 所示。

　　這張圖裡有兩顆恆星被特別標示出來。

　　一顆用紅圈框起來（就是圖 8.3 中那一顆）。

　　另一顆用黃色方框標示。

　　每顆恆星我們各看到兩幅影像：一幅位於粉紅圓圈之外，另一幅位於圈內。

　　我們稱這道粉紅色圓圈為「愛因斯坦環」（Einstein ring）。

　　當照相機向右移動，影像就沿著黃色和紅色曲線移動。

　　愛因斯坦環之外的恆星影像（讓我們稱它們為「主影像」）移動方式一如預期：從左到右平順行進，但移動時會偏離黑洞。（各位能不能想出來：為什麼不是朝向黑洞而是偏離？）

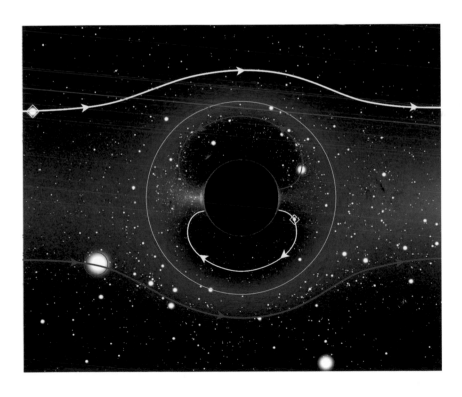

圖8.4
照相機沿著自身的軌道（參見圖8.3）向右運行時，鏡頭所見的變動星光形態。（援引自阿蘭・雷佐羅的模擬圖像；請上網瀏覽他的模擬影片鏡頭：www2.iap.fr/users/riazuelo/interstellar）

　　然而，位於愛因斯坦環內的「次級影像」，卻以出乎意料的方式移動：它們看來是從陰影右緣出現，在陰影和愛因斯坦環之間的環形區域向外移動，往左繞過陰影，然後回頭朝陰影邊緣下行。

　　回頭再看一次圖 8.3 上方圖，你就可以明白了。

　　右方的光線從黑洞近處通過，因此右方恆星影像會位於黑洞陰影的近處。

　　當照相機早先比較靠近左方時，右方光線必須從更靠近黑洞的區域通過、更大幅地彎曲，才能射抵照相機，因此右方的影像非常靠近陰影的邊緣。

　　相對地，在稍早之前，左方光線是從離黑洞相當遠的區域通過，因此它近乎筆直，產生的影像也離黑洞相當遙遠。

　　現在，如果你準備好了，請往下完整地想一遍這些影像的後續運動，如圖 8.4 所示。

快速自旋黑洞的透鏡效應：
以「巨人」為例

「巨人」以非常高速的自旋帶動空間旋轉，改變了重力透鏡效應。圖 8.1（「巨人」）的星光形態和圖 8.4（不自旋黑洞）的星光形態看來有點不同，但流動模式的差別還更大。

　　就「巨人」來說，流動模式中（圖 8.5）可以看到兩個愛因斯坦環，如粉紅色曲線所示。外環外側的星群朝右流動（例如，沿著兩條紅色曲線移動），圖 8.4 的不自旋黑洞也出現相同情況。

　　不過，空間的旋轉將星群流動匯聚成沿著黑洞陰影後緣分布的高速窄小條帶（strip），而這些條帶在赤道一帶大幅度急遽彎曲。此外，空間的旋轉還讓流動產生渦流（紅色封閉曲線）。

　　各恆星的次級影像分別出現在兩道愛因斯坦環之間，各幅次級影像則分別沿著一條封閉曲線（如圖示的兩條黃色曲線）循環運行，而且循環方向和外環外側的紅色流動運動相反。

　　「巨人」的天空有兩顆非常特別的恆星，重力透鏡效應對它們不起作用。

　　其中一顆位於「巨人」北極正上方，另一顆位於「巨人」南極正下方。

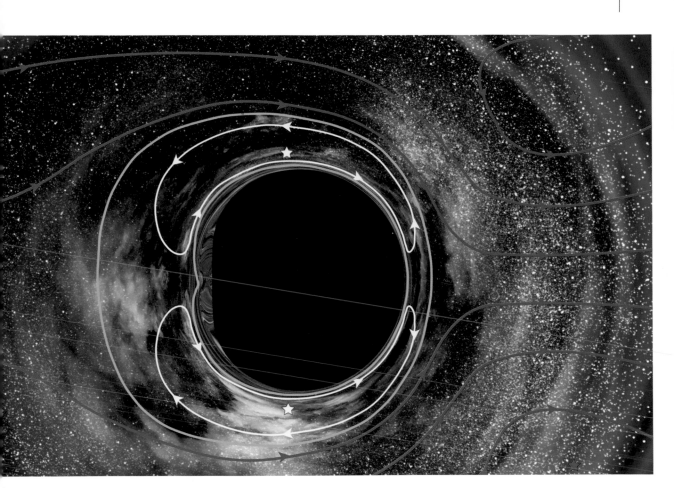

兩顆都可以跟位於地球北極正上方的北極星相提並論。

我在「巨人」這兩顆極星的主影像（紅色）和次級影像（黃色）位置都畫上了星形符號。

由於我們人類是由地球的旋轉帶著一起轉動，因此地球天空的恆星看起來全都繞著北極星循環運行。

同理，當照相機沿著繞「巨人」軌道運行之時，這個黑洞的所有恆星主影像也都繞著紅色極星影像循環運行，但它們的循環路徑（如圖示那兩道紅色渦流曲線）都受到空間旋轉和重力透鏡效應影響而嚴重扭曲。

再同理，恆星的次影像也全都繞著黃色極星影像循環運行（如圖示那兩道扭曲的黃色曲線）。

圖8.5
照相機在「巨人」這類快速自旋黑洞附近見到的星群流動形態。這幅模擬圖像是「雙重否定」視覺特效團隊的作品，圖中黑洞的自旋轉速達到最高可能數值的99.9%，照相機是沿著一條圓形的赤道面軌道運行，軌道周長為視界周長的六倍。請登入本書網頁瀏覽這幅模擬影片：Interstellar.withgoogle.com。

為什麼不自旋黑洞（圖 8.4）的次級影像，看來就像從黑洞的陰影浮現，繞行黑洞，然後調頭下行進入陰影，而不像「巨人」（圖 8.5）那樣沿著一條閉合曲線循環繞行？

事實上，不自旋黑洞的次級影像，正是沿著閉合曲線循環繞行，只是閉合曲線的內緣十分貼近陰影邊緣，我們看不到它而已。至於「巨人」，它的自旋帶動了空間旋轉，空間旋轉又帶動愛因斯坦內環向外移動，使次級影像的完整循環模式顯露出來（圖 8.5 的黃色曲線），也顯露出愛因斯坦內環。

愛因斯坦內環以內的流動形態則比較複雜。

這個區域裡的恆星，是這個宇宙內所有恆星的三級影像和更高級別影像——跟位於愛因斯坦外環以外之主影像和位於兩道愛因斯坦環間之次級影像所代表的那些恆星是一樣的。

我在圖 8.6 列出了「巨人」赤道面的五幅小圖，其中「巨人」本身以黑色描繪，照相機的軌道以紫色曲線表示，並以紅色代表光線。

光線將藍色箭頭尖端位置上的恆星影像傳給照相機，而照相機是順時針方向環繞「巨人」運行。

各位可以自行逐一審視這些小圖，將能從中更深入領會重力透鏡效應。

要注意的是：恆星的實際方位，是朝上偏右（見紅色光線的外側端點）。照相機，以及各束光線的起點，都指朝恆星影像。

第十級影像非常靠近陰影的左緣，右側那幅次級影像則很靠近右緣；比對照相機拍攝這兩幅影像時的指向，我們可以看出，陰影對向角約為一百五十度朝上。

但事實上，照相機對著「巨人」中心的真正方向是朝左並朝著上方。透鏡效應讓陰影相對於「巨人」的實際方向出現了位移。

打造《星際效應》片中的
黑洞和蟲洞視覺特效

克里斯希望「巨人」的樣子，就如同實際貼近觀察自旋黑洞所看到的**真實**模樣，因此他要保羅和我交換意見。

保羅安排我聯絡他的視覺特效工作室「雙重否定」在倫敦籌組的《星際效應》團隊。

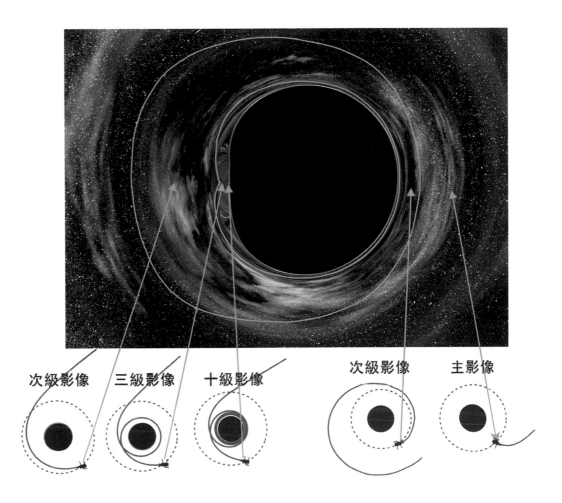

次級影像　三級影像　十級影像　　　　次級影像　　主影像

到後來，我和他們的首席科學家奧利弗・詹姆斯建立起密切的合作關係。

奧利弗和我用電話和 Skype 聯繫，透過電郵和電子檔案來交換意見，也曾在洛杉磯或他的倫敦辦公室見面商討。奧利弗在大學主修光學和原子物理學，理解愛因斯坦的相對論定律，因此我們能用相同的技術語言溝通。

我有好幾位物理學家同僚已經做過相關的電腦模擬，包括環繞黑洞軌道運行時，甚至墜入黑洞之後會見到的景象。

這方面的頂尖專家有巴黎天文物理學研究院（Institut d'astrophysique de Paris）的阿蘭・雷佐羅（Alain Riazuelo），以及科羅拉多大學波德分校（University of Colorado in Boulder）的安德魯・漢密爾頓（Andrew

圖8.6

這些光線將藍色箭頭尖端位置上的恆星影像傳送過來。（援引自圖8.1和8.5的「雙重否定」模擬圖像）

Hamilton）。

安德魯拍攝過黑洞的電影，在世界各地的天象館放映；阿蘭則是曾經模擬過像「巨人」這種轉速非常、非常高的黑洞。

所以，本來我一開始是打算讓奧利弗聯絡阿蘭、安德魯兩人，請他們提供必要的輸入程式。但這決定讓我遲疑了好幾天，最終改變了心意。

投入物理學研究半個世紀以來，我一直致力於發掘新創見，也努力指導學生研究與發現。我問自己，為什麼不能來點改變，做點好玩的事，即便已經有人比我更早做過那件事？

於是我真的親自投入其中，結果證實它確實**很有趣**，而且出乎我的意料，它還衍生出了「副產品」：一些（不大不小的）新發現。

我用愛因斯坦的物理學相對論定律，也大幅仰賴其他人業已完成的研究，尤其是法國宇宙理論實驗室（Laboratoire Univers et Théories）的布蘭登·卡特（Brandon Carter），以及哥倫比亞大學（Columbia University）的珍娜·萊文（Janna Levin）兩人的成果，成功寫出了奧利弗需要的方程式。

這組方程式能算出光線的軌跡，描繪它們如何從光源，例如一顆遙遠恆星，向內偏轉、穿越「巨人」翹曲的空間和時間，最後射入照相機。接著，我的方程式從這些光線算出照相機看到的影像，而且不只考慮到光源和「巨人」對空間和時間造成的翹曲，還把照相機環繞「巨人」的運動也納入考量。

方程式寫好後，我將它們導入一種非常便利、名為 Mathematica 的電腦計算軟體。

然後，我拿我的 Mathematica 代碼做出來的影像和雷佐羅的影像進行對照比較，結果兩邊相符，讓我非常振奮。

寫下這組方程式的詳細說明後，我將它們連同我的 Mathematica 代碼寄給在倫敦的奧利弗。

我的代碼跑得非常慢，解析度也很低。奧利弗的挑戰就是，要把我的方程式轉換成能夠產出電影所需的超高品質 IMAX 影像電腦指令碼。

奧利弗和我按部就班進行下去。

我們從一顆不自旋黑洞和一台不移動的照相機開始。接著，我們添上黑洞的自旋，然後又增添了照相機的運動：先環繞圓形

軌道運行，然後一頭栽入一個黑洞裡。

接下來我們轉向處理一台環繞蟲洞的照相機。

進行到這裡，奧利弗丟給我一枚迷你炸彈：在模擬更精密的效果時，光靠能描述光線軌跡的方程式是不夠的，他還需要能夠描述當一束光線行進通過黑洞之時，其截面尺寸、形狀如何改變的方程式。

這問題該怎麼解決，我多少有點概念，只是那組方程式實在複雜到稱得上恐怖，而我很怕自己會犯錯。

於是我搜尋技術文獻，結果發現在一九七七年，多倫多大學（University of Toronto）的瑟奇・皮諾特（Serge Pineault）和羅勃・羅德爾（Rob Roeder）已經導出必要的方程式，而且和我需要的形式幾乎是一致的。

我花了三個星期處理他們的方程式，奮力克服我自己的愚鈍，做出完全符合必需形式的成果，接著再次導入 Mathematica 並為奧利弗寫下說明，讓他將成果併入他自己的電腦指令碼。

最後，他的電腦指令碼終於可以產出電影所需的高品質影像，但是在「雙重否定」這邊，奧利弗的指令碼只是個起點而已。

他將指令碼交給歐吉妮・馮・騰澤爾曼領導的藝術小組，由他們加上一個吸積盤（第九章），並設計出背景星系，當中的星群和星雲受到「巨人」的透鏡效應所影響。

接著，她的小組再將「永續號」、「漫遊者號」和登陸艇，以及照相機動畫（它的變換運動、方向和視野等）添加上去，再將這些影像塑造為極逼真的形式：片中實際呈現的精彩場景。更深入討論請見第九章。

在此同時，我看著奧利弗和歐吉妮寄給我的高解析度影片段落不斷思索，努力想破解為什麼這些影像會呈現這個樣子，以及恆星場為什麼是這樣流動。

對我個人來說，這些影片鏡頭就如同實驗資料：它們揭露了一些事，例如前面我為圖 8.5 和 8.6 所做的說明；要不是有這些模擬成果，單憑我自己是永遠想不透的。

我們計畫發表一、兩篇技術論文來說明我們從中學到的新知識。

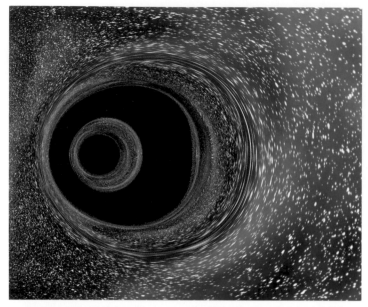

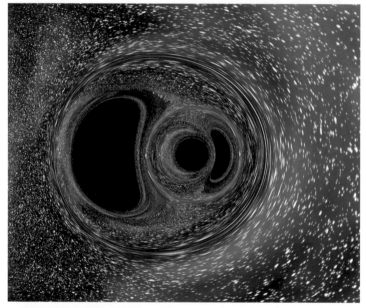

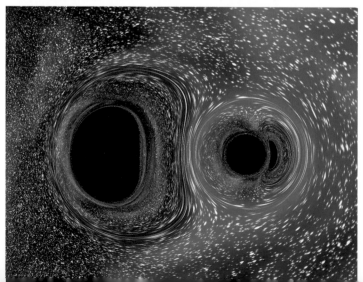

重力彈弓效應成像作業

儘管克里斯多福決定不在《星際效應》片中呈現重力彈弓效應的鏡頭，但我還是很想知道：當庫柏駕著「漫遊者號」飛向米勒的星球時，他看到的是什麼景象？

於是我用我的方程式和 Mathematica 來模擬這些情況，並製作成影像，但因為我的電腦碼相當緩慢，因此影像解析度遠低於奧利弗和歐吉妮的作品。

圖 8.7 的一連串畫面顯示，當庫柏駕駛「漫遊者號」繞過一顆中等質量黑洞、準備往米勒的星球下降時，他眼中看見的景象──這是我就《星際效應》提出的科學家詮釋。

事實上，這正是圖 7.2 所描繪的彈弓效應。最上幅的影像中，「巨人」位於背景，中等質量黑洞從它的前方通過。中等質量黑洞逮住發自遙遠恆星射向「巨人」的光線，使它繞過自己，再將光線拋向照相機。這就能解釋，為什麼中等質量黑洞陰影的周圍會出現狀似甜甜圈的星光。

另外，儘管這顆中等質量黑洞的尺寸只有「巨人」的千分之一，但它和「漫遊者號」之間的距離，

圖8.7
繞行中等質量黑洞的重力彈弓效應，「巨人」位於背景。（我本人的模擬和視覺成像作品）

比「巨人」和「漫遊者號」之間近得多，因此看來只稍小一些。

而由於照相機是隨著彈弓助推作業運行，從鏡頭看來，中等質量黑洞是朝右運行，因此它會隨之脫離「巨人」映襯背側的主陰影（圖 8.7 中圖），同時將「巨人」陰影的一個次級影像向前推。

這兩個影像，完全可以和一顆恆星受黑洞重力透鏡影響產生的主影像和次級影像相提並論，只是這裡是「巨人」的陰影受到中等質量黑洞的透鏡效應所影響。

在最底下的影像中，次級陰影的尺寸隨著中等質量黑洞向前行進而逐漸縮小。這時候，彈弓助推作業已經快要完成了，「漫遊者號」搭載的照相機也鏡頭朝下，指向米勒的星球。

儘管這些都是令人嘆服的影像，卻只能從中等質量黑洞和「巨人」的近距離位置觀看，從地球遙望是看不到的。對地球上的天文學家來說，巨型黑洞最令人嘆服的景象，是從黑洞向外凸伸的噴流，以及環繞黑洞的燦爛熱氣圓盤。接下來我們就來討論這些現象。

9

吸積盤和噴流

Ⓣ

類星體

無線電波望遠鏡看到的物體多半是龐大的氣體雲，這種雲比任何恆星都大很多

不過，一九六〇年代早期，天文學家卻發現了一些微小的物體。他們將這些物體命名為「類星體」（quasar），意思是「類星電波源」（quasi-stellar radio sources）。

一九六二年，加州理工學院天文學家馬丁·施密特（Maarten Schmidt）使用帕洛瑪山（Palomar Mountain）上全球最大光學望遠鏡觀測天空，發現了被稱為 3C273 的類星體發出的光芒。

它看來就像一顆亮星，卻射出一道暗淡的噴流（圖 9.1）。真的很奇怪！

施密特著手分解 3C273 光芒的組成（有時是運用讓光線透過稜鏡的做法），結果看到圖 9.1 下方圖所示的光譜線。乍看之下，這和他見過的光譜線毫無雷同之處。

他費心思量了好幾個月，終於在一九六三年二月領悟到：那些譜線之所以顯得陌生，完全是因為它們的波長比一般狀況大了 16% 所致。這個現象叫做「都卜勒頻移」（Doppler shift），起因在

於該類星體以 16% 的光速（約 c/6）遠離地球所致。

　　是什麼造成了這種超快運動？施密特能找到的（最不瘋狂的）解釋就是宇宙膨脹。

　　隨著宇宙膨脹，與地球相距遙遠的星體以非常高速在遠離我們，較為接近的星體則以較低速遠離。3C273 能達到光速六分之一的驚人高速，表示它和地球相隔了二十億光年，也表示它幾乎可說是當年所見的最遠星體。

　　從它的亮度和距離，施密特推斷 3C273 的發光能力達到太陽的四兆倍，同時也相當於那些最明亮星系的一百倍！

　　這麼龐大的發光能力卻在短短一個月間出現波動，因此它大半的光線肯定是發自尺寸很小，小到讓光線可以在一個月間橫越的星體——遠比地球到最近的恆星「半人馬座比鄰星」的距離還小。

　　還有一些類星體也具有同等能力，卻是在區區幾小時內出現波動，由此可見它們的尺寸絕對不比我們的太陽系大多少。

　　發光能力是明亮星系的百倍，卻是出自大小如我們的太陽系這樣的區域——真是讓人嘖嘖稱奇！

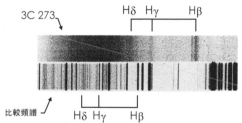

圖9.1
上圖：類星體3C273的照片，航太總署哈伯太空望遠鏡拍攝。照片經過度曝光，以顯現（右下方的）暗淡噴流，因此（左上方的）恆星看起來才會這麼大。這顆恆星其實很小，小得無法測定其尺寸。
下圖：拿施密特的3C273光譜線（上方條碼）與在地球實驗室測定的氫原子光譜線進行比較。類星體的三條線和氫原子的光譜線相同，分別稱為$H\beta$、$H\gamma$ 和$H\delta$，但波長多出16%。（光譜線的影像是光學負片，那些暗線其實都是亮線）

黑洞和吸積盤

這麼強大的發光能力，怎麼會發自那麼小的區域？我們尋思大自然的基本力，可以想到三種可能：化學能、核能或重力能。

　　化學能是分子結合在一起並產生新分子時釋出的能量。燃燒汽油就是一例，燃燒使空氣的氧和汽油分子結合，產生水和二氧化碳，以及大量的熱。但這種方式產生的能力，遠遠不夠多。差太遠了。

　　核能是原子核彼此結合，產生新原子核時發出的能量。這方面的實例有原子彈、氫彈，以及恆星內部核能的燃燒作用。

　　儘管它產生的動力遠超過化學能（想想汽油失火和核子彈爆炸的威力差距），天文物理學家卻想不出任何合理方式，可以讓核能成為類星體的能力來源。它依然太過微弱。

於是，最後剩下的可能性就是重力能，也就是我們採用來駕駛「永續號」環繞「巨人」航行的那種能量。

就「永續號」來說，它是靠彈弓效應繞行一顆中等質量黑洞（第七章）來駕馭重力能。

這個黑洞的強勁重力至關重要。

類星體方面的道理也相同，能力絕對是來自一個黑洞。

天文物理學家苦思數年，絞盡腦汁來闡釋黑洞如何能夠做到這一點。

答案出現於一九六九年。英國皇家格林威治天文台（Royal Greenwich Observatory）的唐納德‧林登貝爾（Donald Lynden-Bell）想出了解答。

他假設類星體是一顆周圍環繞著一個熱氣圓盤（吸積盤）的巨型黑洞，而且有一個磁場貫穿這個圓盤（圖 9.2）。

我們這個宇宙的熱氣體幾乎總是有磁場貫穿其中（第二章）。這些磁場和氣體鎖在一起；氣體和磁場亦步亦趨，共同行動。

在貫穿吸積盤時，磁場變成一種催化機制，將重力能轉換為熱，接著又轉換為光。

磁場帶有超強摩擦力，[21] 可以減慢氣體的圓周運動，也導致離心力減弱，不再能抗衡重力的引力來頂開氣體，於是氣體便朝內向黑洞移動。

一旦氣體朝內移動，黑洞的重力就會加速氣體的軌道運動，力道還高於讓運動減速的摩擦力。

換句話說，重力能就這樣變換成動能（運動能）。之後，磁場摩擦力將半數的新生動能變換為熱和光，整個程序一再如此重複。

簡言之，那能量來自黑洞的重力，而取得這種能量的媒介是磁摩擦和吸積盤的氣體。

林登貝爾推斷，天文學家看到的類星體之明亮光線，是來自吸積盤的加熱氣體。再者，磁場能夠加速一部份的氣體電子達到高能狀態；然後那批電子便螺旋環繞磁力線，發出類星體的觀測

---

21 這種摩擦力經過一種複雜的生成過程：氣體運動鼓動並強化磁場，從而將運動能變換為磁能，然後這個磁場——空間中的相鄰區域分別指朝相反方向——會重新連結（reconnect），並在這個過程當中把磁能轉換成熱。這就是摩擦力的本質：從運動變成熱的變換過程。

無線電波。

　　林登貝爾綜合運用牛頓、相對論和量子等學域的物理定律，破解了這所有的細節，輕鬆解釋了天文學家見到的類星體一切相關現象，除了噴流以外。

　　他的技術論文描述了他的推理和計算結果（Lynden-Bell 1979），是天文物理學史上的優秀論文之一。

噴流：
從旋動空間擷取動力

往後數年間，天文學家發現了更多從類星體凸伸出來的噴流並透徹深入鑽研。

　　狀況很快就明朗了：噴流是從類星體本身射出的高熱磁化氣體束，根源自黑洞和它的吸積盤（圖 9.2）。

　　而且這種噴射現象的威力極強，氣體以近光速的噴流向外行進。

　　當氣體脫離類星體向外行進，並一頭撞上遠方的物質時，便會放射動力，發出光、無線電波、X 光，甚至伽瑪射線。

　　有時候，這些噴流就像類星體本身一般明亮，比最明亮的星系還明亮一百倍。

　　天文物理學家苦思將近十年，試圖解釋噴流如何獲得動力，以及為什麼它們的速度這麼快，形狀又這麼細窄、這麼筆直。

　　答案多樣紛呈，一九七七年英國劍橋大學的羅傑‧布蘭德福（Roger Blandford）和他的學生羅曼‧日納傑（Roman Znajek）提出了最有趣的一種，而這套學理是建構於牛津物理學家羅傑‧潘洛斯（Roger Penrose）奠定之基礎；參見圖 9.3。

　　吸積盤的氣體會逐漸螺旋進入黑洞。布蘭德福和日納傑推斷，每一絲氣體在越過黑洞的事件視界時，都將它蘊含的一絲磁場沉積在視界上頭，然後由周遭的吸積盤將之羈束在那裡。

　　當黑洞自旋時，會帶動空間展開旋轉運動（參見圖 5.4 與圖 5.5），磁場也跟著旋轉（圖 9.3）。旋轉的磁場會生成強烈電場，

圖9.2
吸積盤環繞黑洞景象的繪製圖，兩束噴流分從黑洞極點附近噴發。（馬特‧齊梅特根據我的草圖繪製，援引自我的《黑洞與時間彎曲：愛因斯坦的幽靈》）

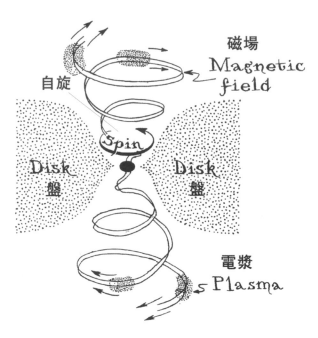

圖9.3
解釋噴流如何生成的布蘭德福－日納傑機制。（馬特‧齊梅特根據我的草圖繪製，援引自我的《黑洞與時間彎曲：愛因斯坦的幽靈》）

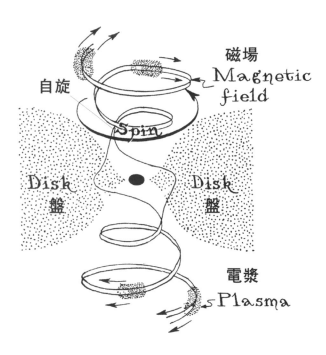

圖9.4
如圖9.3，但磁場錨定於吸積盤。（馬特‧齊梅特根據我的草圖繪製，援引自我的《黑洞與時間彎曲：愛因斯坦的幽靈》）

有如水力電廠的發電機一樣。電場和旋動磁場協力甩出電漿（plasma，高熱的離子化氣體），以近光速分朝上、下兩方飛射遠去，從而生成兩股噴流並提供後續動力。噴流的射向受黑洞自旋影響，（幾年期間平均下來）都維持得相當穩定，其穩定因子是迴轉作用（gyroscopic action）。

3C273的噴流只有一股明亮可見（圖9.1），其他許多類星體則是兩股都看得到。

布蘭德福和日納傑大幅仰賴愛因斯坦的相對論定律，破解個中的完整細節。天文學家所見的噴流相關現象，他們幾乎全都能夠解釋。

動力問題的第二種解釋（圖9.4）認為，旋動磁場的錨定位置不是黑洞，而是在吸積盤上，於是磁場便由吸積盤的軌道運動拖曳旋轉。

除此之外，都跟第一種解釋相同：發電機作用、電漿甩出。

第二種解釋在黑洞不自旋的情況下依然成立。但我們相當肯定，大多數黑洞都以高速在自旋，因此我覺得布蘭德福－日納傑機制（圖9.3）應該是類星體最常見的噴流作用。

不過，這說不定是我個人的偏見。我在一九八〇年代花了許多時間探究布蘭德福－日納傑設想的各個層面，甚至還曾就此與人協同撰寫了一本技術性專書。

吸積盤從哪裡來？
潮汐力可以扯碎恆星

林登貝爾在一九六九年提出推論，認為類星體棲身在星系的中央。他表示，由於類星體

寄宿的星系光度遠遜於類星體發出的光芒，所以我們才看不到它。
類星體掩蓋了星系的存在。

此後幾十年間，由於技術進步，天文學家在許多類星體周圍
發現了星系的光芒，驗證了林登貝爾的想像臆測。

晚近這幾十年間，我們還得知了吸積盤大部份的氣體是從哪
裡來的。偶爾會有恆星不意過於靠近類星體的黑洞，結果被黑洞
的潮汐重力（第四章）扯碎。這顆破碎恆星的
氣體大半被黑洞吸取，形成了一個吸積盤，只
是仍有部份氣體逸出。

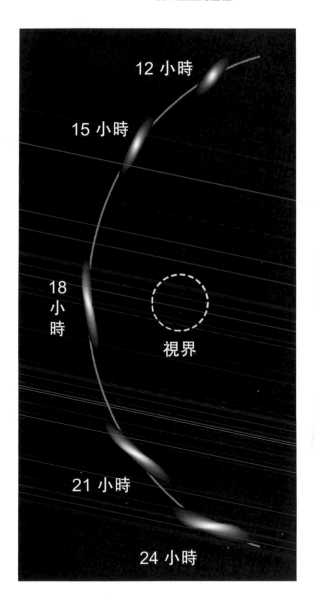

圖9.5
類似「巨人」的黑洞如何破壞
一顆紅巨星的歷程。

近幾年來，多虧了日新月異的電腦技術，
天文物理學家已經能夠模擬出這種景象。

圖 9.5 是新近完成的模擬圖像，出自加州
大學聖塔克魯茲分校（University of California at
Santa Cruz）的詹姆斯・吉約雄（James
Guillochon）、恩里科・拉米雷斯－魯伊茲（Enrico
Ramirez-Ruiz）、丹尼爾・卡森（Daniel Kasen），
以及不萊梅大學（University of Bremen）的斯蒂凡・
羅斯沃格（Stephan Rosswog）。[22]

恆星在零時（未顯示）幾乎正對著黑洞，
於是黑洞的潮汐重力開始將恆星向黑洞拉去，
同時也對恆星側邊施加擠壓力量，猶如圖 6.1
所示。

十二個小時過後，恆星嚴重變形，位置如
圖 9.5 所示。

之後幾個小時期間，它順著藍色重力彈弓
軌道繞過黑洞，並如圖出現更嚴重變形。

二十四小時過去，恆星逐漸四散紛飛；它
的重力無法再將自身聚攏在一起。

這顆恆星接下來的命運如圖 9.6 所示，引
自詹姆斯・吉約雄和約翰・霍普金斯大學（Johns
Hopkins University）的蘇維・吉扎里（Suvi

22 我把圖9.5的黑洞尺寸改為「巨人」的大小，恆星尺寸則改為紅巨星大小，時間
標籤也據此修改。

Gezari）合作模擬的另一幅作品。請上網觀賞這個模擬的一段影片：
http://hubblesite.org/newscenter/archive/releases/2012/18/video/a/。

最上面的兩個影像分別發生在圖 9.5 起點之前不久和結束之後
不久。我將它們放大為其他圖示的十倍，以便將黑洞和被破壞的
恆星看清楚。

根據這一整組影像所示，在往後幾年的期間，恆星的大部份
物質會被捕獲、納入軌道繞行黑洞，開始在那裡形成一個吸積盤。
殘餘的物質則循著一條噴流般的流動軌跡，逸出黑洞重力的引力
之外。

「巨人」的吸積盤和失蹤的噴流

典型吸積盤和它的噴流都會發出輻射：X 光、伽瑪射線、無線電
波和光。這種輻射非常強烈，任何人類靠近，沒有不被烤焦的。
為了避免這個問題，克里斯多福·諾蘭和保羅·富蘭克林安排讓
「巨人」有一個非常貧弱的吸積盤。

這裡所謂「貧弱」不是人類標準的貧弱，而是依照典型類星
體的標準來評斷。典型類星體吸積盤的溫度可達上億度，而電影
中「巨人」的吸積盤則只達數千度，和太陽的表面溫度相仿，因
此它會發出強光，卻完全沒有或幾乎不發出 X 光或伽瑪射線。氣
體的溫度這麼低，導致原子的熱運動太過緩慢，沒辦法讓吸積盤
隆起太大。這麼薄的吸積盤幾乎完全侷限於「巨人」的赤道面，
隆起情況微乎其微。

過去幾百萬年或更久以來都不曾扯裂恆星——很久沒被「餵
食」——的黑洞，周圍很可能常見這樣的吸積盤。原本受到吸積
盤電漿束縛的磁場，有可能已經流失大半。同時，先前受磁場推
動的噴流，也可能已經消失。「巨人」的吸積盤就是這樣：沒有
噴流而且很薄，對人類比較安全——相對來說。

「巨人」吸積盤的樣子，和你在網頁或天文物理學技術性文
獻上看到的細薄吸積盤相當不同，因為那些圖片忽略了一項關鍵
特徵：吸積盤所屬黑洞生成的重力透鏡效應。《星際效應》沒有
這種缺失，因為克里斯多福堅持片中的影像必須準確。

歐吉妮·馮·騰澤爾曼負責為詹姆斯的重力透鏡效應電腦指
令碼——我在第八章說明過——加上一個吸積盤。

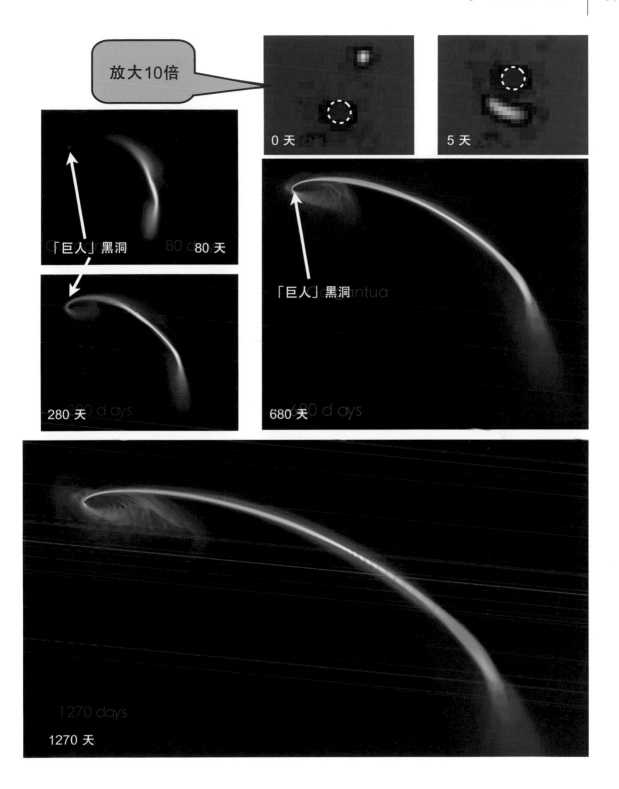

圖9.6
圖9.5所示恆星的後續命運。

首先，歐吉妮嵌入一個真的細薄到不能再細薄的吸積盤，準確地擺在「巨人」的赤道面上。這個步驟，完全只是想看看透鏡效應有什麼作用。她為本書修改了那幅吸積盤圖像，以均等間隔色樣做出一幅較偏教學用途的版本（圖 9.7 左上的小圖）。

若是沒有重力透鏡效應，吸積盤看來就會像小圖所示。透鏡效應在這裡造成巨大的變化（圖 9.7 主體）。

或許你會認為，吸積盤的背後部份應該藏在黑洞後面──事實卻不然。由於受了重力透鏡影響，它生成了兩個影像，一個在「巨人」上方，另一個則位於下方；參見圖 9.8。從吸積盤（位於「巨人」後方）上表面發出的光線，上行繞過黑洞頂部射往照相機，產生圖 9.7 所示包覆「巨人」陰影頂部上方的吸積盤影像；包覆「巨人」陰影底部下方的吸積盤影像，也是類似的生成過程。

我們在這些主影像裡可以看到細薄的吸積盤次級影像，從陰影的上、下方，貼著陰影邊緣包繞過來。

如果我們把照片放得很大，你會看到和陰影距離愈來愈近的三級和更高級別影像。

你能不能理解，受到透鏡效應影響的吸積盤，為什麼呈現你眼中所見的樣子？

圖9.7
「巨人」赤道面上有一片極端細薄的吸積盤，受到「巨人」翹曲的空間和時間之重力透鏡影響而呈現這般模樣。本圖中的「巨人」以非常高速在自旋。
左上：移除黑洞後的吸積盤。
（援引自馮‧滕澤爾曼的「雙重否定」藝術小組）

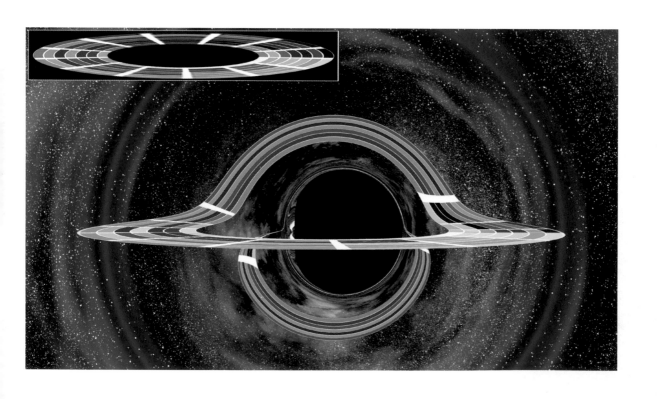

為什麼從陰影下方包繞過來的主影像，還外覆著一層細薄的次級影像？

為什麼上、下方包繞影像的塗料色樣放寬那麼大，側邊的卻是受到擠壓？……

「巨人」的空間旋動（左側空間朝我們移動，右側空間則向後遠離）會扭曲吸積盤的影像。旋動將吸積盤的左側推離陰影，將右側朝陰影推近，因此吸積盤看來有點不對稱。（你能不能說明原因？）

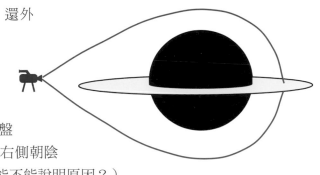

圖9.8
光線（紅）將位於「巨人」後側的吸積盤背部影像傳給照相機：一個位於黑洞陰影上方，另一個在黑洞陰影下方。

接下來，為了更進一步理解，她和她的小組換下那個色樣吸積盤變異版（圖9.7），改為比較逼真的細薄吸積盤：圖9.9。這一幅漂亮多了，卻也帶來一些問題。克里斯多福因為怕把他的廣大觀眾搞糊塗，因此不想讓他們看到不對稱的吸積盤和黑洞陰影、扁平的陰影左緣，以及（第八章討論過的）陰影邊緣近處的複雜星場形態。

於是他和保羅讓「巨人」的轉速減慢到最大值的 0.6，使這種怪異之處不至於顯得太突兀。（歐吉妮已經先刪除「都卜勒頻移」的起因，不呈現吸積盤左側朝我們運動、右側遠離我們的現象，因為它就會使吸積盤顯得更不對稱：左側呈鮮明的藍色，右側則呈黯淡的紅色——把廣大觀眾徹底搞糊塗！）

接著，「雙重否定」的藝術小組為吸積盤製作紋理和起伏地

圖9.9
「巨人」的圖像。無窮細薄的塗料色樣吸積盤（圖9.7）被換下，改為較逼真的無窮細薄吸積盤。（援引自馮‧滕澤爾曼的「雙重否定」藝術小組）

勢，以符合我們認為貧弱的吸積盤實際該有的模樣，還讓它微微隆起，做出不同位置高低不等的效果。

他們讓吸積盤較靠近「巨人」的部位溫度較高（比較明亮），距離較遠的部位溫度較低（比較黯淡）。

他們也讓吸積盤較遠處的部位顯得較厚。這是由於「巨人」的潮汐重力會將吸積盤側邊向赤道面擠壓，但離黑洞較遠位置的潮汐重力強度遠遠較弱，導致擠壓力道大減。

他們也同時加上了背景星系，這是包含許多層次的藝術創作（塵埃、星雲、星群），還添上鏡頭耀光——吸積盤光輝漫射到照相機鏡頭時產生的霧暈、眩光與光芒。

最後的成果就是電影中那些漂亮、逼真的畫面（圖 9.10 和 9.11）。

當然，歐吉妮和她的小組也讓吸積盤的氣體繞行「巨人」，因為氣體必須繞行才不致墜入黑洞。結合重力透鏡效應之後，氣體的軌道運動便在電影中製造出可觀的流動效果——這種效果從

圖9.10
「巨人」和吸積盤，米勒的星球位於吸積盤左緣上方。吸積盤非常明亮，使恆星和星雲幾乎難以辨識。（擷自《星際效應》畫面，華納兄弟娛樂公司提供。）

圖 9.11 的氣體流線可略見端倪。

我頭一次看到這些影像時，心裡不知道有多歡喜！

有史以來第一次，好萊塢在電影裡塑造出一顆完全真實的黑洞和它的吸積盤，如實描繪出往後當我們人類掌控星際旅行的技術後，眼中會實際見到的景象。

同時，對我這個物理學家來講，我也生平頭一遭見到了逼真的吸積盤，看到它受重力透鏡影響而翹曲繞過黑洞頂部和底部，而不是藏在黑洞陰影背後。

但儘管「巨人」是如此美不勝收，它的吸積盤卻很貧弱，也沒有噴流——這樣的「巨人」真的就對人類無害嗎？艾蜜莉亞是這麼認為的……

圖9.11
「巨人」的吸積盤特寫片段，「永續號」從前面通過。黑色的地方是「巨人」，外圍是吸積盤，前景帶著一些漫射的白光。（擷自《星際效應》畫面，華納兄弟娛樂公司提供）

10

意外是演化的第一塊基石

Ⓣ

《星際效應》的一段情節演到，艾蜜莉亞在發現米勒的星球不宜居住後，主張接下來應該前往和「巨人」相距非常遙遠的「艾德蒙斯的星球」（Edmunds's planet），跳過比較靠近的「曼恩的星球」。

「意外是演化的第一塊基石，」她告訴庫柏。「但是當你環繞一顆黑洞時，就很難發生什麼事了——它會吸進小行星和彗星，結果本來會發生的其他事也沒機會發生了。我們要走得更遠。」

這是《星際效應》片中人誤解科學的少數幾個狀況之一。克里斯多福知道艾蜜莉亞的說法是不對的，但他決定把喬納森劇本初稿裡的這幾句台詞保留下來。畢竟，科學家都有誤判的時候。

儘管「巨人」會試圖將小行星和彗星，還有行星、恆星和小型黑洞，全都吸入自己裡面，它卻很少成功辦到。為什麼？

與「巨人」相距遙遠的任何星體，除非軌道的指向幾乎正對著黑洞，否則都會帶著很強大的角動量。[23] 當軌道將星體帶到黑洞附近時，這種強大的角動量就會產生強大的離心力，輕易克服「巨人」重力的引力。

---

23 角動量（angular momentum）是星體的圓周速率乘以它和「巨人」之間的距離；這個角動量很重要，因為它在星體的軌道全線上都恆定不變，即便軌道很複雜也不例外。

　　典型的軌道就如圖 10.1 所示。星體受「巨人」強大的重力引動下朝內行進。

　　然而，在它抵達視界之前，離心力也增強到足以將星體拋甩掉頭又朝外飛去。這種現象一再發生，幾乎永無止境。

　　唯一能阻撓的因素，是跟其他大質量天體（小型黑洞、恆星或行星）的偶發近距離接觸。星體遵循一條彈弓軌道（第七章）繞過那顆大質量天體，就這樣被拋進一條新的繞行「巨人」軌道，同時角動量也不同了。

　　就像舊的軌道一樣，新軌道也幾乎都具有強大的角動量，離心力也同樣能夠拯救星體不被「巨人」吞噬。

　　極少數的情況下，新軌道會帶著星體幾乎正面朝「巨人」飛去，這時候角動量就太小了，離心力無力抗衡，於是星體就直接一頭栽進「巨人」的視界。

　　天文物理學家的模擬作業，已經能將類似「巨人」這種巨型黑洞周圍好幾百萬顆恆星同時進行的軌道運動全部納入。

　　彈弓效應會逐漸改變所有的軌道，從而改變恆星密度（在給定空間容積內的恆星數量）。

　　「巨人」附近的恆星密度不會減小，而是會增大。小行星和彗星的密度也會增大，因此它們的隨機撞擊會變得更頻繁，而不是變稀疏。「巨人」附近的環境風險會變得更高，危及個別生物

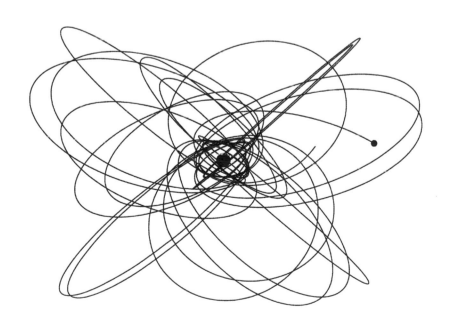

圖10.1
星體環繞像「巨人」這種快速自旋黑洞的典型運行軌道。（援引自史提夫·德拉斯哥〔Steve Drasco〕的模擬圖像）

形式，包括人類在內，但是若有足夠個體存活下來，這就會加速
演化。

討論過「巨人」和它的危險環境之後，讓我們稍微換個方向：回
到地球和我們的太陽系，談談地球上的災難，以及踏上星際旅行、
逃離災難的險惡挑戰。

III
地球上的災難

11

枯萎病

△S

二〇〇七年，喬納森·諾蘭加入《星際效應》團隊，負責編寫劇本。他將電影設定在人類文明衰頹不復今日，同時還蒙受枯萎病最後一擊的時代。之後當喬納森的哥哥克里斯多福接手擔任導演，他也採納了這個構想。

但琳達·奧布斯特、喬納森和我都有點擔心，唯恐喬納森設想的庫柏的世界在科學上說不通：人類文明怎麼可能衰敗到這種程度，但在許多層面上又看起來那麼正常？還有，從科學看來，枯萎病有沒有可能徹底消滅可食用作物？

我對枯萎病了解有限，因此我們轉向專家請求指點迷津。我在加州理工學院教職員俱樂部「雅典娜神殿」辦了一場晚宴，安排大夥兒前來共享佳餚美酒，日期訂在二〇〇八年七月八日。

與會人士有喬納森、琳達和我，加上加州理工學院四位各有專精以為互補的生物學家：精研植物的專家艾略特·邁耶羅維茨（Elliot Meyerowitz）、精研侵染植物之多樣微生物的專家傑瑞德·利百特（Jared Leadbetter）、精研植物組成細胞且熟知它們如何受微生物侵染的專家梅爾·西蒙（Mel Simon），以及對整個生物學門深具宏觀視野的諾貝爾獎得主戴維·巴爾的摩（David Baltimore）。（加州理工學院是個非常美好的地方。過去三年間，每年都經倫敦《泰晤士報》稱許為世界頂尖大學，由於學校規模

很小——才三百名教授、一千名大學生，以及一千兩百名研究生
——小得讓我可以認識學院中所有科學分部的專家，因此很容易
就能找到專家來共進我們這頓「枯萎病晚餐」）

晚餐開始時，我在圓形餐桌中央擺了一台麥克風，錄下我們
這場兩個半小時的天馬行空會談內容。本章就是以那段錄音為基
礎寫成的，但我也就大家的說法做了些闡釋，內容也經過他們的
審核與認可。

我們很容易就達成最後的共識。大家一致認為，從科學角度
來看，庫柏的世界可以說得通，但可能性不是非常高。意思是，
這種情況不大可能成真，卻也不無可能。因此我將本章標示為 ⚠️，
代表這是想像臆測的。

庫柏的世界

就著美酒和開胃菜，喬納森開口描述他心目中的庫柏的世界（圖
11.1）：

幾場災禍交相襲來，導致北美人口驟減到只剩十分之一，甚
或更少。相同情況發生在所有洲大陸上。我們變成大體只營農耕
的社會，掙扎著只求溫飽和一個居處。但我們的故事情節不是反
烏托邦類型。生活還是可以忍受的，某些層面上來說還算開心，
例如繼續打棒球等小小的樂趣。然而，我們不再往大處著眼。我
們不再有遠大的夢想。我們只期盼能過著安定的生活。

我們大多數人都認為災難已經過去了，人類可以在這個新世
界安然生活，情況也可能開始逐漸好轉。但實際上枯萎病非常的
要命，還很快地在不同作物之間跨種流傳，人類注定要在庫柏的
孫子輩世代滅亡。

哪些災禍？

哪種災禍有可能造就出庫柏的世界？我們的生物學專家提出幾個
可能答案，但都不大可能成真。以下列出其中幾項：

利百特：今天（二〇〇八年），大多數人都不種植自己的糧食。
我們全都仰賴一套全球體系來栽植、分配糧食，以及分配用水。

圖11.1
庫柏所在世界的生活面貌。
上：棒球賽進行中，地平線上
湧現一場沙塵暴。
下：庫柏的家和卡車在沙塵暴
過後的情景。（擷自《星際效應》
畫面，華納兄弟娛樂公司提供）

你可以想像，一旦遇上某種生物或地球物理上的災難，這個體系就有可能整個瓦解。舉個小規模的例子來說，假如內華達山脈地區接連幾年沒有降雪，洛杉磯幾乎就要斷絕飲水，上千萬人就得被迫遷移，加州農業產量也會大幅驟減。你很容易就可以想出規

模遠比這更浩大的災變。在庫柏的世界中，人口已經大幅縮減，人類也退回農耕社會，生產和分配的問題都不再那麼嚴重。

西蒙：還有一種可能的災難。縱貫人類歷史，我們和病原體（攻擊人體、植物或其他動物的微生物）的戰爭，始終沒有間斷過。我們人類已經發展出精妙的免疫系統，負責對付直接攻擊我們的病原體。但病原體不斷演化，而我們也始終落後它們半步。到了某個階段，說不定就會出現一場災難，病原體改變的速度快得讓我們的免疫系統追趕不上。

巴爾的摩：比如愛滋病毒就能很快演化出傳染力高強得多的形式，變成不必再靠性愛，只藉由咳嗽或呼吸就有辦法傳染的類型。

西蒙：地球的冰帽受全球暖化影響逐漸融解，有可能釋出從上一次冰河期之前到現在都長期休眠的致命病原體。

利百特：還有另一種情節是，民眾有可能因為被全球暖化嚇到而無所不用其極。暖化大半是大氣中的二氧化碳含量增高引起的。為了拯救自己，他們有可能為地球的海洋施肥來生產海藻，讓海藻藉由光合作用，把大氣的二氧化碳吃掉大半。只要往海洋丟進大量的鐵，這件事就可以辦到。

但是這麼做，卻有可能在無意間造成悲慘的副作用。你有可能養出會製造毒素（有毒化學物質，不是致命的生命形式）的新種海藻在海中下毒。到時就會有大量魚類和植物被殺光。

人類文明十分仰賴海洋。這種結果對人類來說有可能是災難性的。不可能發生這種事吧？大錯特錯了。現在已經有實驗在將鐵拋進地區性海域來生產海藻——長出來的海藻多得連在太空都看得到綠色的斑點（圖 11.2）。這些大量繁殖的海藻，有的是科學界之前從沒見過的類型！我們的運氣很好：新的海藻是無害的，但是它們也不無可能形成危害。

邁耶羅維茨：紫外線，從我們的大氣臭氧層破洞射進來，有可能讓你大量繁殖的海藻產生突變，生成新的病原體。這些病原體有可能把海裡的植物全部殺光，接著就跳上陸地，開始消滅農作物。

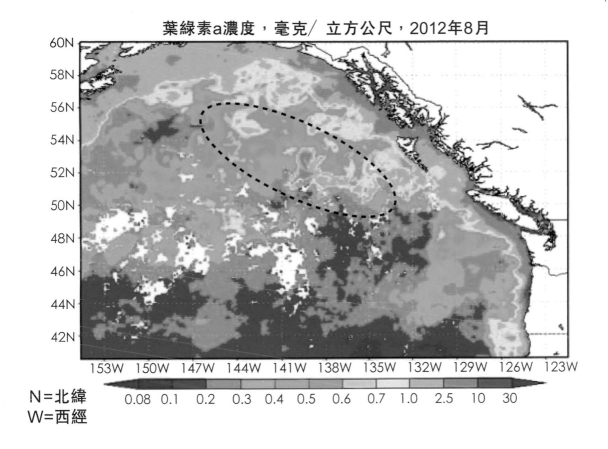

葉綠素a濃度，毫克／立方公尺，2012年8月

N=北緯
W=西經

巴爾的摩：面對這種災禍的時候，我們應付這種狀況的唯一指望就是先進科技。假如因為政策問題，讓我們不再投資科學與技術，或是我們抱著反智的意識形態，例如否定演化論，導致科技因此跛腳，而演化正是這些災難的根源，到頭來我們很有可能一籌莫展，找不到需要的解答。

然後還有**枯萎病**——當天討論諸多情節之後得到的結果。

枯萎病

枯萎病是個普通用語，統稱植物受到病原體侵染後引發的大多數疾病。

巴爾的摩：如果你想找個會消滅人類的東西，最好是從感染植物的枯萎病下手，此外大概也沒有更好的途徑了。我們都靠植物來

圖11.2
英屬哥倫比亞沿岸海域的葉綠素濃度（海藻）圖示。那片海域投入了一百噸硫酸鐵，而鐵能刺激海藻生長，促成海藻在虛線橢圓形範圍內密集增生。（引自美國航太總署喬瓦尼／戈達德地球科學資料與資訊服務中心〔Giovanni/Goddard Earth Sciences Data and Information Services Center〕）

填飽肚子。沒錯，我們還有動物或魚類可以吃，但是牠們也吃植物。

邁耶羅維茨： 讓枯萎病把青草殺光，其他都不碰，大概也就夠了。禾草類是我們大半農業的基礎：稻米、玉米、大麥、高粱、小麥。而且我們吃的動物也吃禾草為生。

邁耶羅維茨： 我們這個世界已經有百分之五十的栽種食物被病原體摧毀，而且在非洲，這個比例還高得多。真菌、細菌、病毒……它們全都有可能成為病原體。東岸以前長滿了栗樹，現在都沒了，被枯萎病殺光了。還有十八世紀時，大多數人愛吃的香蕉品種，也被一種枯萎病消滅了，取代的品種叫做香芽蕉（Cavendish banana），現在也面臨枯萎病的威脅。

基普： 我還以為枯萎病是「專才型」的，只攻擊範圍很窄的一群植物，不會跳到其他植物種類。

利百特： 枯萎病也有「通才型」的。一種是攻擊許多種類的「通才」，一種是只攻擊少數種類的「專才」——這兩者之間好像說好了一樣。以「專才型」枯萎病來說，致命性有可能衝得很高；它有可能大量殺滅非常特定的植物類群，比如高達九成九。而「通才型」這邊，它們攻擊的植物種類範圍會廣泛得多，但是對這當中任何一種植物的致命性，卻有可能低弱很多。這就是我們在自然界再三看到的情形。

琳達： 有沒有哪種「通才型」枯萎病的致命性變得大幅提高的？

邁耶羅維茨： 這種事以前發生過。在地球歷史的早期，當藍綠藻開始製造氧氣，也因此徹底改變了地球大氣的成份，最後把地球上的其他生物殺光了大半。

利百特： 不過，氧氣有一種致命的副作用，一種毒素，那是藍綠藻製造的，不是「通才型」病原體。

巴爾的摩： 我們大概還沒有見過那樣的東西，但是我可以想像，一種非常致命的病原體轉變成致命的「通才型」種類。它有可能

傳遍它侵染的所有植物——靠某種昆蟲來攜帶，感染給許多物種。舉例來說，日本有一種甲蟲能吃大概兩百種不同的植物，牠就有可能把身上攜帶的病原體傳染給許多種類，然後那種病原體就有可能適應，生存下來攻擊那些種類，造成致命的結果。

邁耶羅維茨：我可以設想出一種完全致命的「通才型」病原體，一種侵染葉綠體的病原體。葉綠體是所有植物共通的成份，是光合作用不可或缺的要素，而植物就是靠光合作用才能把陽光和空氣所含的二氧化碳，還有根部吸收的水分結合起來，製造出它生長所需的碳水化合物。

沒有葉綠體，植物就會死亡。現在，我們假設出現了某種新型病原體，比如說它先在海中演化，能侵染葉綠體。它有可能把所有海洋藻類和海洋植物生命一掃而空，然後跳上陸地，也把所有陸地植物一掃而光，於是所有土地變成了沙漠。這是有可能的；我看不出有任何東西能擋得住它。但這不是非常可能成真。這種狀況根本不太可能出現，不過可以當成庫柏的世界的一個基礎。

這些想像臆測讓我們稍微見識了幾種會讓生物學家睡不著覺的夢魘情節。在《星際效應》片中，焦點是一種在地表猖獗蔓延的「通才型」致命枯萎病，但是布蘭德教授還有第二個煩惱：供人類呼吸的氧氣漸漸耗光了。

12

氧氣短缺

⚠

布蘭德教授在《星際效應》片中很前面的段落裡就告訴庫柏：「地球的大氣有八成是氮，而人類甚至不呼吸氮。但是枯萎病會吸收，而且隨著它的大量蔓延，使我們空氣中的氧氣跟著愈來愈少。到最後，挨餓的人會最先窒息，而你女兒的那一代，也會是活在地球上的最後一代。」

布蘭德的預言有沒有任何科學根據？

答案就在生物學和地球物理學兩門科學分支的交界線上。於是我請教了我們「枯萎病晚宴」上的生物學家，尤其是邁耶羅維茨，並另外請教了兩位地球物理學家：加州理工學院精研地球、月球和太陽系的起源和歷史的專家杰拉德・瓦瑟爾伯格教授（Gerald Wasserburg），以及精研地球大氣和其他行星大氣物理學暨化學的專家翁玉林（Yuk Yung）教授*。

* 中央研究院院士。

從他們身上和從他們指點我閱讀的技術性論文，我學到了以下事項。

製造和摧毀可供呼吸的氧氣

我們呼吸的氧氣是 O_2：由兩顆氧原子以電子束縛而成的分子。地球上還有許多其他形式的氧，信手拈來就有二氧化碳、水、地殼

裡的礦物質等。不過,我們的身體不能使用那些氧,必須先由某種有機體把氧釋出、變換成 O_2 才行。

大氣的 O_2 會被呼吸、燃燒和腐敗等作用摧毀。

當我們吸進 O_2,身體便將它和碳結合並形成二氧化碳(CO_2),同時釋出許多能量供身體使用。

焚燒木材時,火燄很快就把大氣所含的氧氣與木材的碳結合並形成 CO_2,這種作用能產生熱,讓焚燒持續進行。

死亡植物在森林地面上腐敗時,裡面的碳會緩慢與大氣的 O_2 結合並形成 CO_2 和熱。

大氣的 O_2 主要都是經由光合作用生成的:植物中的葉綠體[24](第十一章)使用陽光的能量來把 CO_2 分解成 C 和 O_2。O_2 被釋出後進入地球大氣,而植物也將碳和得自水的氫和氧結合,形成它們生長所需的碳水化合物。

氧破壞和二氧化碳中毒

倘若邁耶羅維茨在上一章末尾的臆測成真,演化產生出一種摧毀葉綠體的病原體,光合作用會終止,但不是一次就全部停頓,而是隨著植物慢慢死光而漸次發生。地球上不再有 O_2 生產出來,同時氧分子卻繼續被呼吸、燃燒和腐敗作用所摧毀——事實證明,主要禍首是腐敗。但殘餘的人類仍然很幸運,地球表面沒有充足的腐敗植物生命來耗光所有的 O_2。

三十年過後,腐敗作用大半結束了,也只約消耗了百分之一的 O_2。那時仍有許多氧氣給庫柏的孩子和孫子輩呼吸,但他們必須找得到東西吃才行。

然而,那百分之一的大氣含氧,卻已經被變換成二氧化碳,這表示那時有百分之0.2的大氣是二氧化碳(因為大氣多半是氮)。這麼一來,就有足夠的 CO_2 來讓敏感人士感到呼吸不適,還會(經由溫室效應)把地球的氣溫推高 10 攝氏度——這會讓所有人都感覺到「不適」!

---

24 海洋的藻類也有葉綠體,也行光合作用,包括藍綠藻。在我簡化過的敘述裡,我把這兩個類群都當成植物生命。(就某個意義來說,藍綠藻就是一種形式的葉綠體)

　　想要讓所有人呼吸不適並引發睏倦，大氣含氧變換成 CO_2 的比率必須再提高十倍才行；如果想用 CO_2 中毒來殺死大半人類，變換率就必須再乘上五倍，總計達到五十倍才行。我到現在還找不到有哪種合理的機制能辦到這點。

　　所以布蘭德教授錯了嗎？（理論物理學家也是有可能犯錯的。事實上，理論物理學家尤其可能犯錯。這種事我很清楚，因為我就是個理論物理學家。）也許吧，他有可能錯了，但不是絕對的。教授也有可能是對的，前提是地球物理學專業對海底狀況的認識出現嚴重的差錯。

　　海底和陸地上都有未腐敗的有機物質，而地球物理學家估計，海底的數量大概是陸地數量的二十分之一。假如他們錯了，海底的數量其實是陸地上數量的五十倍，還有，假如有某種機制可以快速將它們挖掘出來，那麼它們腐敗生成 CO_2 的作用就會讓所有人氧氣短缺，還會死於 CO_2 中毒。

　　每隔好幾千年，某種不穩定就會啟動，將海洋翻轉：洋面海水沉入海底，驅動洋底海水流向表面。我們可以想像，這樣的翻轉現象在庫柏的年代變得十分劇烈，洋底海水上湧，同時也把海底大半的有機物質帶上來。這種物質突然接觸到大氣，就有可能開始腐敗，讓大氣含氧轉換成致命數量的 CO_2。

　　這確實是想像得到的狀況，但基於兩點理由，極不可能成真：海底未腐敗有機物質的數量，極不可能千倍於地球物理學家設想的數量，而這麼強大的海洋翻轉也極不能發生。[25]

　　不過，在《星際效應》片中，地球確實瀕臨死亡，人類也必須找到新家。除了地球之外，整個太陽系都不適合居住，所以搜尋工作朝我們的太陽系外界開展。

---

25 關於地球物理學估計值的巨大不確定性，請至本書末尾的〈技術筆記舉隅〉參見相關定量細節和說明。

星際旅行

布蘭德教授和庫柏第一次見面時就告訴他,他們已經派出拉撒路(Lazarus)任務特遣隊,為人類尋找新家。

庫柏接口說:「太陽系內沒有可以支持生命的星球,最接近的恆星得花上千年才到得了。這種情況,連徒勞無功都不足以形容。你是派他們到哪裡去啊,教授?」

一旦你意識到,前往最接近的恆星究竟有多遠,你就會清楚知道,這顯然是一種(假如你沒有蟲洞,就)比徒勞無功更慘烈的挑戰(圖 13.1)。

最近的恆星距離我們多遠?

丅

據信,最接近我們、擁有可棲居星球的(太陽除外的)恆星是鯨魚座 τ 星(Tau Ceti,天倉五),與地球相隔 11.9 光年。因此,如果是以光速向那裡航行,你需要 11.9 光年才能抵達。

就算還有其他更近的可棲身星球,也都不可能比那裡近上多少。

以下就拿鯨魚座 τ 星的距離,來和我們比較熟悉的事比對一下,以便領略一下這距離究竟有多遠。

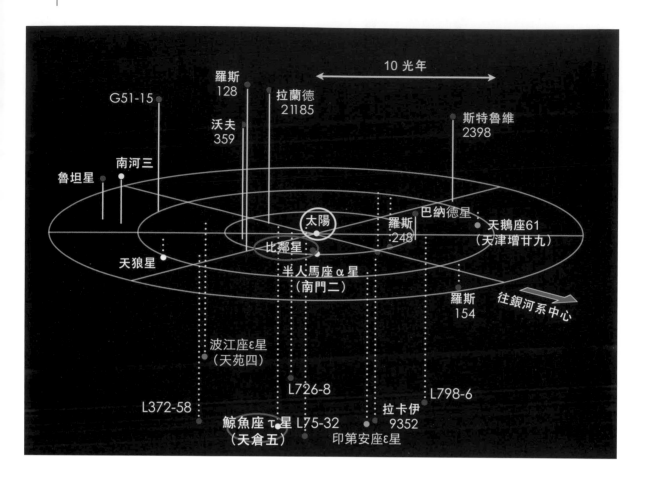

圖13.1
距離地球十二光年以內的恆
星。太陽、半人馬座比鄰星和
鯨魚座 τ 星分別以黃、紫和紅
色圈起來。（援引自理查・鮑威爾
〔Richard Powell〕的網頁。網站：w-
ww.atlasoftheuniverse.com）

首先讓我們把這段距離大幅縮短，想像它就相當於從紐約市到澳洲伯斯市（Perth），大約繞了半個世界。

除了太陽，與我們相距最近的恆星是半人馬座比鄰星，距離地球 4.24 光年，但沒有證據顯示那裡有可棲居的行星。

設想我們與鯨魚座 τ 星之間的距離，相當於從紐約到伯斯，則前往人馬座比鄰星就像從紐約前往柏林。

比起前往鯨魚座 τ 星，也沒有近很多！

相對之下，人類送上星際太空、飛行距離最遠的無人太空船是「航海家 1 號」（Voyager 1），目前和地球約相隔十八光時。它花了三十年才飛到那裡。

當我們把前往鯨魚座 τ 星的距離，想像成紐約和伯斯的距離，則地球和「航海家 1 號」就約相距三公里，相當於從帝國大廈到曼哈頓格林威治村南端的距離。

比起從紐約到伯斯的距離，它實在望塵莫及。

　　從地球到土星的距離還要更短，只有兩百公尺！相當於紐約市的兩個東西向街區：從帝國大廈到公園大道（Park Avenue）。

　　同理，地球到火星只有二十公尺，到月球（人類到目前為止曾經到過的最遠距離）則只有七公分！

　　拿我們飛到月球的現有成果（**七公分**）和**環繞半個世界**的挑戰相比——這就是要把人類送往太陽系外可棲居行星所必須落實的技術躍進！

以二十一世紀的技術
從事時光旅行

Ⓣ

「航海家1號」繞過木星和土星，靠重力彈弓效應助推，最後才以每秒十七公里速度向太陽系外飛去。

　　在《星際效應》片中，「永續號」從地球飛往土星費時兩年，平均速度約為每秒二十公里。

　　以二十一世紀來說，運用火箭技術加上彈弓效應，我想有可能達到的最高速度是每秒約三百公里。

　　以這每秒三百公里，我們需要五千年才能抵達半人馬座比鄰星，一萬三千年才能抵達鯨魚座 τ 星。

　　實在不是什麼光明的前景！

　　想要在二十一世紀大幅加速抵達，你需要類似蟲洞（第十四章）的途徑。

遙遠未來的技術

ⒺⒼ

如今已經有深諳技術的科學家和工程師，耗費大量心力投入設想遙遠未來的技術，構思可能落實近光速旅行的做法。

　　各位可以上網瀏覽，學習許多相關的概念。

　　我想，人類還需要投入許多個世紀，才能讓這類構想成真，但它們已經讓我疑慮盡消，深信超先進文明有可能以光速的十分之一或更高速往來恆星之間。

　　以下列出三種讓我心往神馳、超凡的近光速推進技術範例。

熱核融合

(EG)

　　熱核融合是這三種構想當中最傳統的一種。地表上，受控融合（controlled-fusion）發電廠的研發工作在一九五〇年代開展，而且得等到二〇五〇年代才可能完全成功。

　　整整一個世紀的研發！這就是測定其難度的一種現實尺度。

　　還有，二〇五〇年的熱核能發電廠，對以融合推進的太空船具有什麼樣的意義？

　　最現實可行的設計，有可能達到每秒一百公里。

　　此外，我們還可以想見，它到了本世紀尾聲可以達到每秒三百公里。

　　想要達到近光速，我們必須採取全新途徑來駕馭核融合才行。

　　從一個簡單的計算，就可以證明融合的可能潛力：兩顆氘（重氫）原子融合形成一顆氦原子，它們的 0.0064（將近百分之一）靜質量轉換成能量。

　　倘若這些能量全都轉換成氦原子動能，那顆原子就能以約光速的十分之一行進。[26]

　　由此推想，若我們能把氘燃料的所有融合能量，全都轉換成太空船的有序運動，我們就能夠造出速度約為十分之一光速的太空船——要是我們夠聰明，還能達到更高速度。

　　一九六八年，我十分敬重的出色物理學家弗里曼・戴森（Freeman Dyson）描述並分析了一種粗略的推進系統。這樣的系統在足夠先進文明的手中，就有可能實現這個目標。

　　熱核彈（「氫彈」）在直徑二十公里的半球型減震裝置正後方被觸發（圖 13.2），炸彈的殘屑推動太空船前進——依戴森的最樂觀估計——能達到三十分之一光速。

---

26 動能是 $Mv^2/2$，其中 M 是氦原子的質量，v 則是它的速度，算出來的結果等於釋出的能量，即 $0.0064\ Mc^2$，其中 c 代表光速。（我用了愛因斯坦鼎鼎大名的方程式：當你要將質量轉換成能量，能量等於質量乘以光速的平方。）解出這兩條方程式得到的結果是 $v^2 = 2 \times 0.0064c^2$，這表示 v 很接近 $c\,/10$。

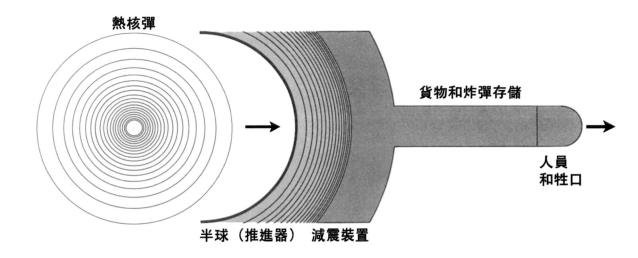

熱核彈

貨物和炸彈存儲

人員和牲口

半球（推進器） 減震裝置

圖13.2
戴森的熱核彈動力推進系統。
（援引自戴森〔Dyson 1968〕）

　　如果設計再詳盡一點，表現還會更好一些。

　　一九六八年，戴森估計，這種推進系統少說得等到二十二世紀晚期，距今一百五十年之後，才可能被實際運用。

　　我覺得這還太樂觀了。

雷射束和光帆

一九六二年，另一位我也很尊敬的物理學家，羅勃特・福沃德（Robert Forward），在一份相當普及的雜誌上刊出一篇短文，討論一種掛了一面帆、以遠方聚焦雷射束來推進的太空船（Forward 1962）。

　　他在一九八四年一篇技術論文裡，更細密、精確地陳述了這個概念（圖13.3）。

　　一組安置在太空中或月球上的太陽能動力雷射，可以射出 7.2 兆瓦電功率的雷射束。（約相當於二〇一四年美國總耗電量的兩倍！）

　　這道雷射束以一片直徑一千公里的菲涅耳透鏡（Fresnel lens）聚焦，焦點對準遠處的一面帆，帆的直徑一百公里，重約一千公噸，安裝在一艘質量較小的太空船上。（雷射束的方向必須準確至百萬分之一弧秒）

　　這道雷射束的光壓會推動光帆與太空船航向半人馬座比鄰星，

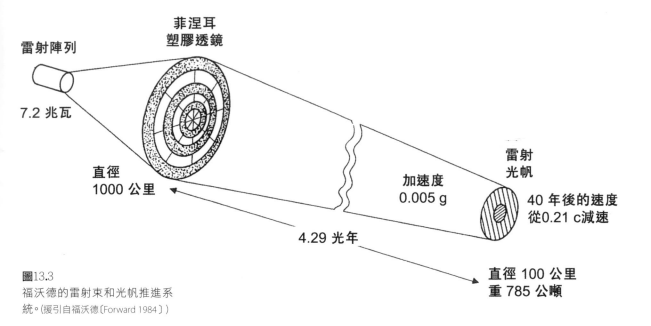

圖13.3
福沃德的雷射束和光帆推進系
統。(援引自福沃德〔Forward 1984〕)

並在四十年旅程的半途達到約五分之一光速。航程後半段則改用
這套系統的修正形式來降低太空船航速，最後減慢到能與行星會
合的低速。（你能不能想到減速作業是怎樣進行的？）

　　福沃德（和戴森同樣）也設想他的方案要到二十二世紀才能
實際投入運用。

　　不過，在檢視技術上的挑戰後，我覺得需要更久時間。

雙黑洞系統
的重力彈弓效應
⚠️S

第三個方案，是我本人取法於戴森某個構想（Dyson 1963）得出
的狂想變異版──非常狂想！

　　假設你想在你這輩子期間，以近光速飛越宇宙很大的範圍（在
星系之間旅行，而不只是往來星球之旅），那麼你可以借助彼此
環繞的兩個黑洞（**雙黑洞系統**）來實現願望。

　　這兩個黑洞必須以高橢圓軌道互繞，而且尺寸必須夠大，這
樣你的太空船才不會被它們的潮汐力摧毀。

　　你駕駛著化學燃料或核燃料太空船，進入會往其中一個黑洞

附近運行的軌道，即所謂的急速迴旋軌道（zoom-whirl orbit，圖13.4）。

你的太空船急速靠近黑洞，旋繞幾圈，然後當黑洞的行進方向幾乎正對著它的伴星時，太空船就向外急速離開，朝伴星黑洞跨飛過去並開始旋繞它。

如果兩個黑洞依然正面朝對方接近，旋繞作業就很短暫：你又急速朝第一個黑洞飛回去。

如果黑洞不再相互朝對方接近，則旋繞作業會拉得很長，於是你必須自行停駐在環繞第二個黑洞的軌道上，直到兩個黑洞又一次正面朝對方接近，這時你就發射太空船朝第一個黑洞飛回去。

這樣一來，你就始終只在黑洞彼此接近對方時，才在黑洞之間航行。只要雙黑洞系統軌道是夠理想的高橢圓形狀，你的太空船航速就能夠推升得愈來愈高，向光速逼近到你所期待的程度。

這是很值得注意的一點：你只需要少量的火箭燃料，來掌控你逗留環繞各個黑洞的時段長度。

關鍵在於航向黑洞的臨界軌道，然後在那裡執行你的自主旋繞作業。

我會在第二十七章討論這個臨界軌道（critical orbit）。這裡只需要知道它是一種極**不穩定**的軌道就夠了。

這就很像騎摩托車環繞非常平順的火口緣。只要你能巧妙地保持平衡，就可以如你所願地待在火口緣上。

當你想離開時，只需要稍微擺動機車前輪，就可以讓你傾側脫離邊緣。同理，當你希望脫離臨界軌道時，只需要些許火箭推力，就可以由離心力接管，讓你的太空船傾側轉朝另一個黑洞飛去。

圖13.4
急速迴旋軌道將太空船的船速推升接近光速。

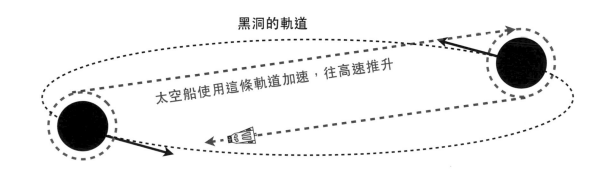

黑洞的軌道

太空船使用這條軌道加速，往高速推升

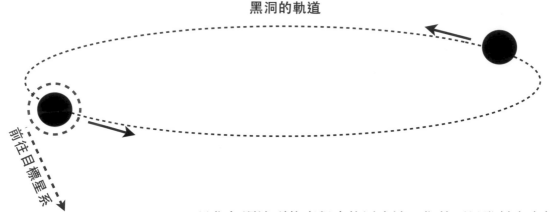

黑洞的軌道

前往目標星系

圖13.5
發射太空船脫離臨界軌道，動
身前往遙遠星系。

一旦你如願達到夠高程度的近光速，你就可以發射太空船脫離臨界軌道，向宇宙深處的目標星系飛去（圖 13.5）。

這趟航程或許很遠，遠達百億光年。但是當你以近光速行進，你的時間流速就遠低於地球上的時間流。

如果你充分逼近光速，你就可以在幾年或更短期間——依你自己測定的時間，非地球上的時間——抵達目的地，然後你可以借助目的地的高橢圓雙黑洞系統來減速，只是你得先找到這樣一組黑洞才行！參見圖 13.6。

你可以用相同的方法回家，但你的歸鄉行或許不會很愉快。你的家鄉到時候已經過了幾十億年，而你只會老了幾歲——想想看你會有什麼遭遇。

這些彈弓助推法可以提供將文明散播到星系之間遼闊空間的管道。主要的障礙（說不定是無法克服的障礙！）是找到或製造出必要的雙黑洞系統。

圖13.6
在目標雙黑洞系統統使用彈弓
效應來減速。

倘若你的文明已經夠先進了，用來發射的雙黑洞系統或許不會是個問題，但用來減速的雙黑洞系統就是另一回事了。

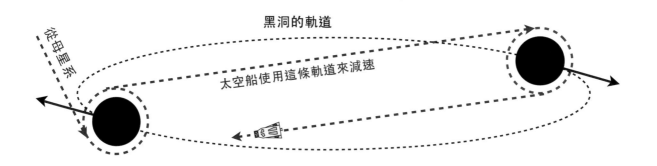

黑洞的軌道

從母星系

太空船使用這條軌道來減速

萬一沒有減速雙黑洞系統，或是有雙黑洞系統，但你的航向不好導致錯過了——到時你會陷入什麼處境？宇宙浩瀚無垠，這個問題很棘手。思考一下。

這三種遙遠未來的推進系統，確實很令人振奮，但它畢竟是**非常遙遠**未來的前景。以二十一世紀的技術，我們依然得花好幾千年時間，才能抵達其他太陽系。地球上一旦發生某種逼迫我們必須從事更高速星際旅行的災禍，到時候唯一的指望（極渺茫的指望）就是《星際效應》片中那樣的蟲洞，或其他極端形式的時空翹曲。

IV
蟲洞

14

蟲洞

「蟲洞」這個名稱是怎麼來的

Ⓣ

天文物理學裡的「蟲洞」名稱出自我的恩師約翰·惠勒，靈感來源是蘋果的蟲洞（圖14.1）。對在蘋果上頭爬行的螞蟻來說，蘋果表面就是牠的整個宇宙。

　　如果一個蟲洞貫穿了蘋果，螞蟻就有兩種方法可以從頂部前往底部：繞過外側（走過牠的宇宙），或是進入蟲洞。走蟲洞的路程較短；那是從螞蟻宇宙的一側到另一側的捷徑。

圖14.1
螞蟻探索一顆有蟲洞貫穿的蘋果。

　　蘋果裡頭被蟲洞貫穿的美味多汁的內部，不屬於螞蟻宇宙的一部份。那是一個三次元的「體」或超空間（第四章）。蟲洞的壁面可以被想成螞蟻宇宙的一部份，它的次元特性和宇宙是一樣的（兩個次元），而且蟲洞的入口處可以連上宇宙（蘋果的表面）。

　　從另一個角度來看，蟲洞的壁面不屬於螞蟻宇宙的一部份；它只是一條捷徑，可供螞蟻行進穿越「體」，從螞蟻宇宙的一點前往另一點。

弗萊姆的蟲洞

一九一六年，愛因斯坦提出他的廣義相對論物理定律才過了一年，路德維希・弗萊姆（Ludwig Flamm）就在維也納發現了愛因斯坦方程式的一個解——描述一種蟲洞的解（但他不是這樣稱呼它）。

現在我們知道，愛因斯坦的方程式容許眾多不同類型的蟲洞（分具眾多形狀和行為的各種蟲洞），當中只有弗萊姆的蟲洞才呈正球形，而且不含會產生重力的物質。

當我們將弗萊姆的蟲洞攔腰切出赤道切片，則蟲洞和我們的宇宙（我們的「膜」）都只剩兩個次元，不再有三個，然後當我們從「體」觀看我們的宇宙和蟲洞，它們看來都會像是圖 14.2 左半圖的模樣。

在這個圖中，我們宇宙的一個次元不見了，你必須將自己想成一種二次元生物，只能在彎曲的薄面或蟲洞的二次元壁面上爬行。從我們宇宙的 A 點前往 B 點有兩條通路：較短通路（藍色彎曲虛線）沿著壁面走進蟲洞，較長通路（紅色彎曲虛線）走彎曲的薄面，亦即我們的宇宙——當然，我們的宇宙其實是三次元的。

圖 14.2 左半圖的同心圓，其實就是右半圖的綠色套疊球面。當你從 A 點走藍色路徑進入蟲洞，你也就層層穿越愈來愈小的球面。接下來，球面彼此層層套疊，周長不再改變。然後，當你穿出蟲洞朝 B 點前進，球面又開始愈來愈大。

接下來的十九年間，物理學界鮮少注意到弗萊姆驚世駭俗的愛因斯坦方程式解，亦即他的蟲洞。然後來到一九三五年，愛因斯坦本人和同事物理學家納森・羅森（Nathan Rosen），在不知道弗萊姆成果的情況下，也發現了弗萊姆的解，並深入探索其特性，同時也就它對真實世界具有什麼重要意義提出推想。

其他物理學家，同樣對弗萊姆的成果一無所知，開始稱呼他

圖14.2
弗萊姆的蟲洞。

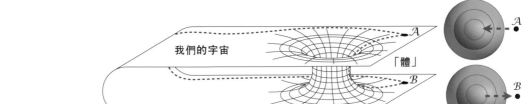

的蟲洞為「愛因斯坦—羅森橋」（Einstein-Rosen bridge）。

蟲洞塌縮

Ⓣ

單就愛因斯坦方程組的數學式來看，一般很難全面認識這當中含括了哪些預測。弗萊姆的蟲洞就是一個出色的例子。

從一九一六年到一九六二年，將近半個世紀期間，物理學家總認為蟲洞是靜態的，永恆不變的。後來惠勒和他的學生羅勃特．富勒（Robert Fuller）發現事實不然。他們更深入檢視那組數學式，結果發現蟲洞有誕生、延展、收縮和死亡等現象，如圖 14.3 所示。

圖片 (a) 中，我們的宇宙起初有兩個奇異點。隨著時光流逝，奇異點在「體」裡面伸展、相互靠近，接合生成蟲洞(b)。蟲洞延展，周長變大，如 (c) 和 (d) 所示，然後收縮並截斷 (e)，剩下兩個奇異點 (f)。黑洞的誕生、延展、收縮和截斷的歷程轉瞬即逝，連光都沒來得及從蟲洞的一側通行前往另一側。任何事物或任何人試圖通過，都會在截斷時一併被毀！

這個預測是不可避免的。若宇宙果真因故生成球形蟲洞，而

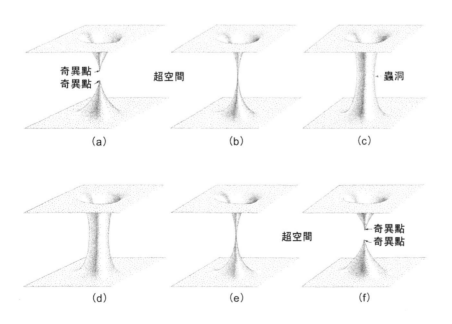

圖14.3
弗萊姆蟲洞（愛因斯坦—羅森橋）的動態。（馬特．齊梅特根據我的草圖繪製，援引自我的《黑洞與時間彎曲．愛因斯坦的幽靈》）

且裡面不含任何會產生重力的物質，則蟲洞就會這樣子運作。愛因斯坦的相對論定律就是這樣規定的。

這項結論沒有讓惠勒灰心喪志，反而讓他很開心。

他將奇異點（空間和時間無窮翹曲的地方）視為物理定律面臨的「危機」，而危機是很棒的導師，只要明智地深入探究，我們就能洞徹理解物理定律。這一點我會在第二十六章回頭討論。

電影《接觸未來》

Ⓣ

快轉四分之一個世紀，來到一九八五年五月：卡爾·薩根打電話找我，要我批評指教一下他即將出版的小說《接觸未來》，而我樂於從命。

我們是很親密的朋友，我也覺得這件事很有趣，另外就是，我欠他一份人情，因為他曾經介紹琳達·奧布斯特給我。

卡爾把他的原稿寄給我。我讀了，非常喜歡，只不過裡面有個問題：他把他的女主角艾蓮諾·阿諾威（Eleanor Arroway）博士送進黑洞，從我們的太陽系前往織女星。

但我知道黑洞裡沒有通道，**不可能**讓我們從這裡前往織女星或我們這處宇宙的其他任何地方。阿諾威博士衝進黑洞的視界之後，就會被裡面的奇異點殺死。她沒辦法靠著黑洞前往織女星，必須有蟲洞才行，而且還得是**不會**截斷的蟲洞——一個**可以穿行**的蟲洞。

因此我自問：該怎麼做，才能讓弗萊姆的蟲洞不被截斷？怎麼讓它保持開啟，才能供人穿行？一個簡單的臆想實驗，讓我得出了解答。

假設有一個模樣像弗萊姆蟲洞的球形蟲洞，但它不會截斷，這一點又與弗萊姆的蟲洞不一樣。現在，將一道光束（放射狀）射入蟲洞。由於所有光束都呈放射狀行進，因此那道光束肯定會呈現如圖 14.4 所示的形狀。光束進入蟲洞時向內會聚（截面的面積縮小），脫離黑洞時則向外發散（面積增大）。蟲洞讓光線向外彎折，和發散透鏡的作用相同。

會產生重力的物體，例如太陽或黑洞，都會讓光線向內彎折（圖 14.5）。它們不能讓光線向外彎折。想讓光線向外彎折，它

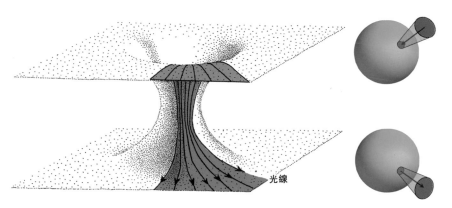

光線

圖14.4
放射狀光束穿行一個圓球狀的可穿行蟲洞。
左：從「體」所見景象，已移除一個空間次元。
右：從我們的宇宙所見景象。
（馬特‧齊梅特根據我的草圖繪製修改，援引自我的《黑洞與時間彎曲：愛因斯坦的幽靈》）

們就必須具有負質量（或是，具有負能量；別忘了愛因斯坦的質能等效原理）。

根據這項基本事實，我歸結出一個結論：任何可穿行的球形蟲洞，都必然交織含括某種具有負能量的物質。至少，就光束而言，或是就以近光速行進穿越蟲洞之其他任何事物或任何人的觀點視之，該物質的能量必須是負的。[27]

這樣的物質，我稱為「異類物質」（exotic matter）。（後來我得知，根據愛因斯坦的相對論定律，任何蟲洞，不論是否呈球形，都必須交織著異類物質才能穿行。這個論據來自一項定理，一九七五年由加州大學戴維斯分校〔University of California at Davis〕的丹尼斯‧加農〔Dennis Gannon〕完成了定理證明。當時我有點孤陋寡聞，沒聽過加農的這個定理）

異類物質竟然**真的**存在，實在是令人驚奇的事，而這得感謝量子物理定律的離奇特性。如今，異類物質已經在各地物理學實驗室裡製造出來，數量**極少**，產生在兩片貼得很近的導電板間隙中。這種現象稱為「卡西米爾效應」（Casimir effect）。

但在一九八五年時，我還不是很清楚蟲洞能否包含**足量**的異

圖14.5
太陽或黑洞讓光束向內彎折。

27 從相對論物理學來看，能量是種怪現象；一個人測得的能量取決於他的移動速度和方向。

類物質來保持張開的狀態，因此我做了兩件事。

首先，我寫了一封信給我的朋友卡爾，建議他別用黑洞，改讓阿諾威博士穿過蟲洞，送她上織女星。我隨信還附上一張驗證蟲洞必須交織布滿異類物質的計算結果。

卡爾採納了我的建議，還在他的小說謝辭裡談到我的方程式。蟲洞就是這樣進入現代科幻作品裡，包括小說、電影和電視節目。

第二，我和我的兩個學生，馬克・莫里斯（Mark Morris）和烏爾維・尤瑟福（Ulvi Yurtsever）協同發表了兩篇討論可穿行蟲洞的技術論文。我們在兩篇論文中，向我們的物理學界同行提出挑戰，請大家釐清：若將量子定律和相對論定律兩相結合，是否就容許某個非常先進的文明積聚足量的異類物質到黑洞裡，以便讓它保持張開的狀態。

這激發了許多物理學家投入大量研究。

然而，時至今日，將近三十年過去了，答案依然未明。證據優勢指出答案有可能為否，因此，可穿行的蟲洞不可能存在——不過，最終的解答依然遙不可及。個中詳情請參閱我的物理學家同僚，艾倫・埃弗里特（Allen Everett）與托馬斯・羅曼（Thomas Roman）所寫的《時光旅行和曲速驅動機》（*Time Travel and Warp Drives*）（Everett and Roman 2012）。

可穿行的蟲洞是什麼模樣？
EG

在棲居我們這處宇宙、像我們這樣的人的眼裡，可穿行的蟲洞應該是什麼模樣？

我沒辦法提供肯定的答案。倘若蟲洞真的能保持張開，那是怎麼辦到的，個中精確細節至今仍然神祕難解，因此蟲洞外觀的精確細節仍屬未知。相較之下，黑洞這方面，羅伊・克爾已經為我們提出精確的細節，我才可以提出在第八章裡說明的嚴謹預測。

因此就蟲洞而言，我只能提出一項有根據的推測，但我對這項推論依然抱持相當的信心，因此將這個小節標示為 **EG**。

假設在我們地球這裡就有個蟲洞，從愛爾蘭都柏林格拉夫頓街（Grafton Street）延展穿過「體」，伸往南加州沙漠。從蟲洞穿越的行進距離，也許只有幾公尺而已。

圖14.6
從蟲洞兩處開口見到的影像。
（左方照片攝影者：凱瑟琳·麥克布賴
德〔Catherine MacBride〕；右方照片攝
影者：馬克·英特蘭特〔Mark Interrante〕）

加州沙漠開口　　　　　　　　　　都柏林開口

　　蟲洞的兩處出入口都稱為「開口」。你坐在都柏林開口側邊
的一個人行道咖啡座上，而我站在加州開口旁邊的沙漠裡。這兩
處開口看起來都很像水晶球。

　　我從我的加州開口看進去，會見到一幅扭曲的都柏林市格拉
夫頓街頭景象（圖 14.6）。這幅景象是光線從都柏林帶來的，穿
過蟲洞射往加州，才呈現在我的眼前，就好像光線在光纖裡面穿
行那樣。當你從你的都柏林開口看進蟲洞，你會看到一幅扭曲的
約書亞樹（Joshua tree）影像，這些喬木狀仙人掌生長在加州的沙
漠裡。

蟲洞是不是就像天文物理學物體一樣，
也會自然生成？
⚠

庫柏在《星際效應》片中表示：「蟲洞不是自然發生的現象。」
我完全認同他的說法！假使物理定律容許出現可穿行的蟲洞，我
也認為：在真實的宇宙中，這種蟲洞也極不可能自然生成。

　　但我必須坦承，這一點連「有根據的推測」都稱不上，也不
比想像臆測高明多少。或許可以說它是一種「非常有根據的想像臆
測」，但再怎麼說也是種想像臆測，因此我將這個小節標示為 ⚠。

　　為什麼我對自然生成的蟲洞這麼悲觀？

在我們這處宇宙中，實在看不出有哪種星體在年老後會變成蟲洞。相較之下，天文學家則看得出有為數龐大的大質量恆星會在耗盡核燃料之後塌縮形成黑洞。

就另一方面來說，我們有理由寄望蟲洞**確實可以**自然生成，但那是在超微（submicroscopic）尺度形成的「量子泡沫」（圖14.7）。這種泡沫是一種假設性蟲洞網絡，不斷起伏生滅，而支配這種形態的力量，則是目前我們仍一知半解的量子重力定律（第二十六章）。

泡沫生滅是一種概率，意思是在任何瞬間，泡沫都有特定機率具有某一形式，同時也有某個機率具有另一種形式，而這些機率都是不斷變動的。這種泡沫實際上非常渺小：一個蟲洞的典型長度應為所謂的「普朗克長度」，亦即 0.000000000000000000000000000000001 公分，相當於一顆原子核大小的十億分之一的十億分之一的百分之一。真的非常小！！

早在一九五〇年代，惠勒就針對量子泡沫提出頗具說服力的論據，但時至今日，卻有證據顯示，量子重力定律說不定會抑制泡沫，甚至有可能阻礙泡沫出現。

如果量子泡沫**真的**存在，我希望有那麼一種自然歷程能促使泡沫蟲洞自發增長到人身大小或更大，甚至早在宇宙還非常、非常年輕時就發生，在宇宙極端快速膨脹擴張的時期。

然而，我們物理學家卻找不到蛛絲馬跡，完全無法證明這種自然擴大現象能不能發生，或是不是曾經發生。

自然生成的蟲洞，還另有一種渺茫的指望：大霹靂宇宙創世

圖14.7
量子泡沫。（馬特·齊梅特根據我的草圖繪製，援引自我的《黑洞與時間彎曲:愛因斯坦的幽靈》）

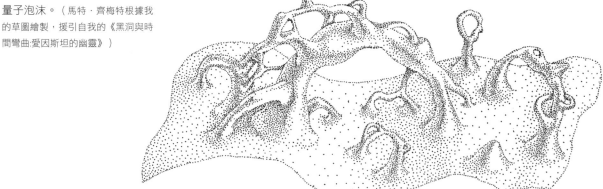

說。我們可以想見——但非常不可能成真——可穿行的蟲洞說不定在大霹靂時就已經形成。

「可以想見」的理由很簡單：因為我們完全不了解大霹靂。「不可能成真」的理由則是，我們對大霹靂的相關認識，沒有半點跡象足以顯示可穿行蟲洞有可能在那裡形成。

蟲洞能不能由超先進文明創造生成？

超先進文明是我衷心期盼真能創造出可穿行蟲洞的唯一指望。不過，製造蟲洞時會遇上種種重大障礙，所以我很對它是悲觀的。

想要無中生有、製造出一個蟲洞，可以用一種方法，那就是從量子泡沫（如果泡沫真的存在的話）擷取，使它擴大到人類尺寸或更大，然後就在裡面交織異類物質，以便讓蟲洞保持張開的狀態。這似乎是很苛刻的要求，即便對超先進文明來說也是如此。然而，會覺得苛刻，或許只是因為我們並不了解支配泡沫、擷取作業和最早擴大階段的量子重力定律（第二十六章）。當然，我們對異類物質也不是非常了解。

乍看之下，製造蟲洞似乎很簡單（圖14.8）。只要把我們的一小片「膜」（我們的宇宙）向下推進「體」裡面，形成一個頂針的模樣，再把我們的「膜」折進「體」裡面彎過來，在頂針正下方的「膜」上頭劃破一個開孔，同時在頂針本身也劃破一個開孔，然後將兩道開孔縫在一起。

《星際效應》片中的羅米利（Romilly）拿一張紙和一枝鉛筆示範了這同一件事（圖14.9）。

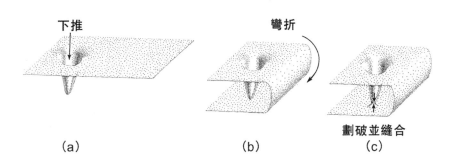

圖14.8
黑洞製造法。（馬特・齊梅特根據我的草圖繪製，援引自我的《黑洞與時間彎曲：愛因斯坦的幽靈》）

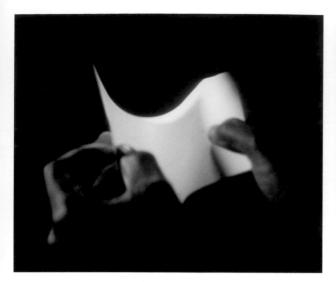

圖14.9

羅米利解釋黑洞。

左：他把一張紙摺彎。

右：他拿一枝鉛筆（蟲洞）刺
穿紙張，將兩片接合在一起。

（擷自《星際效應》畫面，華納兄弟
娛樂公司提供）

　　這樣把玩鉛筆和紙張，從外面看上去是很簡單，但是當紙張
就是我們的「膜」，而且還必須由棲居我們這個「膜」裡面的文明，
在「膜」裡面完成這些操作，那就變成駭人聽聞、令人生畏的事了。

　　事實上，該怎麼在我們的「膜」裡面進行這任何一道操作，
我都毫無概念，唯一的例外是：如何在我們的「膜」裡面製造出
一個頂針（你唯一需要的是一個非常緻密的質團，例如中子星）。

　　此外，如果真有可能在我們的「膜」上劃破一個開孔，那也
只能借助量子重力定律來進行。愛因斯坦的相對論定律禁止劃破
我們的「膜」，因此唯一指望就是在他的定律失效之處——在量
子重力的國度劃出開孔。結果我們又回到幾乎完全未知的領域（圖
3.2）。

極端未知之地

　　我懷疑物理定律能夠容許可穿行蟲洞存在，但這有可能純粹是一
種偏見。我有可能錯了。只是就算蟲洞真能存在，我也非常懷疑
天文物理宇宙能自然生成蟲洞。

　　我唯一的真正指望是假借超先進文明之手，透過人為的手段
形成蟲洞。但我們也毫無概念這樣的文明能夠怎麼辦到這一點。
即便對最先進的文明而言——至少，從我們的「膜」（我們這處

宇宙）的內部看來──這也是一件難度讓人望而卻步的事。

不過，《星際效應》的劇情認為，片中的蟲洞是某個住在「體」裡面的文明，以人工製成、保持張開並放置在土星附近。那個文明的生物有四個空間次元，就像「體」。

這是**極端**未知之地。但是在第二十二章，我還是會著墨討論「體」生物。在此同時，讓我們談談《星際效應》片中的蟲洞。

15

《星際效應》蟲洞的
視覺成像作業

△S

《**星**際效應》的劇情認為，片中的蟲洞是某個超先進文明打造的，而那個文明極有可能棲居在「體」裡面。

在這個前提下，奧利弗・詹姆斯[28]和我在為片中的蟲洞視覺化作業建構基礎時，就假裝我們倆是超先進文明的工程師。

我們假設物理定律**容許**蟲洞存在。

我們又假設蟲洞建造者擁有讓蟲洞保持張開狀態所需的足夠異類物質。

我們還假設建造者可以在蟲洞的內部和周邊翹曲空間和時間，不管是用哪一種我們想得到的方法，怎樣都好。

這些都是十分極端的假設，所以我將本小節標示為 △S ，代表想像臆測。

蟲洞的重力和時間翹曲作用

克里斯多福・諾蘭希望蟲洞重力的引力不強也不弱；它強得足以

---

28 前面提過，奧利弗・詹姆斯是「雙重否定」的首席科學家，負責為《星際效應》編寫蟲洞和黑洞視覺成像的電腦指令碼；參見第一章和第八章。

拉住「永續號」環繞運行,卻也弱得只需要點燃一具不大不小的火箭,就可以讓「永續號」減速,平緩地駛入蟲洞。

這表示蟲洞的重力必須遠低於地球重力。

愛因斯坦的時間翹曲定律告訴我們,蟲洞內的時間減速作用和蟲洞重力的引力強度成正比。如果這個引力的強度低於地球引力,則它的時間減速,一定只有地球上的區區十億分之一(也就是每十億秒鐘,大約三十年,才減慢一秒鐘)的減速比率。

這種減速非常微不足道,因此奧利弗和我在設計蟲洞時,完全沒有把它納入考量。

<h2>調節蟲洞形狀的
「操縱柄」</h2>

蟲洞形狀的最終決定權,掌握在導演克里斯多福·諾蘭和視覺特效總監保羅·富蘭克林手中。

我的工作是設計「操縱柄」(handle),用行話來說就是「參數」,讓奧利弗和他「雙重否定」的同事用來調節蟲洞的形狀。

然後,他們模擬出蟲洞的外觀,用「操縱柄」進行多種調節,並將模擬結果拿給克里斯和保羅看,由他們選出最震懾人心的一種。

我為蟲洞的形狀設定了三個「操縱柄」——三種調節形狀的做法(圖 15.1)。

第一個「操縱柄」是蟲洞的半徑,由超先進文明的一個工程師從「體」裡面測得的數值(就像測得「巨人」的半徑那樣)。

拿這個半徑乘以 2π = 6.28318...,我們就得出蟲洞的周長。這就是庫柏駕駛「永續號」繞行或穿越蟲洞時會測得的數值。

在我動手之前,克里斯就已經決定了半徑。他希望蟲洞對星群只有微弱的重力透鏡效應——用當時美國航太總署最好的大型望遠鏡技術從地球上觀察是幾乎看不到的。

圖15.1
從「體」觀察蟲洞所見景象,以及我用來調節蟲洞形狀的三個「操縱柄」。(左邊的小圖是同一個蟲洞,也是從「體」裡面觀察所得,但距離較遠,因此看得到它的外緣部份)

透鏡作用寬度

長度

半徑

這一點就讓它的半徑定了下來：大約一公里。

第二個「操縱柄」是蟲洞的長度，庫柏或「體」裡面的工程師都可以測得這個數值。

第三個「操縱柄」決定蟲洞的透鏡效應對它背後之物體發出的光線有多大影響，而透鏡效應的細部作用取決於蟲洞開口附近空間的形狀。

我為這個形狀選了一個和不自旋黑洞視界外側空間形狀雷同的造型。

這個形狀只有一個可調節的「操縱柄」：產生強大透鏡效應之區域的寬度。

我稱它為「透鏡作用寬度」（lensing width），[29] 並描繪如圖15.1 所示。

「操縱柄」
如何影響蟲洞的模樣

就像先前處理「巨人」的做法（第八章），這裡我也用愛因斯坦的相對論定律，來為光線環繞、穿透蟲洞的路徑導出方程式。

同時，我也設計出一套程序來操作我的方程式算出蟲洞的重力透鏡效應，從而呈現照相機繞行或穿行蟲洞時所見的景象。

當我確認我的方程式和程序所生成的影像跟我的預期相符，就把成果寄給奧利弗，由他編寫成能夠產生電影所需高品質 IMAX影像的電腦指令碼。

接著由歐吉妮添入背景星場和天體影像，讓蟲洞發揮透鏡效應，然後她、奧利弗和保羅便開始探索我的「操縱柄」可以造成什麼影響。至於我，就在這裡進行自己的探索。

歐吉妮好心提供了圖 15.2 和 15.4 的圖像給本書使用。我們可以在這些圖像中看到土星通過蟲洞的情形。（她的圖像解析度遠高於我自己的原始電腦碼產出的成果）

---

29 透鏡效應多半發生於蟲洞形狀在「體」裡面出現強烈彎曲的部分。這裡是蟲洞向外邊坡的斜率大於45度的區域，因此我定義這個「透鏡作用寬度」為——在「體」裡面所見——從蟲洞喉部到向外邊坡斜率為45度定點的徑向距離（圖15.1）。

蟲洞的長度

首先，我們用較弱的透鏡效應（窄小的「透鏡作用寬度」）來探索蟲洞長度的影響；參見圖 15.2。

當蟲洞很短時（上圖），照相機透過蟲洞會看到一個土星的扭曲影像（主影像）占滿水晶球狀蟲洞開口的右半部。

水晶球左緣還有一個極細的、凸透鏡形狀的次級影像。（右下的凸透鏡狀結構不是土星，而是一段外部宇宙的扭曲部份）

當蟲洞變長時（中圖），主影像也隨之縮小並朝內移動，次級影像也朝內移動。另外，水晶球右緣還浮現了一個非常細的、

圖15.2
左：蟲洞，具窄小的透鏡作用寬度（只達蟲洞半徑的百分之五），從「體」所見的景象。
右：照相機所見的景象。
從上到下：蟲洞長度漸增，分別為蟲洞半徑的0.01、1和10倍。（援引自歐吉妮·馮·滕澤爾曼小組的模擬圖像，運用奧利弗·詹姆斯根據我的方程式所編寫的電腦指令碼）

凸透鏡狀的三級影像。

蟲洞進一步拉長（下圖），主影像也進一步縮小，所有影像都向內移動，水晶球左緣出現了第四個影像，右緣則出現了第五個，以此類推。

要理解這些發展，我們可以在蟲洞上描畫光線——從「體」觀察所得——來推斷（圖 15.3）。

主影像由黑色光線（1）傳遞，從土星沿著最短可能路徑傳抵照相機。此外，還有一束緊緊環繞黑光的光線也傳遞主影像。

次級影像則由一束環繞紅光的光線（2）來傳遞，沿著黑色光線對側的蟲洞壁面逆時針圈繞。這束紅色光線是從土星到照相機的最短可能逆時針光線。

三級影像是由一道環繞綠色光線的光束（3）傳遞，是完整圈繞蟲洞不只一圈的最短可能順時針光線。

至於四級影像，則是由一道環繞褐色光線的光束（4）來傳遞，是完整圈繞蟲洞不只一圈的最短可能逆時針光線。

像這樣，你能不能解釋五級和六級影像是怎麼出現的？

還有，為什麼當蟲洞拉長，影像也隨之縮小？

以及，為什麼影像看來是從蟲洞水晶球開口的邊緣出現，然後向內移動？

圖15.3
光線從土星發出，穿過蟲洞射往照相機。

蟲洞的 「透鏡作用寬度」

明白蟲洞長度如何影響照相機所見的景象後，接下來我們把蟲洞的長度設定為相當短——和蟲洞的半徑一樣——然後改變重力透鏡效應，將蟲洞的「透鏡作用寬度」從（接近）零加大到約蟲洞直徑的一半，計算出這對照相機看到的影像有什麼影響。

圖 15.4 顯示這兩個極端的情況。

當「透鏡作用寬度」非常小時，蟲洞的形狀（左上）從外部宇宙（水平薄片）急遽過渡到蟲洞喉部（垂直圓柱）。

依照相機所見（右上），蟲洞只些微扭曲了星場和左上方一團黑雲，作用範圍都在蟲洞邊緣附近。

此外，蟲洞只是擋住了星場，就像所有重力微弱的不透明天體一樣，例如行星或太空船。

圖 15.4 下半部所示的「透鏡作用寬度」約為蟲洞半徑的一半，因此從喉部（垂直圓柱）到外部宇宙（漸近水平薄片）呈緩慢過渡現象。

這裡的「透鏡作用寬度」很大，蟲洞強烈扭曲了星場和黑雲（圖 15.4 右下方），影響方式幾乎等同於不自旋黑洞（圖 8.3 和 8.4），造成了多重影像。透鏡效應還把土星的次級影像與三級影像都放大了。

圖 15.4 下半圖的蟲洞看來比上半圖的蟲洞大。從照相機看來，它的對向角比較大。

這不是由於照相機比較靠近蟲洞開口所致；照相機**沒有**比較靠近。這兩個圖像的照相機是位於相等的距離之外。放大現象完全是由於重力透鏡效應使然。

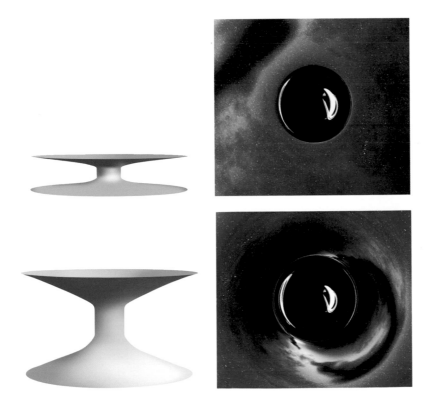

圖15.4
在「透鏡作用寬度」影響下，蟲洞的重力透鏡效應對星場和土星的作用。上、下影像的「透鏡作用寬度」分別為蟲洞半徑的0.014和0.43倍。（援引自歐吉妮·馮·騰澤爾曼小組的模擬圖像，運用奧利弗·詹姆斯根據我的方程式所編寫之電腦指令碼）

《星際效應》的蟲洞

當克里斯見到有許多種不同的可能性，其中蟲洞的長度和透鏡作用寬窄互異，他所做的抉擇是很明確的。

若蟲洞的長度中等或很長，檢視時就會產生多重影像，也會把廣大觀眾搞迷糊，因此他讓《星際效應》的蟲洞長得很短：蟲洞半徑的百分之一。

他還同時讓《星際效應》片中的蟲洞具有較小的「透鏡作用寬度」，大約蟲洞半徑的百分之五，於是透鏡效應對周遭星群的作用就明顯可見，也很耐人尋味，但比起「巨人」的透鏡效應仍微弱許多。

最後產生的蟲洞就如圖 15.2 的最上圖所示。同時，在「雙重否定」團隊為它創造出遠側一座帶有美麗星雲、塵埃帶和星場的星系之後，它就成了《星際效應》令人嘖嘖稱奇的一幕（圖 15.5）。

對我來說，這是這部電影裡最壯觀的景象之一。

穿越蟲洞

二〇一四年四月十日，我接到一通緊急電話。克里斯在處理「永續號」穿行蟲洞的視覺成像作業時遇上麻煩，打電話來徵詢意見。

我開車去他的公司 Syncopy 複合建築區，後製剪輯就在那裡進行。克里斯指給我看問題出在哪裡。

保羅的團隊運用我的方程式，打造出長短不等、「透鏡作用寬度」互異的的蟲洞，製作出穿行蟲洞的視覺影像。

那種透鏡效應較小的短式蟲洞，讓這趟蟲洞之旅很快速，也很無趣。

至於長式蟲洞，畫面看來就像穿越一條很長的隧道，壁面呼嘯而過，太像我們從前在電影裡就看過的東西。

克里斯給我看了許多經過設計的花俏變化。我不得不同意，確實沒有任何一種可以帶來他想要的震撼新鮮感。

我把問題帶回家反覆思索，卻依然想不出什麼神妙的解答。

隔天，克里斯飛往倫敦，和保羅的「雙重否定」團隊私下密談，尋找解決辦法。

最後，他們逼不得已放棄了我的蟲洞方程式。

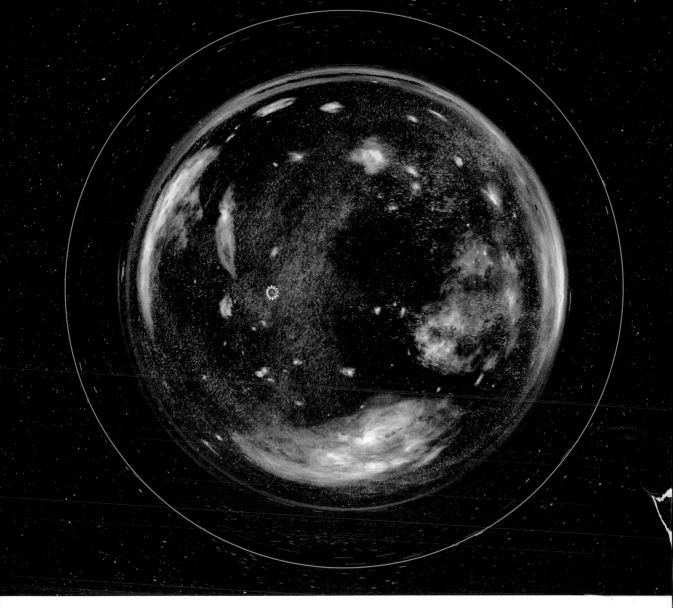

照保羅的說法，這是「大膽嘗試遠遠更為抽象的手法，來詮釋蟲洞內部」。

這個詮釋的基礎資料來自以我的方程式完成的模擬成果，卻也做了重大改動，以增添藝術性表現的新鮮感。

後來我在一場《星際效應》的試映上見識了蟲洞穿行。那次體驗讓我非常開心。

儘管不是完全準確，但影片抓住了精神，還有實際穿行蟲洞時會湧現的大半感受，更有奪人眼目的新鮮感。你覺得呢？

圖15.5

《星際效應》的一段預告片中呈現的蟲洞。「永續號」的位置在蟲洞前方靠中間的區域。我在蟲洞周圍用粉紅線畫了一圈愛因斯坦環，就像圖8.4中非自旋黑洞的環圈。星群經重力透鏡顯示的主影像和次級影像，也都以和圖8.4相仿的方式移動。你能不能從預告片中找出當中幾個影像，並追蹤它們的動態？（擷自《星際效應》畫面，華納兄弟娛樂公司提供）

發現蟲洞：重力波

（下）

人類在《星際效應》電影的脈絡裡，是怎麼發現蟲洞的？身為物理學家，我有我自己偏愛的方式，接下來將在本章內闡述。它是根據《星際效應》的情節推導出來的——當然，這個推論是我自己的觀點，不是出自克里斯多福・諾蘭。

LIGO測出
一陣重力波爆發

在我的想像中，電影故事展開的幾十年前，當時布蘭德教授大約二十幾歲，擔任一項計畫的副主任，該研究的名稱為「雷射干涉重力波天文台」（Laser Interferometer Gravitational Wave Observatory），縮寫為 LIGO，參見圖 16.1。

電影中，LIGO 投入搜尋從宇宙深處傳來地球的空間形狀漣漪。

這種漣漪稱為重力波。有好幾種情況都可能產生這種現象，包括：黑洞彼此對撞、黑洞扯碎中子星，以及宇宙誕生，還有其他許多不同情況。

二〇一九年的某一天，LIGO 遭受一道強烈的重力波衝擊，強度遠超過先前所有紀錄（圖 16.2）。

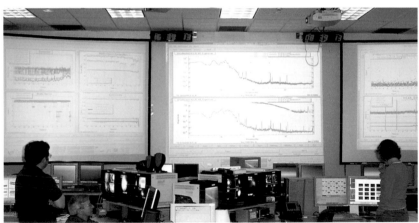

圖16.1
上：設於華盛頓州漢福德（Hanford）的LIGO重力波探測器空照圖。
左：LIGO控制室，這裡負責控制探測器並監看測得的信號。

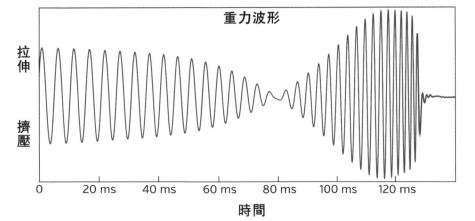

圖16.2
LIGO發現的重力波形的最後120毫秒資料。（基普根據陳雁北、福卡特等人〔Foucart et al., 2011〕的模擬圖像繪製）

重力波的振盪幅度出現幾次起伏，然後突然中斷了。整場爆發只持續了幾秒鐘。

布蘭德教授和他的團隊運用超級電腦，就這種波的形狀（「波形」，圖 16.2）跟他們的模擬數值進行比對，推導出它們的源頭。

中子星
環繞黑洞運行

那些波動是一顆繞行黑洞的中子星發出的。

這顆中子星的重量為太陽的一‧五倍，黑洞的重量則為太陽的四‧五倍，而且黑洞的自旋速度很高。

黑洞自旋拖動空間開始旋轉，然後空間旋動抓住中子星的軌道，迫使它緩慢地進動（precess），就像個傾斜打轉的陀螺。這種進動作用調變（modulate）了波動，使波動幅度高低起伏（圖 16.2）。

波動帶著能量跨越宇宙向外行進（圖 16.3）。隨著能量逐漸削減，中子星也逐漸螺旋向內朝黑洞運行。

當中子星和黑洞的距離縮短至三十公里，黑洞的潮汐重力開始撕碎中子星。

星體的殘屑有百分之九十七都被黑洞吞噬，百分之三被向外拋開，形成一道熱氣尾流，接著又被黑洞吸回並形成一片吸積盤。

圖16.3
從「體」觀之，重力波從繞軌運行的中子星和黑洞向外流洩。（LIGO實驗室的美術人員根據我的草圖繪製）

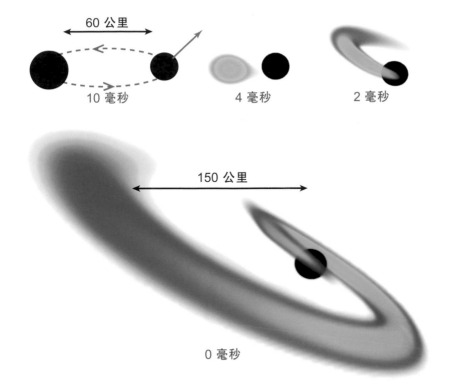

圖16.4
中子星最後幾毫秒生命的電腦
模擬圖示。（援引自弗朗索瓦·
福卡特〔Francois Foucart〕與其同事
的模擬圖像。參見http://www.black-holes.org/）

　　圖 16.4 所示為中子星最後幾毫秒生命的電腦模擬圖像。

　　最後終局之前十毫秒，黑洞環繞紅色箭頭軸心自旋，中子星則是環繞圖像的縱軸繞軌運行。

　　前四毫秒時，黑洞的拉伸線把中子星扯裂。

　　前兩毫秒時，黑洞的旋動空間已經把星體殘屑拋進了黑洞的赤道面。

　　零毫秒時，殘屑開始形成吸積盤。

發現蟲洞

布蘭德教授和他的團隊回溯 LIGO 的資料，追查過去兩年的紀錄，發現了中子星發出的非常微弱波動。

　　這顆星體有一座小小的山脈，一公分高，幾公里寬（據信這種山脈是有可能存在的）。

　　當山脈由中子星的轉動現象帶著一圈圈繞行，它也就生成穩定微幅振盪的波動，並且一天天、一日日持續下去。

布蘭德教授仔細分析這些穩定的波動，查出波動源頭的方向，簡直不敢置信！

波動來自在土星軌道上運行的某個東西。就如同地球和土星各在自己的軌道上運行一樣，那個源頭也始終都在土星附近！

一顆中子星環繞土星運行？不可能！

一個黑洞伴隨中子星，一起環繞土星運行？更不可能！

真是這樣的話，土星早就被摧毀了。中子星和黑洞的重力，也會早就把太陽行星群的軌道全部搞亂，包括地球的軌道。軌道一旦混亂，地球就會被帶到太陽近處，然後又遠離，而我們就會被烤焦、凍僵並喪失性命。

然而，波動就在那裡，明明白白地出現在土星附近。

布蘭德教授只能想出一種解釋：波動肯定是出自一個環繞土星運行的蟲洞。而波動的源頭，黑洞和中子星，則肯定是位於蟲洞的另一端（圖16.5）。

波動從中子星和黑洞向外傳播。一小部份波動被蟲洞捕獲並穿行其中，然後向外傳遍整個太陽系，當中有一小部份傳抵地球，通過 LIGO 的重力波探測器。

這段情節的根源

這段情節有另一個簡短的版本，出自琳達和我在二〇〇六年為《星際效應》撰寫的原始電影故事大綱。

重力波在我們那份大綱的其餘部份，沒有扮演重要的角色，接著在喬納森‧諾蘭撰寫的電影劇本和克里斯改寫的版本裡，也同樣沒有發揮。

不過，就算沒有重力波，本片中出現的嚴肅科學也已經夠多的了。

圖16.5
重力波通過蟲洞傳往地球。

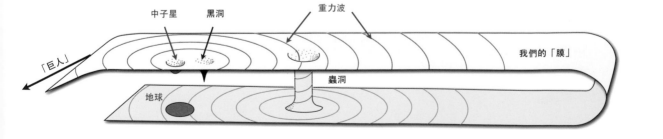

所以當克里斯想方設法要精簡《星際效應》片中琳琅滿目的科學「裝備」時，重力波自然就成了待宰的候選對象。他捨棄了重力波。

就我個人來說，克里斯的決定是讓人很痛苦的事。

雷射干涉重力波天文台是在一九八三年由我和麻州理工學院的萊納‧韋斯（Rainer Weiss）、加州理工學院的羅納德‧德雷弗（Ronald Drever）協同創辦的。

我規畫了那座天文台的科學願景，還投入二十年時間，努力幫忙讓願景成真。如今 LIGO 即將邁入成熟期，預計在這十年中就能開始偵測重力波。

但克里斯拋棄重力波的理由相當令人信服，所以我連一次抗議都沒有提出。

重力波和重力波探測器

這裡請容我多告訴各位一些重力波相關內容，稍後再回頭談《星際效應》。

圖 16.6 是藝術家構思的表現，圖中的兩個黑洞伸出一些拉伸線。這兩個黑洞以逆時針方向相互繞行，並對撞上彼此。前面談過，拉伸線會生成潮汐重力（第四章）。

從黑洞端伸出的拉伸線，遇上任何東西都會把它拉伸開來，包括藝術家擺在那裡的一個朋友。

而從對撞區伸出的拉伸線，會擠壓它遇上的任何東西。

黑洞彼此環繞時，也拖著自己的拉伸線一道繞行，拉伸線向外與向後開展，就像從旋轉灑水器噴出的水柱。

黑洞合併形成一個較大型的黑洞，形狀改變了，開始逆時針自旋，拖著拉伸線一圈一圈打轉。拉伸線向外移行，就像灑水器噴出的水柱，形成了我在圖 16.7 呈現

圖16.6
從兩個黑洞伸出的拉伸線；黑洞以逆時針方向相互繞行、對撞。（莉亞‧哈洛倫的畫作）

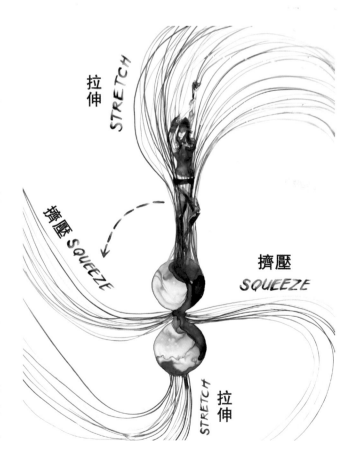

拉伸
STRETCH

擠壓 SQUEEZE

擠壓
SQUEEZE

拉伸
STRETCH

的繁複樣式。紅線拉伸。藍線擠壓。

假設有個人靜止不動待在距離黑洞很遙遠的某地，當拉伸線向外行進、穿過她的時候，她會經歷一種拉伸之後擠壓，然後又拉伸的振盪現象。

拉伸線變成了一道重力波。凡是這個圖像平面上出現強烈藍色（強烈擠壓）的位置，也都有強烈紅色線條從中伸出，發揮拉伸作用。

而凡是圖像上有強烈紅色（拉伸）的地方，也都有藍色（擠壓）線條指朝第三個方向，伸出圖像之外。

當這些波動向外傳遞，黑洞的變形現象漸漸愈來愈輕微，波動也同時減弱。

這些波動抵達地球時，會如同我在圖16.8上半部呈現的形式。它們順著一個方向拉伸，並朝另一個方向擠壓。

當波動通過圖16.8下半部所示的探測器時，就會出現拉伸和擠壓振盪（從紅色左右向到藍色左右向，再到紅色左右向，如此反覆）。

這個探測器有四面巨型鏡子（重四十公斤，直徑三十四公

圖16.7
從變形的自旋黑洞伸出的拉伸線。（羅勃·歐文〔Rob Owen〕繪製）

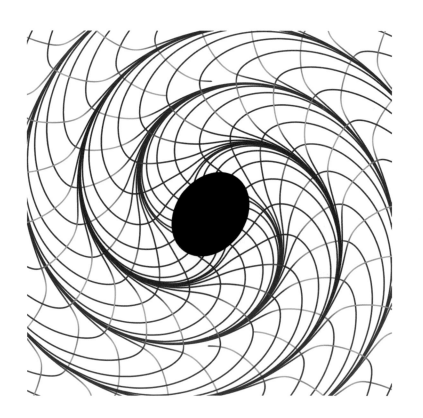

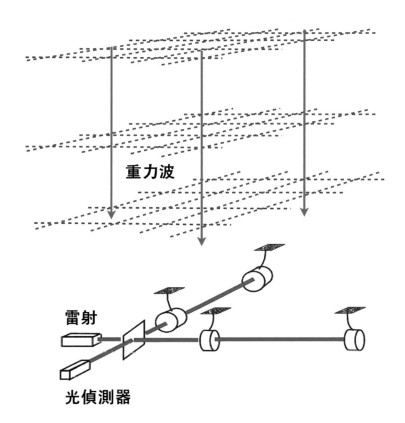

圖16.8
重力波衝擊LIGO偵測器。

分），分別安裝在呈直角的兩臂末端，並高懸在上方位置。波動的拉伸線會拉伸一臂並擠壓另一臂，然後又擠壓第一臂並拉伸第二臂，就這樣周而復始不斷重複。

鏡子因振盪而彼此分離，這種現象借助一種我們稱為「干涉法」（interfcrometry）的技術，以雷射束來進行監測，因此 LIGO 的計畫全稱才叫做「雷射干涉重力波天文台」。

現在，LIGO 已經是一個國際合作計畫，由十七國九百位科學家協力執行，總部設在加州理工學院。現任計畫領導人包括主任大衛·利茨（David Reitze）、副主任阿爾伯特·拉扎里尼（Albert Lazzarini），以及合作計畫發言人蓋比瑞拉·岡薩雷斯（Gabriella Gonzalez）。

考慮到這項計畫的龐大潛在利益——能夠大幅加深我們對宇宙的認識——因此相關經費大半由美國納稅人支付，從國家科學基金會（National Science Foundation）撥款支應。

LIGO 在華盛頓州的漢福德和路易斯安那州的利文斯頓（Livingston）都設有重力波探測器，目前正計畫在印度架設第三

組。今天，義大利、法國和荷蘭的科學家已經在比薩附近架設了一組類似的裝置，日本物理學家也正在一個穿山隧道架設一組探測器。將來，這些探測器都會協同運轉，形成一個巨大的全球網絡，投入以重力波來探索宇宙的志業。

在訓練了許多在 LIGO 工作的科學家之後，我在二○○○年轉移研究方向，但我仍密切關注 LIGO 和它的國際合作夥伴們如何漸趨成熟發展，以及他們如何展開頭一次重力波探測作業。

宇宙的翹曲面

《星際效應》是一部冒險影片，一個關於人類遇上黑洞、蟲洞、奇異點、重力異常和高等次元的故事。這所有的現象都是以翹曲的空間和時間「製造而成」，也就是全都和翹曲作用密切相關，因此我喜歡稱呼這些現象為「宇宙的翹曲面」。

到目前為止，我們人類所掌握的宇宙翹曲面相關實驗和觀測資料都還非常稀少。所以重力波才會那麼重要：重力波是翹曲空間造成的，是我們探測翹曲面的理想工具。

倘若你只在非常寧靜的日子見過海洋，則你對隨著狂風暴雨捲起的洶湧洋面和驚濤碎浪便一無所悉。

今天我們對翹曲空間和時間的認識也是如此。我們對於翹曲空間和翹曲時間在「暴風雨」中──當空間的形狀瘋狂起伏振盪時，以及時間的流速瘋狂起伏振盪時──會表現出哪些行徑知之甚少。

對我來說，這是一個很耐人尋味的知識最前線。我們在前面幾章已經見過惠勒，這位創意命名高手為它取了一個名稱：時空幾何動力論（geometrodynamics），用來指稱空間和時間之幾何結構表現的這種離奇動態。

一九六○年代早期，當我追隨惠勒學習的時候，他勸我和其他幾個人，在我們的研究中探索時空幾何動力論。我們試了，結果是大慘敗。我們求解愛因斯坦方程式的功力不夠，看不出方程組包含哪些預測，而且我們也沒有辦法在天文宇宙中觀測到時空幾何動態。

我將大半的事業生涯投入改變這種困境。我協同創辦了雷射干涉重力波天文台，目的就是要觀測遙遠宇宙的時空幾何動態。

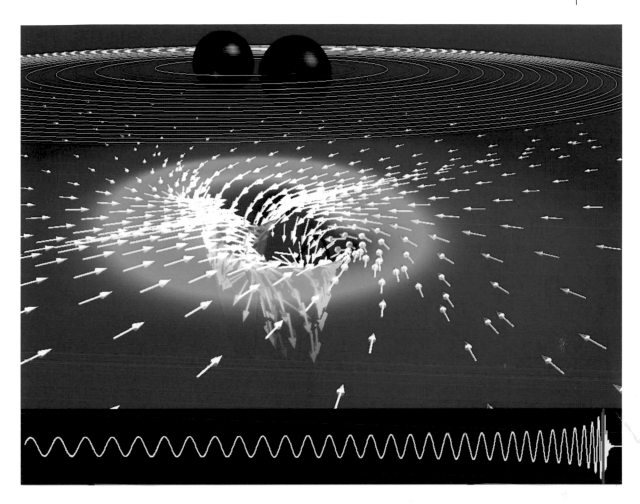

到了二〇〇〇年，我把我在雷射干涉重力波天文台的職掌交給其他人接手，然後在加州理工學院協同建立了一支研究群組，目標是以數值方法求解愛因斯坦的相對論方程式，透過超級電腦來模擬出時空幾何動態。

我們將這項計畫命名為 SXS：極端時空模擬作業（Simulating eXtreme Spacetimes）。這是一項協同研究案，合作夥伴包括康乃爾大學（Cornell University）索羅·圖科斯基（Saul Teukolsky）教授的研究群組，以及其他人。

對時空幾何動力論來說，兩顆黑洞的對撞是一個非常美妙的場合：當黑洞對撞，空間和時間也隨之瘋狂打轉。

現在我們的 SXS 模擬已經達到成熟階段，也逐步開始披露相對論的預測事項（圖 16.9）。再過幾年，LIGO 和它的合作機構，會開始觀測從對撞黑洞傳來的重力波，並投入測試我們的模擬提

圖16.9
兩個黑洞對撞片刻的模擬圖像。上：從我們的宇宙見到的黑洞軌道和黑洞陰影。
中：從「體」見到的黑洞翹曲空間和翹曲時間，箭頭代表造成空間運動的拉曳作用，顏色代表時間的翹曲作用。
下：發出的重力波形。
這個模擬呈現的是兩顆一模一樣的不自旋黑洞。（擷自哈拉爾德·普費弗〔Harald Pfeifer〕根據SXS團隊一個模擬圖像所製作的影片）

出之預測。這是探測時空幾何動力論的美妙年代！

大霹靂發出的重力波

一九七五年，我的俄羅斯籍摯友列昂尼德·格里斯丘克（Leonid Grishchuk）提出了一個驚人預測：因為一種我們前所未知的機制，大霹靂會大量生成重力波。那個機制就是：大霹靂發出的重力量子漲落，在宇宙最早那次的膨脹影響下而大幅放大，於是——他告訴我們——放大後的重力量子漲落便化為太初重力波。

只要能找到它們，這些重力波將可以讓我們一瞥宇宙誕生瞬間的景象。

接下來那些年，隨著我們對大霹靂的認識漸趨成熟，情況也變得明朗：當波長幾乎達到可見宇宙本身那麼大，也就是波長達到數十億光年時，波動也最強。對於 LIGO 這種短上太多、只有數十萬公里波長的偵測來說，它很可能會太過微弱。

一九九〇年代早期，宇宙學家領悟到，這種波長十億光年等級的重力波應該會在遍布全宇宙的電磁波上留下一種獨特的印記，即所謂的「宇宙微波背景輻射」（cosmic microwave background, CMB）。於是，很快就出現了一種聖杯：搜尋這種「宇宙微波背景輻射」印記，由此來推斷留下印記的太初重力波具有哪些特性，

圖16.10
發現了太初重力波印記的第二代BICEP望遠鏡（BICEP2，這是博克團隊製造的裝備。BICEP代表「宇宙泛星系偏振背景成像」）。圖為架設在南極的BICEP2映襯黃昏微光的景象，這種情形在南極每年只發生兩次。望遠鏡外圍裝設防護罩，以遮擋周遭冰被發出的輻射。右上角所示即為測得的「宇宙微波背景輻射」印記：一種偏振模式。「宇宙微波背景輻射」的電場指朝虛線走向。

從而得以探索宇宙的誕生。

二〇一四年三月，就在我撰寫本書的期間，由傑米・博克（Jamie Bock）召集的一支團隊發現了「宇宙微波背景輻射」印記（圖16.10）。[30] 博克是加州理工學院的宇宙學家，我們的辦公室在同一條走廊上。

那是一項了不起的發現，但也有一點必須審慎考量：傑米和他的團隊發現的印記，說不定不是重力波造成的，也有可能是其他東西。在本書付梓期間，眾人也熱切投入心力，尋求確認真相。*

倘若這印記真的是大霹靂重力波留下的，那麼這就是大約每隔五十年會出現一次的那種宇宙學大發現。它讓我們一瞥宇宙誕生之後兆兆兆分之一秒瞬間的景象，也確認了種種理論提出的預測：宇宙膨脹在早期的瞬間確實非常快速，以宇宙學家的行話來說就是「暴脹高速」。它將宇宙學帶進一個全新的紀元。

* 2015年初，最新資料顯示，該團隊的觀測結果，大多受到來自銀河塵埃的污染，更仔細的觀測正在進行中。

以上我縱情暢論了我的最愛——重力波，闡明了如何運用重力波來發現《星際效應》的蟲洞，還探討了蟲洞的諸般特性，尤其是《星際效應》的蟲洞，現在我要帶各位展開前往《星際效應》蟲洞另一端之旅。

讓我們去看看米勒的星球、曼恩的星球，以及載著庫柏前往那裡的「永續號」。

---

30 該發現團隊的正式研究主持人有傑米和他先前的兩位博士後學生，約翰・科瓦奇（John Kovac，目前在哈佛）和郭兆林（目前在史丹福），以及克萊姆・派克（Clem Pryke，目前在明尼蘇達大學）。

V
探訪「巨人」黑洞的周遭地帶

17

米勒的星球

Ⓣ

庫柏和他的隊員首先探訪的行星是米勒的星球。這顆星球最令人印象深刻的，是時間極端減速、滔天巨浪和超強潮汐重力。

這三項彼此相關，起因在於星球和「巨人」相當靠近。

星球的軌道

按照我對《星際效應》相關科學所做的詮釋，米勒的星球就位於圖 17.1 的藍圈位置，和「巨人」的視界靠得非常近。（參見第六章和第七章）

那裡的空間翹曲成類似圓柱表面的樣子。圖中的圓柱截面呈圓形，周長並不隨我們靠近或遠離「巨人」而有所改變。

事實上，當我們將略掉的次元加回去，截面就會變成球狀體，周長也不會隨我們靠近或遠離而有所改變。

那麼，這個位置和圓柱上的其他任何地點為什麼有所不同？

它的特別之處何在？

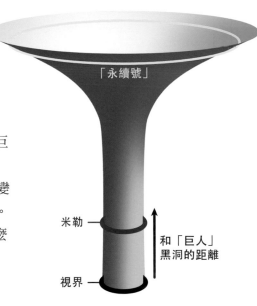

圖17.1
從「體」觀看「巨人」周圍的翹曲空間。這是略去一個空間次元的景象。圖示還包括米勒星球的軌道和「永續號」的軌道（停駐在此等待隊員歸隊）。

「永續號」

米勒

和「巨人」黑洞的距離

視界

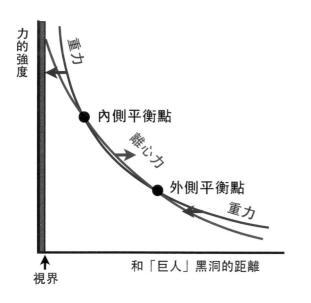

圖17.2
米勒的星球承受之重力和離心力。

答案的關鍵在於時間的翹曲作用。（這一點**沒有**在圖 17.1 中呈現）

「巨人」附近的時間會減慢流速。隨著我們離「巨人」的事件視界愈來愈近，時間減速作用也變得更為極端。

因此，根據愛因斯坦的時間翹曲定律（第四章），當我們靠近視界時，重力也隨之增長到超強的程度。圖 17.2 的紅色曲線代表重力的強度，呈陡峭揚升。

相較之下，米勒的星球所承受的離心力（藍色曲線），變動坡度就比較和緩。

結果是，兩條曲線在兩處位置相交。當星球在這兩個交會點繞行「巨人」，向外的離心力和向內的重力就可以取得平衡

內側平衡點上的星球運行軌道並不穩定。

如果星球被稍微向外推動（好比受到從旁掠過的彗星重力影響），離心力就會贏得這場比試，將星球進一步向外推離。

又如果星球是被向內推動，則重力會取勝，星球也就會被拉進「巨人」。這表示米勒的星球沒辦法在內側平衡點上長期存活下去。

相較之下，外側平衡點就很穩定。

如果米勒的星球就在那裡被推動向外，重力就會贏得那場比試，把星球拉回去。

又如果星球被向內推動，則離心力取勝，把星球重新向外推去。因此，依照我對《星際效應》的詮釋，這裡就是米勒的星球棲身之處。[31]

---

31 離心力強弱取決於星球軌道的角動量，這是軌道速度的一個測定值，沿著軌道全程保持恆定（第十章）。圖17.2顯示力的強度如何隨著星球和「巨人」相隔的距離而改變；在標繪它時，我讓角動量保持不變。倘若角動量稍小於米勒的星球實際具有的數值，則所有地方的離心力都會比較小，圖17.2的兩條曲線也就不會相交。這麼一來就不會出現平衡點，星球也會落入「巨人」中。因此在圖17.1和17.2中，米勒的星球是位於行星最接近「巨人」、但仍能穩定存活的位置——這就是我要的位置，如此才能產生最大的時間減速作用。相關細節請見本書末尾的〈技術筆記舉隅〉。

時間減速和潮汐重力

在所有環繞「巨人」的圓形穩定軌道當中，米勒的星球繞行的是當中最靠近黑洞的一條。

這表示，那是時間最大量減速的軌道。待在地球上七年，相當於待在米勒的星球上一個小時。那裡的時間流速是地球上流速的六萬分之一！

這就是克里斯多福·諾蘭想為他的電影所做的設定。

既然那麼接近「巨人」，以我對這部電影的詮釋來說，米勒的星球就會承受龐大的潮汐重力，大到「巨人」的潮汐力幾乎要將這顆行星扯碎（第六章）。

幾乎，但沒有真的扯碎。

結果，潮汐力只是讓星球變形，而且嚴重變形（圖 17.3）。星球朝向與遠離「巨人」的兩面呈大幅隆起。

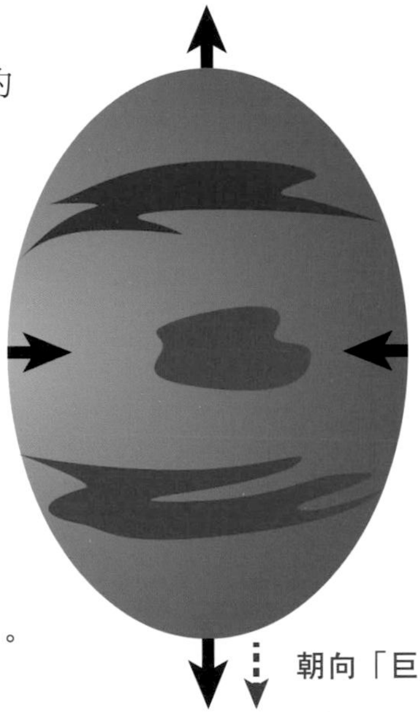

如果米勒的星球相對於「巨人」在轉動（即它不是所有時間都以同一側朝向「巨人」），則就這顆行星看來，潮汐力就會旋轉。

首先，星球會遭受東西向擠壓，還會受到南北向拉伸。接著在轉動四分之一圈之後，擠壓走向就變成南北向，拉伸則為東西向。和行星的地函（星球的堅硬外層）強度相比，這些擠壓和拉伸力量都顯得強勁至極。地函會被徹底粉碎，然後摩擦生熱將它熔解，使整顆行星變得火熱。

但米勒的星球看來完全不是那副模樣！因此結論非常清楚：依我的科學詮釋，米勒的星球肯定是永遠以同一側朝向「巨人」（圖 17.4），或是近似如此（稍後我會就此討論）。

空間的旋動

愛因斯坦的定律規定，如果從遠處觀察，例如從曼恩的星球看過來，米勒的星球便是每隔一·七小時就繞行「巨人」長達十億公里的軌道周長一圈。

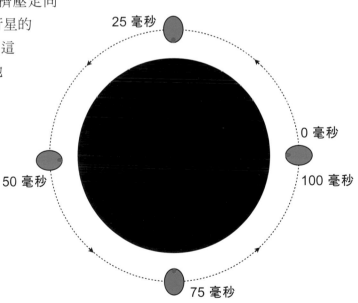

圖17.3
「米勒的星球」出現的潮汐變形現象。

圖17.4
「米勒的星球」相對於遙遠恆星的軌道運動和自旋。行星的隆起和表面的紅點永遠朝向「巨人」黑洞。

這大約相當於光速的一半！

而由於時間減速作用，「漫遊者號」的隊員們測得的軌道周期，則是前述周期的六萬分之一：十分之一秒。等於每秒繞行「巨人」十圈。真的很快！這不就遠高於光速了嗎？

不會，原因在於「巨人」快速自旋所帶動的空間旋轉。相應於星球所在位置的旋動空間，而且採行該地所測度的時間，星球的移動速度便會低於光速──這樣子才對。這就是嚴守速度限制的觀點。

依我對這部電影的科學詮釋，既然這個星球始終以同一側朝向「巨人」（圖 17.4），它的自旋速率一定和繞軌速率相等：每秒十圈。

它怎麼可能轉得那麼快？離心力難道不會將它撕裂嗎？不會，而且救兵同樣是空間的旋動。

當行星的自旋速率和附近空間的旋動速率完全相等，它就**不會**感受到破壞性離心力。這顆星球的情況，差不多就是這樣！因此自轉生成的離心力，實際上相當微弱。

然而，如果它相對於遙遠恆星並不自旋，則相對於旋動空間，它就是以每秒十圈的速率在轉動，結果它就會被離心力扯碎。相對論能做的事還真是玄妙。

「米勒的星球」上的巨浪

哪種原因有可能激起那兩堵一·二公里高的滔天巨浪，來勢洶洶地往停泊在米勒星球表面上的「漫遊者號」撲來（圖 17.5）？

我找了好一陣子，用物理定律做了種種不同計算，結果發現兩種可能的解答可以納入我對這部電影的科學詮釋。

這兩種解答都必須讓這顆行星不完全固定朝向「巨人」。它必須相對於「巨人」從事往返的小幅搖擺，從圖 17.6 左圖的方位擺盪到右圖的方位，然後又擺盪回左圖方位，並以此類推。

這種搖擺是一個自然現象，只要檢視「巨人」的潮汐重力就可以看出這一點了。

我將拉伸線造成的潮汐重力（第四章）描繪如圖 17.6 所示。

不論這個星球朝哪個方向傾斜（如圖 17.6 的左半部或右半部），黑洞的**藍色擠壓式**拉伸線，都將它的兩側向內推擠，這就

圖17.5
一堵超大巨浪往「漫遊者號」
當頭襲來。（擷自《星際效應》畫
面，華納兄弟娛樂公司提供）

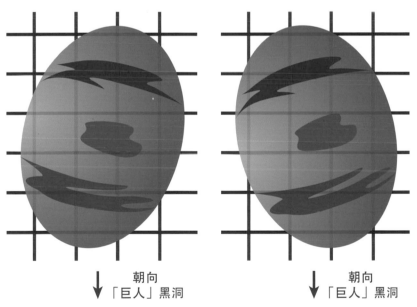

↓ 朝向
↓「巨人」黑洞

↓ 朝向
↓「巨人」黑洞

圖17.6
「米勒的星球」的搖擺現象，肇
因於「巨人」的潮汐重力：它的
「拉伸式」拉伸線（紅色）和「
擠壓式」拉伸線（藍色）。

帶動星球轉回它偏愛的方位，也就是兩端隆起部位分別最靠近和
最遠離「巨人」的方位（圖 17.3）。

　　同理，**紅色拉伸式**拉伸線則拉動星球的底部朝「巨人」隆起，
並推動它的頂部朝遠離「巨人」的方向凸出。這也會帶動星球轉
回它偏愛的方位。

　　如果擺盪的傾斜幅度較小，沒有達到粉碎行星地函的程度，

則星球最後就會表現一種簡單的往返搖擺動作。

接著，我計算這種搖擺的周期，亦即星球要花多久才會從左擺到右，然後又擺盪回去。

結果我算出一個令人開心的解答：約一個小時，正好和每一波巨浪相隔時間的觀測值相同——這是克里斯決定的時間值，而且他事前不知道我的科學詮釋。

依照我的科學詮釋，巨浪的第一種解釋是，米勒的星球受了「巨人」的潮汐重力影響開始搖擺，導致星球的海洋沖激（sloshing）而引發巨浪。

另一種雷同的沖激作用發生在地球上，我們稱為「湧潮」（tidal bore），出現在近乎平直的入海河川。當海洋潮汐漲起，就可能湧現一堵水牆，順著河道向上沖流；通常這只是一堵低矮的小水牆，但在非常偶然的情況下，也可能變得相當可觀。

請參見圖 17.7 上半部實例：中國杭州錢塘江潮，攝於二〇一〇年八月。儘管這已經非常壯觀了，但和米勒的星球上高達 1.2 公里的浪濤比起來，這股湧潮顯得非常渺小。但月球驅動這股湧潮的潮汐重力也很渺小——真的很小——完全無法和「巨人」的浩瀚潮汐重力相比！

我的第二項解釋是海嘯。

米勒的星球搖擺晃動時，「巨人」的潮汐力並不會粉碎它的地殼，卻仍會以不同方式讓地殼變形，每小時一次，而這些變形作用很容易就會掀起極猛烈的地震（這裡不是地球，也許應該稱為「米勒震」才對）。

這種「米勒震」會在星球的洋面掀起海嘯，而且規模浩大遠勝地球上任何海嘯，例如二〇一一年三月十一日席捲日本宮古市的大海嘯（圖 17.7 下半部）。

「米勒的星球」過往歷史

推想米勒的星球的過往和未來，是一件很有趣的事。你可以盡量回想自己學過的物理學，或從網路與其他來源尋找資料，並嘗試運用這些知識。（這可不容易！）以下列出一些你可以投入思考的題目。

米勒的星球有多老了？讓我們做個極端的假設，倘若它是在

圖17.7
上：錢塘江湧潮。
下：宮古市海嘯。

所屬星系還非常年輕時（約一百二十億年前），就在它現有的軌道上生成，而「巨人」是一直以來都以這麼快的速度在自旋，那麼這顆行星的年紀就大約為一百二十億歲除以六萬（這個星球上的時間減速倍率）：二十萬歲。

和地球上大多數的地質作用相較之下，這實在是年輕到不行。米勒的星球有沒有可能就是這麼年輕，卻擁有現在這個模樣？

這顆行星有沒有可能這麼迅速就發展出海洋和富含氧氣的大氣？

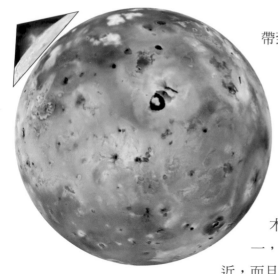

圖17.8
木衛一，「伽利略號」太空船拍攝。從照片中可見眾多火山和熔岩流。小圖：五十公里高的火山煙流。

如果不可能，那它是怎麼在其他地方生成，然後被帶到這條如此靠近「巨人」的軌道上？

米勒的星球能夠持續搖擺多久，直到內部的摩擦將所有搖擺能量全部轉換為熱？還有，它在過去有可能已經搖擺了多久？如果是遠比二十萬年還短，那麼，或許有其他原因讓它持續在搖擺。什麼情況有可能辦到這一點？

另外，當摩擦力將搖擺能量轉換為熱，星球的內部會變得多熱？熱得足以觸發火山和熔岩流嗎？木星的衛星「木衛一」就是一個很精彩的例子。木衛一，木星的四大衛星之一，其繞行軌道距離木星表面最近，而且它不擺動。

但木衛一的運行軌道呈橢圓形，和木星的距離時近時遠，因此會感受到木星的潮汐重力變強後減弱，然後又變強的作用，這和米勒的星球會感受到「巨人」潮汐重力振盪的情況相仿。它讓木衛一的溫度提高到足以生成龐大火山和熔岩流的程度（圖17.8）。

從「米勒的星球」
觀察到的「巨人」模樣

在《星際效應》片中，當「漫遊者號」載著庫柏和它的隊員接近米勒的星球時，我們看到「巨人」的身影就位於上方的天際，跨越十度角（從地球上看月球所見尺寸的二十倍！），周圍還環繞著燦爛的吸積盤；參見圖 17.9。

儘管這景象已經令人瞠目，其實「巨人」的角大小（angular size）已經大幅縮減了，遠比從米勒的星球這裡所見的真正尺寸還小。

如果米勒的星球距離「巨人」真的逼近到足以造成極端的時間減速現象——誠如我為我的詮釋所選定的比例——那麼它一定是如圖 17.1 中所描繪的那樣，深深位於「巨人」翹曲空間的圓柱區域。這麼一來，情況有可能就是這樣：當你從米勒的星球俯視圓柱，你會看到「巨人」；當你仰望圓柱，你會看到外部宇宙；因此，「巨人」應該占據了星球周圍大約半邊的天空（一百八十度），宇宙則占了另外半邊。這正是愛因斯坦的相對論定律預測的情況。

圖17.9
「巨人」黑洞與它的吸積盤，
被米勒的星球遮住一部份；前
景是下降中、打算著陸的「漫
遊者號」。（擷自《星際效應》畫
面，華納兄弟娛樂公司提供）

　　還有一件事似乎也很清楚：既然米勒的星球是位於一切可以穩定存在又不會墜入「巨人」的最貼近位置，吸積盤就應該整個落在米勒星球的運行軌道之外。

　　因此，當「永續號」的隊員接近這個星球，他們應該就會看到上頭有一個巨大的圓盤，底下則有一個巨大的黑洞陰影。這同樣是愛因斯坦的定律所預測的景象

　　若克里斯遵循愛因斯坦定律的這些規定，結果就會毀了他的電影。因為如果在劇情的早期階段就看到這麼驚人的景象，之後等電影進入高潮——當庫柏墜入「巨人」——視覺表現上就會顯得虎頭蛇尾。

　　於是克里斯刻意將這種景象保留到電影尾聲，還充分運用了藝術創作賦予他的特權，將「巨人」和它的吸積盤一起畫在米勒的星球附近，而且大小「只有」從地球上看月球所見尺寸的二十倍。

　　雖然身為科學家，矢志為科幻作品的科學準確性把關，但我還是一點也無法怪罪克里斯。換成是我，也會做出同樣的決定，而且你們都會感謝我的這個決定。

「巨人」的振動

庫柏和艾蜜莉亞・布蘭德登上米勒的星球時，羅米利待在「永續號」上觀察「巨人」。他希望能從精準的觀察成果，更深入了解重力異常的現象。

最重要的是（我個人如此推測），他希望「巨人」奇異點（第二十六章）的量子數據能夠透過事件視界流洩而出，帶來如何控制重力異常的資訊（第二十四章）──或是，用羅米利簡潔有力的語言來說：帶來「求解重力」的資訊。

艾蜜莉亞・布蘭德從米勒的星球回來時，羅米利告訴她：「我研究黑洞學到了各種事情，但我沒辦法寄訊息給妳爸。我們持續在接收，卻寄不出任何訊息。」

羅米利觀察到了什麼？

他沒有說得很明白，但我假設他的重點應該是著眼於「巨人」的振動。本章的電影情節相關推論，就決定用來討論這一點。

黑洞的振動

一九七一年，我的一個加州理工學院的學生比爾・普瑞斯（Bill Press）發現，黑洞會發出一種很特別的**共振頻率**，和小提琴琴弦的振動非常相像。

當我們以正確手法撥動小提琴琴弦，它就會發出一個非常純正的音調：單一頻率聲波。若以稍微不同的手法撥弦，琴弦就會發出那個純音，加上那個純音的較高和聲。

換句話說，（只要穩穩按住琴弦，而且手指按弦固定不動）琴弦振動就只會發出一組頻率離散的樂音，也就是那條弦的共振頻率。

用手指擦抹一支酒杯的杯緣，也會產生相同的現象，用鎚子敲鐘也是如此。還有，普瑞斯發現，如果有東西墜入黑洞、造成干擾，則黑洞也會振動。

一年後，我的另一位學生圖科斯基，運用愛因斯坦的相對論定律，完成了描述一組自旋黑洞的這類共振頻率的數學描述。（這就是在加州理工學院教書最美好的事；你可以教到天下的英才！）我們物理學家可以求解圖科斯基的方程式，算出黑洞的共振頻率。

但是從方程式求解（像「巨人」這樣的）極高速自旋黑洞的共振頻率非常困難。因為實在太難了，於是一直到四十年後，才終於成功求解。

這得歸功於一項共同研究，當中的要角同樣是兩位加州理工學院學生：楊歡（Huan Yang）和艾倫·齊默曼（Aaron Zimmerman）。

二〇一三年九月，《星際效應》道具師里奇·克雷默（Ritchie Kremer）要我提供羅米利可以拿給布蘭德看的觀測資料，而我當然轉向全球最頂尖的專家求助：楊歡和齊默曼。

他們做出了好幾頁表格，列出「巨人」的共振頻率，以及當我們向重力波輸入能量時會以怎樣的速率抑止振動——這些表格都是他們使用圖科斯基的方程式算出的結果。

接著，他們添上了虛構的觀測數值，讓它們和理論預測值並列，然後我還加上「巨人」的事件視界圖像（其實是「巨人」陰影的邊緣），取自「雙重否定」的《星際效應》視覺特效團隊製作的模擬圖像。這就是羅米利的觀測資料集。

克里斯多福·諾蘭拍攝羅米利和艾蜜莉亞討論觀測結果那一幕時，羅米利後來沒有真的拿起資料集給她看。

那個資料集就放在桌上，但他沒有拿起來。

無論如何，這份資料集正是我的《星際效應》科學推論的主要核心。

「巨人」的共振

圖 18.1 是資料集的第一頁。上面的每一行資料都指出「巨人」振動的一個共振頻率。

第一欄是一個三數值碼，代表「巨人」振動的形狀，圖像則是從羅米利拍攝的影片擷取的畫面——就我為《星際效應》所做的推想來說，它確認了振動的形狀確實和預測的形狀相符。

資料上的第二欄是振動頻率，第三欄是圖科斯基方程式預測這種振動會以怎樣的速率消失。[32] 第四和第五欄顯示羅米利的觀測結果和理論預測值之間的差異。

在我的推想中，羅米利發現了好幾項異常，他的觀測值和理論值之間出現嚴重偏差。他把結果列印下來，偏差部份用紅色表示。資料集的第一頁（圖 18.1）只有一處異常，但其實偏差情況很嚴重，高達其測量不確定度的三十九倍！

羅米利認為（同樣也是我的推想），這些異常說不定能幫忙「求解重力」（告訴我們如何駕馭異常）。他希望能將自己獲悉的事項傳回地球給布蘭德教授，但外傳通信鏈已經中斷，讓他非常氣餒。

甚至，他還希望能夠看到「巨人」的內部，取得深藏在黑洞奇異點裡的關鍵量子數據（第二十六章）。只可惜他辦不到。

而且，他不知道自己觀測到的異常是否也載錄了某些量子數據。說不定，由於黑洞自旋是這麼快速，導致部份量子數據透過視界洩漏出來並造成異常。布蘭德教授也許有辦法查明真相，只要羅米利能夠把資料傳給他的話。

稍後我還會用更多篇幅討論重力異常（第二十四至二十六章），以及取自「巨人」內部的量子數據，並說明這是駕馭異常的關鍵，但那是後面的事了。

眼前就讓我們繼續探勘「巨人」的鄰近區域。下一站是曼恩的星球。

---

32 表格上所列的共振頻率數值未採用我們熟見的單位。要轉換成我們熟悉的單位，首先必須將數值乘以光速立方，再除以 $2\pi GM$，其中 $\pi = 3.14159...$，G 為牛頓重力常數，M 則為「巨人」的質量。這個換算因子約為每小時一次振動，因此表中第一個預測頻率約為每小時 0.67 次振動。振動消失速率的換算因子也相同。

圖18.1
楊歡和齊默曼為羅米利準備的
資料集第一頁。（《星際效應》
道具，華納兄弟娛樂公司提供）

GARGANTUA

Quasinormal Mode Frequencies – Averaged Over All Data

DM Family

Mode	Theory		Observed/Theory - 1	
(l,m,n)	Re(ω) M	Im(ω) M	Re(ω) M	Im(ω) M
(2,1,0)	0.6664799	0.05541304	0.000054±23	0.00038±44
(2,1,1)	0.6665907	0.1662391	0.000008±8	0.00025±26
(2,1,2)	0.6667016	0.2770652	0.000040±17	0.00039±39
(2,1,3)	0.6668124	0.3878913	0.000016±24	0.00051±8
(2,1,4)	0.6669232	0.4987174	0.000003±25	0.00005±8
(2,0,0)	0.5235067	0.0809975	0.000057±10	0.00017±19
(2,0,1)	0.5236687	0.2429925	0.000029±9	0.00065±13
(2,0,2)	0.5238307	0.4049875	0.000005±31	0.00042±15
(2,0,3)	0.5239927	0.5669825	0.000023±12	0.00039±50
(2,0,4)	0.5241547	0.7289775	0.000041±61	0.00003±46
(3,2,0)	1.0749379	0.03192427	0.000014±91	0.00009±71
(3,2,1)	1.0750018	0.09577282	0.000019±32	0.00021±24
(3,2,2)	1.0750656	0.1596214	0.000004±25	0.00006±21
(3,2,3)	1.0751295	0.2234699	0.000024±14	0.0011±19
(3,2,4)	1.0751933	0.2873185	0.000032±38	0.00007±28
(3,1,0)	0.8623969	0.06574082	0.000004±74	0.00051±27
(3,1,1)	0.8625284	0.1972225	0.00039±1	0.00016±9
(3,1,2)	0.8626599	0.3287041	0.000019±35	0.00057±41
(3,1,3)	0.8627914	0.4601857	0.000030±35	0.00002±21

曼恩的星球

Ⓣ

庫柏和他的隊員發現，人類要上米勒的星球殖民是毫無指望的，於是他們前往曼恩的星球。

曼恩的軌道
與沒有太陽的星球

根據《星際效應》片中的兩個設定，我為曼恩的星球推導出一條合理可行的軌道。

首先是，道爾（Doyle）曾說，前往曼恩的星球要花好幾個月時間。這一點讓我推論出，「永續號」抵達曼恩的星球時，肯定已經遠離「巨人」的附近，離旅程起點很遠了。

其次是，「永續號」在繞行曼恩的星球時發生了爆炸意外，事件過後，隊員們幾乎馬上就發現「永續號」被引動、朝「巨人」的視界飛去。

從這一點我可以得知，他們離開曼恩的星球時，這顆行星肯定很接近「巨人」。

為了符合這兩個要件，曼恩的星球肯定是沿著一條拉得很長的軌道運行。還有，為了避免星球在靠近「巨人」時被這顆黑洞的吸積盤吞噬，它的軌道必須盡可能從遠離「巨人」吸積盤所在

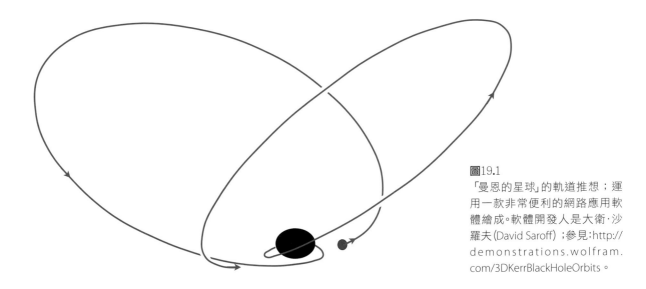

圖19.1
「曼恩的星球」的軌道推想；運用一款非常便利的網路應用軟體繪成。軟體開發人是大衛·沙羅夫(David Saroff)；參見:http://demonstrations.wolfram.com/3DKerrBlackHoleOrbits。

的赤道面上方或下方通過。

這麼一來，軌道就必然類似圖 19.1 呈現的模樣，只不過從「巨人」向外延伸的距離還要再大更多，達到「巨人」半徑的六百倍或更長。[33]

就像太陽系內的哈雷彗星軌道（圖 7.5），曼恩的星球也掃掠過「巨人」附近，然後向外飛往遙遠的距離之外，之後才又轉回來，再次從「巨人」附近掃掠過去，然後又向外飛去。

「巨人」附近的空間旋動，使這顆行星每次掠過，都會繞行「巨人」一、兩圈，這也導致它的軌道產生大角度的進動：先來一趟朝外的運行，接著再來一趟，如圖所示。

曼恩的星球朝內、向外運行時，都不可能有太陽相伴，因為一旦靠近黑洞，強大潮汐力就會把星球和它的太陽拆散，令它們分別沿著非常不同的軌道繼續運行。

因此，就像米勒的星球一樣，曼恩的星球也必然由「巨人」貧弱的吸積盤來提供熱能和光線。

---

33 電影中，當「永續號」環繞曼恩的星球運行時，我們看到「巨人」橫跨約0.9度的天空——將近兩倍於從地球看月球所見的尺寸。從這裡我算出「曼恩的星球」和黑洞之間的距離約「巨人」的六百倍半徑。在這樣的距離之下，這個星球朝內運行到「巨人」附近需時至少四十天——看來遠比隊員們在曼恩的星球表面和附近地帶的可能逗留時間還長，但是就他們向外航行到曼恩的星球那段行程看來，倒是顯得很合理；參見第七章。

航向曼恩的星球

「永續號」前往曼恩的星球的航程起點位於「巨人」附近，終點則距離「巨人」相當遙遠。這樣的航程——從科學家的角度詮釋這部電影——必須執行兩趟重力彈弓助推（第七章），一次在航程的起點，另一次在結束之際。

一開始時，他們面臨了雙重挑戰：在「巨人」附近的停駐軌道上，「永續號」是以三分之一光速在運行，寫做 $c/3$，而且航向是錯的。這是一條繞行「巨人」的圓周軌道，「永續號」必須偏轉進行徑向運動以遠離「巨人」。

另一個挑戰是，「永續號」的航行速度不足。

「巨人」的重力十分強大，若「永續號」偏轉登上一條徑向軌跡，航行速度卻仍只是起初的三分之一光速，那麼「巨人」就會在它前往曼恩途中、只穿行了一小段距離時，就將它整個拉住，無法繼續前進。

為了克服「巨人」的重力，並在抵達曼恩的星球時，達到與它等速（約 $c/20$）的要求，第一次彈弓助推必須為「永續號」加速到接近光速的一半。

想達到這個目標，庫柏必須找到一顆位置剛剛好，並且以適當速度運行的中等質量黑洞。要找到符合所需的中等質量黑洞並不容易，就算找到了，要在剛好的位置和恰當的時間抵達、進入它的軌道，大概也不容易辦到。

這趟費時數月的航程，大半時間大概都花在前往中等質量黑洞上，而且還可能得花相當時間等待中等質量黑洞抵達。完成了這次的彈弓助推後，還得再花四十天左右航行前往曼恩的星球（起初速度約為 $c/2$，再逐漸減速到約 $c/20$）。

第二次彈弓助推是在曼恩的星球附近執行。「永續號」繞過一顆合宜的中等質量黑洞以進行減速，再與曼恩的星球順利會合，不需要耗費太多火箭燃料。

抵達曼恩的星球：凍雲

在電影中，「永續號」停駐在環繞曼恩星球的軌道上，然後庫柏和他的隊員搭乘一艘「漫遊者號」降落到行星上。

圖19.2
「漫遊者號」在曼恩的星球上擦碰了一朵「凍雲」的邊緣。
（擷自《星際效應》畫面，華納兄弟娛樂公司提供）

　　這顆行星的表面是一片冰天雪地，這是預料中的事，因為（在我的詮釋裡）它的大半壽命都在遠離「巨人」吸積盤熱度的地方度過。

　　「漫遊者號」駛近行星的時候，我們看到它在彷若雲朵的東西之間穿行，接下來卻擦碰了其中一朵（圖19.2），於是我們發現，這些雲朵其實是某一種冰形成的。

　　在某一次和富蘭克林談過後，讓我心生靈感，設想這些雲朵大半都是結凍的二氧化碳，也就是「乾冰」，而且隨著行星踏上向內的航程、朝吸積盤前進時，乾冰會開始受熱變暖，如圖 19.1 所示。

　　乾冰受熱後開始昇華，也就是蒸發，因此看來像是雲朵的東西，卻有可能是乾冰和昇華蒸氣的混合體──或許大半都是蒸氣。

　　「漫遊者號」著陸的地方在較低海拔處，這裡的溫度稍高，而他們著陸的冰面則想必是完全凍結的水。

曼恩博士的地質學資料

電影中，曼恩博士在他的星球上持續搜尋有機物質，並聲稱自己找到了很有希望的證據──很有希望，卻仍非定論。他把資料拿給布蘭德和羅米利看。

　　這些資料包括田野筆記，內容包括每塊岩石樣本分別從哪裡採集、該地的地質環境如何，再加上樣本的化學分析。

　　那批化學分析就是曼恩博士的有機物證據。

　　圖 19.3 顯示資料的其中一頁。這批資料實際上是加州理工學

圖19.3

上：羅米利（大衛·歐耶洛沃〔David Oyelowo〕飾演）和布蘭德（安·海瑟薇飾演）與曼恩博士討論他的地質資料。

下：資料的其中一頁，是艾莉卡·斯旺森為電影預備的岩石化學分析結果。曼恩宣稱岩石都採自星球表面特定地點。當中有好幾塊岩石出現很有希望的有機物質證據，有可能是出自生物。

（擷自《星際效應》畫面，華納兄弟娛樂公司提供）

sample	cytochromes	Redox enzymes	PA hydrocarbons	formaldehyde
EBL-VR01	0.03	0.379	8.7	1.64
EBL-VR03	0.02	0.103	2.3	1.20
EBL-VR04	0.02	0.170	3.9	1.38
EBL-OS01	0.02	0.128	2.9	1.28
EBL-OS02	0.01	0.038	0.8	0.88
EBL-OS04	0.01	0.020	0.4	0.71
GBO-VR01	0.04	0.426	9.7	1.67
GBO-VR02	0.02	0.155	3.5	1.34
GBO-VR03	0.01	0.015	0.3	0.64
GBO-VR05	0.02	0.115	2.6	1.24
GBO-OS01	0.04	0.613	14.0	1.76
GBO-OS02	0.00	0.009	0.1	0.50
GBO-OS03	0.02	0.115	2.6	1.24
GBO-OS04	0.03	0.237	5.4	1.49
EFO-VR02	0.01	0.053	1.2	0.98
EFO-VR03	0.02	0.186	4.2	1.41
EFO-VR05	0.02	0.103	2.3	1.20
EFO-VR08	0.05	0.938	21.5	1.79
EFO-VR11	0.07	1.648	37.9	1.64
EFO-OS01	0.00	0.003	0.0	0.25
EFO-OS02	0.03	0.219	5.0	1.46
EFO-OS03	0.01	0.045	1.0	0.93
EFO-KS01	0.02	0.128	2.9	1.28

interesting

very promising!

院一個很有才氣的地質學博士生艾莉卡・斯旺森（Erika Swanson）
為電影準備的。艾莉卡做過田野研究和化學分析，和曼恩博士的
工作內容有點類似。

　　電影劇情後來揭露了曼恩博士的資料是他偽造的。這其實有
點諷刺，因為艾莉卡的資料當然也是她偽造出來的，畢竟她不可
能去過曼恩的星球實地考察。或許以後有一天可以……

　　本書中完全不談曼恩博士的悲慘遭遇，因為那是一場人禍，
跟科學沒什麼關係。慘禍的高潮是一場爆炸，對「永續號」造成
嚴重損壞。至於這場爆炸和造成什麼損壞，以及「永續號」的設計，
則是科學和工程學的問題，因此我們也就此來討論一下。

20

「永續號」

Ⓣ

圖20.1
「永續號」有兩艘「漫遊者號」和兩艘登陸艇，都靠接在中央控制艙。「漫遊者號」的朝向是突出「永續號」環面之外；登陸艇則與環面平行。（擷自《星際效應》畫面，華納兄弟娛樂公司提供）

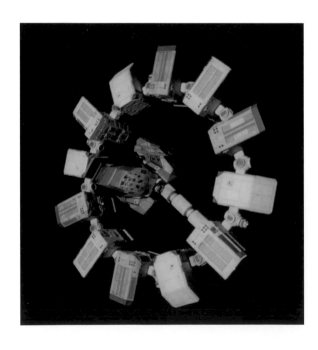

潮汐重力和「永續號」的設計

「永續號」有十二個組件彼此串聯構成一個環圈，還有一個控制艙位於環心（圖20.1）。兩艘登陸艇和「漫遊者號」靠接在「永續號」的中央控制艙。

在我為電影提出的科學家詮釋中，「永續號」的設計能夠承受強大的潮汐重力。這是讓「永續號」航行通過蟲洞的重要設計。

「永續號」的環圈直徑六十四公尺，將近蟲洞周長的百分之一。它使用的鋼材和其他固體原料，遇上大於百分之一的十分之幾左右的扭曲作用時，就會斷裂或流動，因此個中風險顯而易見。

因為不知道「永續號」到了蟲洞的「巨人」那一側後，會遇上什麼事，因此設計它能夠耐受遠比蟲洞更為強大的潮汐力。

纖細的纖維可以彎折構成複雜的形狀，當纖維材料遇上百分之一左右的扭曲作用時，也不會有任何部份因此彎折。關鍵在於纖維有多細。

你可以想像，「永續號」的強度完全仰賴為數龐大的纖維，借用纖維的伸展力來撐起環圈，就像用一股一股的纜繩撐起吊橋，必要時也能彎曲以應付強風吹襲。不過這樣一來，環圈就會變得**太過**柔韌。環圈必須具有強大的變形抵抗力，才不會在遇上潮汐力時嚴重變形，導致那些組件相互碰撞。

在我的詮釋中，「永續號」的設計師很努力讓「永續號」足以抗拒變形，但是在遇上強度超出預期的潮汐力時，也能夠變形以對卻不至於斷裂。

「曼恩的星球」上空軌道的爆炸事件

這種設計哲學後來完全得到回報。曼恩博士無意間觸發一場大爆炸，炸壞了「永續號」的環圈，將環圈的兩個組件完全摧毀，還有另兩個受損（圖 20.2）。

這場爆炸導致環圈以極高速自旋，使所有組件都承受了相當於七十倍地心引力的離心力。環圈受損的兩端脫勾開始擺盪，但沒有斷開，環圈組件也沒有相互衝撞。從科學家的角度來看，這是聰明工程師保守設計的一個上好範例！

圖20.2

左：「永續號」發生爆炸。圖示上部是登陸艇，下部是曼恩的星球。（那道放射狀光芒是耀光，因為光線漫射到相機鏡頭上而生成的，不是爆炸散出之物）

右：爆炸受損的「永續號」。（擷自《星際效應》畫面，華納兄弟娛樂公司提供）

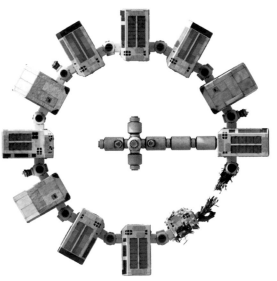

順帶一提，電影中那場爆炸場景讓我相當嘆服。

由於太空中沒有空氣來傳導聲波，因此發生爆炸也不會發出聲音。「永續號」發生爆炸時確實沒有聲音。

另外，由於引燃火燄的氧氣會很快就消散到太空中，因此這種爆炸的火燄，一定很快就會熄滅，而電影裡的火燄也確實很快就熄滅了。

富蘭克林告訴我，他的團隊非常努力才做到了這一點，因為那是在拍攝現場引爆的真實爆炸，不是電腦生成的視覺特效。

這又是克里斯多福·諾蘭盡力追求科學準確性的一個實例。

這場「巨人」黑洞鄰近區域之旅，已經帶領我們從行星的物理學（潮汐變形、海嘯、湧潮……），談到「巨人」的振動和有機生命跡象的搜尋作業，再到工程學課題（「永續號」的堅固設計，以及造成損壞的爆炸）。

即使我相當喜愛這些課題——而且當中有大多數，我都做過研究或寫過教科書——它們卻不是我最熱中的題材。

我最鍾情的是極限物理學：位於人類知識的最前緣，並稍微超前一點的物理學。那裡就是我接下來要帶大家前往的地方。

VI

極限物理學

第四和第五次元

以時間為第四次元

⊤

我們這處宇宙的空間有三個次元：上下、東西和南北。但我們安排和朋友聚餐時，除了要告知地點之外，還得約好時間。從這個角度來看，時間就是第四次元。

不過，時間和空間是不同類的次元。當我們要往東或向西走，全都不成問題；做下決定，然後就出發。但是當我們來到午餐約會，卻沒辦法從那個時地，馬上調頭在時光中逆向移行。不論我們如何努力嘗試，都只能順向前行。相對論定律如此對我們保證，而且強制執行。[34]

不過，時間仍然**是**一個第四次元；它是我們這處宇宙的**第四次元**。我們的生存舞台是四次元時空，含三個空間次元，加上一個時間次元。

當我們物理學家透過實驗和數學來探勘這個時空舞台，我們

---

[34] 但相對論定律也**確實**提出了一種可能性，或許我們可以採取一種迂迴的途徑來從事逆向時光旅行：在空間中向外前行，並在我們出發之前回來。我會在第三十章回頭討論這一點。

發現空間和時間能以好幾種方式統合為一。

從簡單的層面來說，當我們眺望空間，由於光線得花一段時間才能傳到我們這裡，因此我們也自動回溯時光看到了過去。我們看到一顆十億光年之外的類星體，那是它在十億年前的模樣，因為進入我們望遠鏡中的星光就是在那時啟程向我們傳來。

從遠遠更深刻的層面來說，倘若你相對於我以高速移動，則我們就哪些事件是同時發生的，也會產生不同的看法。你有可能認為，發生在太陽上和地球上的兩起爆炸是同時發生的，我則認為地球這場爆炸的發生時間，比太陽那次爆炸早了五分鐘。從這個角度來看，在你看來是純粹空間的情況（兩次爆炸的區隔），在我看來則是空間和時間的混合狀況。

這種空間和時間的混合狀況，似乎有悖常理，這卻正是我們這個宇宙的根本建構基礎。所幸，本書除了第三十章之外，我們大概都能略過這一點不提。

「體」真的存在嗎？

EG

本書從頭到尾，我都將我們的宇宙描繪成一種二次元的翹曲薄膜（簡稱「膜」），棲身在有三個空間次元的「體」裡面，如圖21.1所示情景。當然，我們的「膜」事實上是有三個空間次元，「體」則有四個，但因為我不是很擅長繪圖表現那種樣子，因此我的圖像一般都去掉了一個次元。

「體」是真的嗎？真有這種東西存在嗎？抑或它只是我們想像虛構出來的？一九八〇年代以前，大多數物理學家都認為它是虛構的，包括我也是。

它怎麼可能是虛構的？難道我們不是很清楚地知道，我們這個宇宙的空間是翹曲的嗎？發送到「維京號」太空船的無線電信號，不是已經很精確披露了空間翹曲現象嗎（第四章）？**沒錯⋯⋯**那麼，既然我們的空間確實是翹曲的，這難道不是表示：一定有某種較高次元

圖21.1
從「體」觀看一個小型黑洞螺旋墜入一個大型黑洞的景象。本圖移除了一個空間次元。
（唐·戴維斯根據我的草圖繪製）

圖21.2
左：格林（左）和施瓦茨在科羅拉多州亞斯本（Aspen）健行，攝於一九八四年，在他們開創了突破性發現的時期。
右：格林（左）和施瓦茨（右）獲頒二〇一四年「基礎物理學獎」獎金三百萬美元，酬謝他們的突破性發現。中間兩人是獎項創辦人尤里·米爾納（Yuri Milner）和臉書協同創辦人馬克·祖克柏（Mark Zuckerberg）。

的空間，可以讓它在裡面翹曲——在某種「體」裡面翹曲嗎？

　　不盡然。就算高等次元的「體」其實並不存在，我們的宇宙依然完全有可能是翹曲的。我們物理學家不必借助「體」，就能描述我們這處宇宙的翹曲現象，運用數學就能辦到。我們不必借助「體」，也能描繪支配翹曲作用的原理。我們不必借助「體」，也能擬出愛因斯坦的相對論定律。事實上，我們從事研究時，幾乎都是這樣做的。就我們來講，在一九八〇年代之前，「體」不過就是種視覺輔助。當時「體」是用來激發我們以直覺設想，我們的數學裡面發生了哪些情況，也用來幫助我們彼此溝通，並與非物理學家溝通。那是種視覺輔助，不是真實的東西。

　　「體」是真的，這句話代表什麼意義？我們該怎樣測試「體」是不是真的？倘若「體」能影響我們測定的事，那它就是真的。而且直到一九八〇年代之前，我們還看不出「體」能以什麼辦法來影響我們的測量結果。

　　然後在一九八四年，情況改觀了，而且是徹底改觀。倫敦大學的麥可·格林（Michael Green）和加州理工學院的約翰·施瓦茨（John Schwarz）在致力於發掘量子重力定律之時，開創了一項重大突破。[35]奇怪的是，他們的突破只有在一個條件下才能產生作用：我們的宇宙必須是鑲嵌在「體」裡面的一張「膜」，而且這個「體」還必須具有一個時間次元與九個空間次元——那是一個比我們的「膜」多出六個空間次元的「體」。根據格林和施瓦茨投入鑽研

35 第三章裡曾簡短敘述了這場探索歷程。

的數學形式——名為「超弦理論」（superstring theory）——「體」的額外次元能夠循各種方式，來對我們的「膜」產生重大影響，而且，等我們擁有充分先進的技術，那些方式也都能以物理學實驗來測定。這些方式還有可能讓我們得以融通調和量子物理定律和愛因斯坦的相對論定律。

從格林—施瓦茨的突破性發現之後，我們物理學家就非常認真看待超弦理論，也已經投入大量心力去探索與擴充它。因此，關於「體」確實存在，而且確實能夠影響我們這個宇宙的理念，現在我們已經非常認真看待它們。

第五次元

EG

儘管超弦理論說明了「體」比我們的宇宙多了六個次元，但我們仍有理由猜想：實際上，額外次元數應該只有一個。（我會在第二十三章就此說明）。基於這個原因，同時也因為六個額外次元對科幻電影來說稍嫌超過了一些，因此《星際效應》的「體」，只多出一個次元，總計五個次元。「體」和我們的「膜」共有三個空間次元：東西、南北和上下。它也和我們的「膜」共有一個第四時間次元。然後，「體」還有一個第五空間次元：**出返**（out-back）。它和我們的「膜」垂直，同時向上、下延伸，如圖 21.3 所示。

「出返」次元在《星際效應》片中扮演一個重要角色，但教授和其他人沒有使用「出返」這個名稱，只稱它是「第五次元」。「出返」是接下來兩章的核心課題，也是第二十五、第二十九和第三十章的重心所在。

圖21.3
將我們的宇宙視為一片具有四個時空次元的「膜」，棲身於一個五次元的「體」裡面。本圖中，我藏起了兩個次元：時間，以及我們這個宇宙的上下次元。

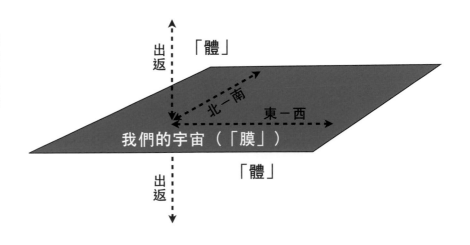

「體」生物

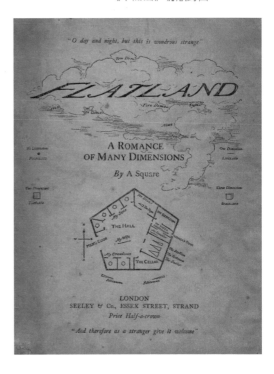

圖22.1
《平面國》初版封面。

二次元「膜」和三次元「體」

⊤

一八四四年，愛德溫·艾勃特（Edwin Abbott）
寫了一本中篇諷刺小說，書名是《平面
國：向上，而非向北！》（*Flatland：A Romance of
Many Dimensions*）（圖22.1）。[36]儘管小說對維多
利亞時代文化的嘲諷，如今看來已經不合時宜，
內容對女性的態度也很叵議，不過這部中篇小說
的場景，卻和《星際效應》有非常密切的關係。
在此我推薦各位一讀。

小說描述一個正方形生物的冒險經歷。他住在
一個名叫「平面國」的二次元宇宙裡，探訪了一個
名叫「線國」的一次元宇宙，一個名叫「點國」的
零次元宇宙，還有一個最讓他吃驚的三次元宇宙，

---

36 普見於網路，例如參見維基百科中文條目「平面國」或英文條目 "Flatland" 的最
末段。

名為「立體國」。當他住在「平面國」時，一個來自「立體國」的球體生物前來找他。

我和克里斯多福・諾蘭頭一次碰面時，很開心地發現對方也讀過艾勃特的這部中篇小說，而且我們都很喜歡它。

根據艾勃特這部小說的精神，想像一下你也是個二次元生物，就像小說中那個主人公「正方形」一樣，住在一個類似「平面國」的二次元宇宙裡。你的宇宙可以是個桌面，或一張平坦的紙張，或一張橡皮薄膜。秉持著現代物理學的精神，這裡我要把它當成**一張二次元的「膜」**。

由於你受過良好教育，因此你假定世界上有一個三次元「體」，而你的「膜」就嵌植在那裡面，但你也不是很肯定。想像有那麼一天，當你發現一個球體從三次元的「體」來訪，你心裡會有多興奮。你大概會稱它為「『體』生物」。

起初你沒有意識到它是個「體」生物，但經過大量觀察與思考，你也想不出還有其他的解釋。你觀察到的現象是這樣的：一

圖22.2
三次元球體通過二次元「膜」。

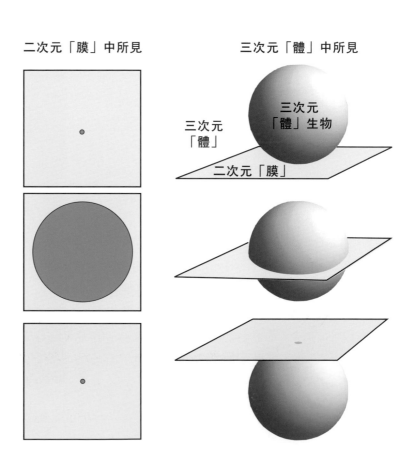

個藍點毫無預警、無中生有地突然出現在你的「膜」之中（圖22.2左上圖）。它擴大成為一個藍圈，並增長到最大直徑（左中圖），接著就逐漸縮小為一個點（左下圖），最後完全消失。

你相信物質守恆不滅，也就是說，永遠沒有任何東西能憑空生成，但這個物體就是這樣。

你只能想出一種解釋，如圖22.2右半部所示：一個三次元「體」生物，一個球體，通過了你的「膜」。

它通過時，你在你的「膜」裡面看到它不斷變化的截面。這個截面一開始時是球體南極上的一個點（右上圖），接著它擴大到最大圓圈，亦即球體的赤道面（右中圖），然後又縮小到一個點，亦即球體的北極，最後就消失了（右下圖）。

想像一下，當一個住在三次元「體」裡面的三次元人類穿過你的二次元「膜」，會發生什麼情況。你會看到什麼景象？

來自第五次元的「體」生物，通過我們的三次元「膜」
⊤

假設我們的宇宙——有三個空間次元和一個時間次元——確實棲身在一處（具有四個空間次元和一個時間次元的）五次元「體」裡面。再假設，這個「體」裡面真的住了一種「超球生物」（hyperspherical beings）。這種生物應該有一個中心和一層表面，其表面應該全都由四個空間次元內的點所組成，各點都和中心相隔固定距離，例如三十公分。這個「體」生物的表面應該有三個次元，內部則有四個。

假設這個超球「體」生物循著「體」的朝外或後退方向行進時，通過了我們的「膜」。我們會看到什麼景象？答案正是最顯而易見的推測：我們會看到這個超球的不同圓形截面（圖22.3）。

首先，會憑空出現一個點（1）。這個點會擴大成一個三次元球體（2）。球體會擴大到一個最大直徑（3），接著收縮（4），縮小到成為一個點（5），然後消失。

假設有一個住在「體」裡面的四次元人類通過我

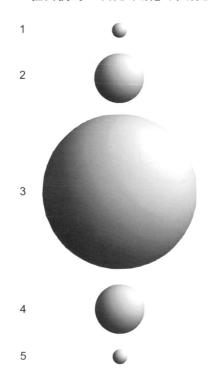

圖22.3
我們在「膜」內所見景象：超球「體」生物通過我們的「膜」。

在我們的三次元「膜」內所見

1

2

3

4

5

們的「膜」，你能不能猜猜我們會看到什麼景象？

　　各位做這個推測時必須想像，一個四次元人類（長了兩條腿、一個軀幹、兩隻手臂和一個頭）在具有四個空間次元的「體」裡面應當是什麼模樣，以及它的截面應當是什麼模樣。

「體」生物的本質與其重力
ⒺⒼ 和 △

假使**真的**有「體」生物，那它是由什麼組成的？肯定不是像我們這種以原子建構而成的物質。原子有三個空間次元。它只能存在於三個空間次元，四個次元是不行的。這種情況也適用於次原子粒子，電場和磁場（第二章）也是如此。此外，將原子核束縛在一起的力也同樣如此。

　　世界上最高明的物理學家，紛紛辛勤投入鑽研，希望能夠闡明：假如我們的宇宙果真是一張位居高等次元「體」裡面的「膜」，則物質、場和力是如何作用的。他們精研苦思的成果，相當明確地指向一個結論，那就是：人類所知的所有粒子，以及所有的力、所有的場，全都受限於我們的「膜」之中，唯一例外就是重力，而時空的翹曲和重力有連帶關係。

　　說不定，另外還有具有四個空間次元的其他種類物質、場和力，而且它們都棲身在「體」裡面。但如果確有其事，則我們對於它們的本質就太蒙昧無知了。我們可以對它們進行推測——物理學家也確實這麼做了，但我們沒有觀測或實驗證據，來引導我們的想像臆測。《星際效應》片中布蘭德教授的黑板上，我們看到他如何推測（第二十五章）。

　　這裡提一個有部份根據的合理推論：倘若「體」的力、場和粒子確實存在，我們仍然永遠無法察覺或看到它們。當一個「體」生物穿過我們的「膜」，我們不會看到該生物的組成物質。這個生物的截面會是透明的。

　　但是相反地，我們會感受到、看到這個生物的重力，以及它引起的空間和時間的翹曲作用。例如，倘若有個超球「體」生物出現在我的胃裡，而且它具有十分強大的重力引力，我的胃可能就會開始痙攣，而我的肌肉會開始繃緊抗拒，努力不要被吸進這個生物的圓形截面中心裡。

倘若這個「體」生物的截面在一個棋盤形顏料色板前方出現、然後消失，它的空間翹曲可能會對色板造成透鏡效應，扭曲了我看到的影像，如圖 22.4 上半部所示。

接著，倘若這個「體」生物還有自旋現象，它還有可能拖動空間展開一種我感受得到、看得到的旋轉運動，如圖 22.4 底部所示。

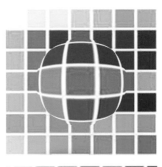

圖22.4
「體」生物穿越我們的「膜」，我們眼中的顏料色板因此產生變形和旋動。

《星際效應》的「體」生物

《星際效應》片中所有角色都深信「體」生物確實存在，但他們很少使用這種稱法。

片中的角色一般都用「祂們」來稱呼「體」生物——語氣中帶著一種崇敬。

電影較前段的地方，艾蜜莉亞告訴庫柏：「不管祂們是誰，看來祂們很用心在幫我們尋找出路。有了那個蟲洞，我們就可以航行到其他恆星。在我們需要的時候，它就正好出現了。」

克里斯多福·諾蘭在這裡提出一個很聰明又耐人尋味的構想。他想像，「祂們」其實是我們的子孫：遙遠未來的人類，在演化中取得了額外的空間次元，並且住在「體」裡面。

當電影來到後段時，庫柏對塔斯說：「你還想不通啊，塔斯？祂們不是其他生物。祂們就是我們，想要幫我們一把，就像我努力要幫助墨菲一樣。」

塔斯回答：「人類造不出這種超立方體」（指庫柏那時搭乘的構造；第二十九章）。

「是還沒有，」庫柏說明。「但是總有一天可以。不是你或我，而是人類，演化超越我們這種四次元的人類。」

庫柏、布蘭德和「永續號」隊員，始終都沒有真正感受到或看到我們的「體」子孫的重力，或他們的空間翹曲和旋動。

這個情節若要發生，就留待《星際效應》續集來鋪陳。但是庫柏本人——年紀較大的庫柏——搭乘了第三十章談及的那個逐漸關閉的超立方體，在「體」中穿行，設法透過「體」，藉由重力來和「永續號」隊員，以及比較年輕的自己進行溝通。

布蘭德察覺到、也看到他的形影，以為他就是「祂們」。

23

約束重力

五次元內的重力的難題

EG

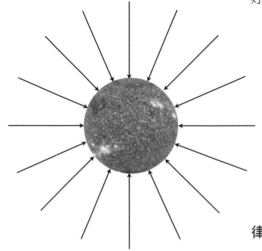

圖23.1
太陽周圍的重力線。

倘若「體」**確實**存在,那麼它的空間**必定**是翹曲的。如果它不是翹曲的,那麼重力就會服從立方反比定律,而非平方反比定律,結果太陽就掌握不住它的行星群,太陽系就會分崩離析。

好,這裡我稍微放慢,更深入解釋這一點。

請回想一下,前面(第二章)我們談到,太陽的重力線就像地球和其他任何球體的重力線一樣,也都呈放射狀指朝太陽中心,同時還拉著物體沿著本身走向朝太陽引動(圖 23.1)。

太陽重力的引力強度跟力線的密度(通過一特定面積範圍的力線數量)成正比。既然力線通過的截面範圍(球面)具有兩個次元,重力線的密度也就隨著半徑 r 變長而降低,變成 $1/r^2$,而且重力的強度也有這種現象。這就是牛頓的**重力平方反比定律**。

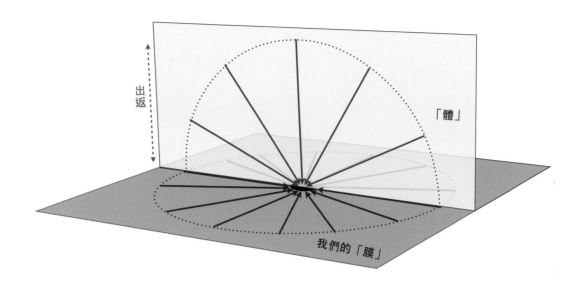

弦論主張「體」裡面的重力也能以力線來描述。倘若「體」裡面的空間不是翹曲的，則太陽的重力線就會呈放射狀伸突進入「體」裡面（圖 23.2）。由於「體」具有額外的次元（在《星際效應》片中只多了一個），因此重力能夠伸展的橫向次元就不只兩個，而是有三個。所以，**假使真的有「體」，而且它不是翹曲的，那麼當我們移動遠離太陽時，力線的密度也應該會降低為 $1/r^3$（而非 $1/r^2$），重力的強度也會連帶地依此比例減弱。**於是太陽對地球的引力會變成原本的兩百分之一，對土星的引力則變成兩千分之一。當重力這麼快速地減弱，太陽也就掌握不住它所屬的行星群；它們會四散紛飛，進入星際空間。

但是它們沒有飛走，而且我們對其運動所進行的測定也明確披露了：太陽的重力減弱現象和距離的平方成反比。這時不免就要歸結出一個結論：假使真的有「體」，它肯定是以某種方式翹曲的，使重力不會傳布到第五次元，也就是「出返」次元。

「出返」是蜷曲的嗎？
ⓔⓖ

倘若「體」的「出返」次元是**蜷曲**成緊密的捲筒，那麼重力就無法深入伸展到「體」裡面，而平方反比定律也能恢復效用。

圖23.2
倘若「體」不是翹曲的，則重力線會呈放射狀延伸進入「體」裡面。（仿照麗莎·蘭道爾〔Lisa Randall〕著作《彎曲的旅行》〔*Warped Passages*〕中的一幅圖繪成〔Randall 2006〕）

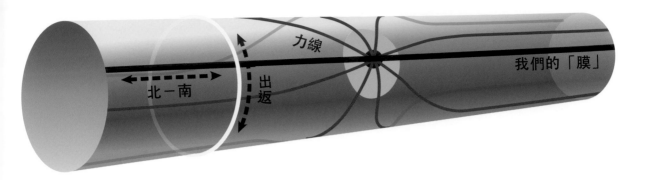

力線

我們的「膜」

北—南

出返

圖23.3
若「出返」次元（黃色）是蜷曲的，則一顆粒子的重力線（紅色）在藍圈之外就與我們的「膜」平行。

圖 23.3 描繪一顆纖小的粒子（棲身藍色圓盤的中央）所具重力的這種現象。這張圖已經隱匿起兩個空間次元，因此我們只看到我們的「膜」的一個次元（這裡稱之為南北），以及「體」的「出返」次元。力線從藍色圓盤內那顆粒子附近伸出，延伸到「出返」次元與南北次元，於是（在缺失的次元歸位之後）重力強度服從一種立方反比定律。但是，在藍盤之外，蜷曲現象讓力線處於和我們的「膜」平行的方位。力線不再向「出返」伸展，牛頓的平方反比定律也恢復效用。

辛勤鑽研量子重力的物理學家認為，在所有的額外次元當中——可能除了一、兩個之外——其他的全都陷入這種命運：它們都在顯微尺度上蜷曲起來，使重力不至於傳布得太快。

在《星際效應》片中，克里斯多福‧諾蘭略過了這些蜷曲的次元，專注描寫單一個沒有蜷曲的「體」次元。這就成為他的「出返」：第五次元。

「出返」為什麼不蜷曲起來？對克里斯而言，答案很簡單：蜷曲的「體」的容積小之又小——完全不夠當成有趣科幻作品的揮灑舞台。

片中的庫柏是搭乘超立方體進入「體」裡面。要做到這一點，就必須提供超立方體充分的容積，而它遠超出蜷曲次元所能提供的空間。

「出返」：反德西特翹曲
(EG)

一九九九年，普林斯頓大學暨麻州理工學院的蘭道爾，以及波士

圖23.4
麗莎・蘭道爾（1962－，右）和
拉曼・桑卓姆（1964－，左）。

頓大學的拉曼・桑卓姆（Raman Sundrum）（圖 23.4）想出了另一種阻止重力線傳布進入「體」裡面的方法：讓「體」經歷所謂的「反德西特翹曲作用」（Anti-deSitter warping, AdS warping）。

這種翹曲作用有可能是所謂「『體』場量子漲落」造成的，但這和我要說的事無關，這裡只需要說明，以這種機制來生成翹曲是非常自然的，這樣就夠了，其他我就不多做解釋了。[37]

相對地，反德西特翹曲作用本身**看起來**一點都不自然，甚至可說古怪到了極點。

假設你是個微生物，住在顯微尺度的超立方體的一個面上（第二十九章）。你搭乘你的超立方體從我們的「膜」向外移行：垂直向外（如圖 23.5 所示筆直向上）。再假設你有個微生物同伴，

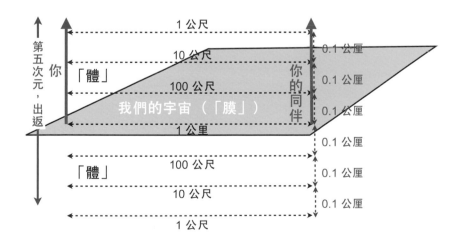

圖23.5
「體」的反德西特翹曲作用。

---

37 我會在第二十六章討論量子漲落，「體」場則安排在第二十五章。

也從我們的「膜」垂直向外行進。你和你的同伴從我們的「膜」出發時，兩人相隔一公里。儘管你們的前行方位都和我們的「膜」垂直，正向朝外行進，你們之間相隔的距離卻因為反德西特翹曲而大幅驟減。行進了十分之一公厘（相當於人類毛髮的粗細）時，你們的相隔距離也已經縮到剩十分之一：從一公里縮短到一百公尺。下一段的 0.1 公厘行程，會讓你們的相隔距離又一次縮到剩下十分之一，變成十公尺；再接下來的 0.1 公厘，則將你們的距離縮短到一公尺，以此類推。

我們很難想像，這種與我們的「膜」平行的距離是如何縮短的。我想不出什麼好法子來描繪它，只好將就畫成圖 23.5 的樣子，但成果也很出色。

它很有機會可以解釋一個謎團——名為物理定律的「級列問題」（hierarchy problem），只是這已經超出本書的討論範疇。[38]

而因為這種收縮現象，我們的「膜」的上、下只有小之又小的容積可供重力線傳布（圖 23.6）。力線在貼近我們的「膜」0.1公厘範圍內時，可以無恙傳布到三個橫向次元裡，因此重力服從一種立方反比定律；但是當力線一超過 0.1 公厘的範圍，就會彎折、與我們的「膜」平行，而且只傳布到兩個橫向次元裡，這時重力是服從我們一直遵循的平方反比定律。[39]

圖23.6
若「體」經歷了反德西特翹曲，則重力線會彎折並與我們的「膜」平行，這是由於一旦遠離「膜」，就幾乎沒有容積可供重力線傳布。（仿照麗莎·蘭道爾的著作《彎曲的旅行》中一幅圖繪成〔Randall 2006〕）

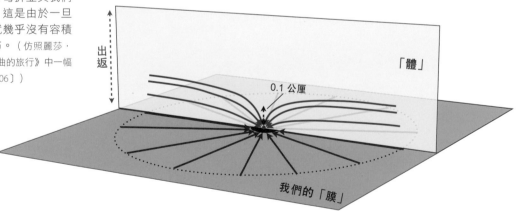

38 詳見蘭道爾著《彎曲的旅行》（Harper Collins, 2006）。

39 為什麼是這個神奇的距離，為什麼平方反比定律的起點是0.1公厘，卻不是1公里或1微微米（picometer, pm）？這個0.1公厘是我相當隨意選定的。實驗證明，重力服從平方反比定律的適用尺度小到約0.1公厘，因此它就是這個「神奇距離」的上限。它當然還可以更小。

反德西特夾心結構：「體」裡面的充裕空間

只可惜，當你向外移動時，這個和我們的「膜」平行分布的距離也會急遽縮短，於是位於我們的「膜」上方、下方的「體」容積就變得太小，容不下庫柏和他的超立方體，也小得無法讓任何人在「體」裡面從事其他的活動。

早在二〇〇六年，當《星際效應》還在早期孕育階段時，我就意識到這個問題。當時我很快就想出一個解決之道，納入我為電影提出的科學詮釋，那就是：將反德西特翹曲侷限於我們的「膜」周邊的一道薄層，形成一個「夾心結構」。做法是將另兩張「膜」（約束「膜」）和我們的「膜」（圖 23.7）並置。「體」在這些「膜」夾成的三明治內經歷反德西特翹曲作用，而在夾心結構之外的「體」則完全不翹曲。因此，在夾心結構之外的容積，完全可以因應任何科幻作家所需，供他們從事種種以「體」為舞台的冒險。

這種夾心結構必須有多厚？要厚得足夠彎曲（從我們的「膜」發出的）重力線，使之與我們的「膜」平行，並將力線約束在那裡，於是我們在我們的「膜」內，才會看到重力服從平方反比定律。

不過，厚度也不能太大，因為增加厚度代表橫向總收縮程度較高，結果就有可能帶來麻煩，殃及以「體」為舞台的冒險。（設想我們的整個宇宙——從「反德西特層」的外部觀之——收縮成一個針頭般的大小！）後來我算出這個厚度大約是三公分，這麼一來，當你從我們的「膜」旅行至一處約束「膜」時，那個和我們的「膜」平行的距離，便收縮到十的十五次方分之一：千兆分

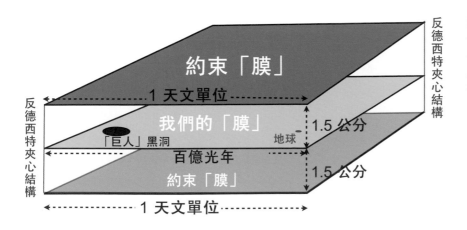

圖23.7
介於兩張約束「膜」之間的反德西特夾心結構。夾在兩「膜」之間的「反德西特層」呈極淺的灰色。

之一。

依我的《星際效應》詮釋，「巨人」的位置在可觀測宇宙的偏遠地帶：和地球約相隔百億光年。庫柏在超立方體中穿過反德西特層升起，從「巨人」核心進入「體」裡面。在那裡面和地球的相隔距離等於百億光年除以千兆，約相當於太陽和地球的距離，一個「天文單位」（1 AU；圖 23.7）。接著庫柏在「體」中穿行，沿著和我們的「膜」平行的路徑，移行穿越那一天文單位距離，來到地球並探訪墨菲；參見圖 29.4。

危險：夾心結構並不穩固

Ⓢ

二〇〇六年，我運用愛因斯坦的相對論定律，就反德西特層與它的約束「膜」寫成一個數學描述。由於之前我從來不曾使用相對論來處理五次元問題，於是我請麗莎·蘭道爾就我的分析提出指教。麗莎很快瀏覽一遍，然後告訴我一個好消息和一個壞消息。

好消息是，我的「反德西特夾心結構」概念，早在六年之前就已經有人提出：英國杜倫大學（University of Durham）的露絲·格雷戈里（Ruth Gregory），以及俄羅斯莫斯科核研究院（Institute for Nuclear Research in Moscow）的瓦列里·魯巴科夫（Valery Rubakov）與謝爾蓋·西比里亞科夫（Sergei Sibiryakov）。這表示，我頭一次用數學手法向「體」出擊的結果不是一件蠢事。我重新發現了某件值得發現的事。

壞消息是，普林斯頓的愛德華·威登（Edward Witten）和其他人已經證實：「反德西特夾心結構」並不穩固！約束「膜」承受著壓力，就像你用拇指和另一根手指擠壓撲克牌兩端（圖 23.8）。撲克牌會彎曲，再繼續施力擠壓，它就會鼓起來。同理，約束「膜」也會彎曲碰撞我們的「膜」（我們的宇宙），把它摧毀。把整個宇宙都毀了！有史以來最壞的消息！！

不過，假如我們的宇宙果真棲身在一個「反德西特夾心結構」裡面（這一點我非常懷疑），我倒是可以想出好幾種方法來拯救它——用物理學家的行話來說應該是：來「穩固約束『膜』」。

在我為《星際效應》提出的科學詮釋中，布蘭德教授就像我一樣，也在處理愛因斯坦的相對論方程式時，重新發現了「反德

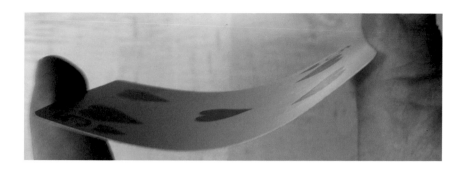

圖23.8
撲克牌兩端受到擠壓、彎曲，然
後鼓起來。

西特夾心結構」；參見圖 3.6 的黑板照。接下來，如何使約束「膜」
穩固下來的問題，就和教授想要理解、控制重力異常的努力糾結
在一起。片中布蘭德教授的努力成果是以數學式鋪陳，寫在他辦
公室內的十六面黑板上；第二十五章。

移行穿越「反德西特層」

空間的反德西特翹曲現象，會在「反德西特層」裡面生成（就人
類的標準來說）很龐大的潮汐力。凡是移行穿越這個層、抵達我
們的「膜」的「體」生物，全都必須應付這種力。由於我們對構
成「體」生物的物質——具有四個空間次元的物質——毫無所悉，
因此也無從得知這是不是個麻煩。在科幻作品中，這問題可以留
給作者來決定。

　　但是對搭乘超立方體的庫柏來說就不行了（第二十九章）。
在我對電影的詮釋中，他必須穿越「反德西特層」。超立方體不
是得保護他免受該層內的龐大潮汐力，就是得幫他清除「反德西
特層」，讓他一路暢行。否則，他就會被拉成麵條。

　　「反德西特層」能藉由約束重力來調節其強度。我們在《星
際效應》片中看到的重力漲落起伏，或許就是肇因於「反德西特
層」內的漲落現象。這種漲落——重力異常——在《星際效應》
片中扮演極重要的角色。現在我們就將討論轉到這個課題上。

重力異常

重力異常，指稱與我們對宇宙的認識，或與我們對支配宇宙的物理定律之認識不相符的重力相關現象，例如《星際效應》片中好幾本書跌落地面，墨菲認為那是鬧鬼。

從一八五〇年開始，物理學家投入大量心力在搜尋重力異常，並設法解讀少數已找到的事例。

為什麼？

因為任何真正的異常，都很可能促成科學的變革：讓我們對於何謂真理Ⓣ的想法產生重大改變。事實上，從一八五〇年起，這已經發生了三次。

《星際效應》片中，布蘭德教授那麼努力鑽研重力異常，有相當大程度就是秉持這種既往的變革精神。因此，我在這裡簡短敘述一下這幾次過往經歷。

水星軌道的異常進動

Ⓣ

牛頓的重力平方反比定律（第二章和第二十三章）規定：行星的繞日軌道必須是橢圓形的，各行星都會感受到其他各行星發出的微弱重力拖曳。這種拖曳力量會使它的橢圓軌道逐漸改變定向，

也就是逐漸進動。

一八五九年，法國巴黎天文台天文學家奧本·勒維耶（Urbain Le Verrier）宣布，他發現了水星軌道的一種異常現象。

他在計算水星軌道受其他所有行星影響累積的總進動時，得出了錯誤的答案。這個測定進動大於行星群能產生的影響，每次水星繞行軌道一圈都約相差了 0.1 角秒（圖 24.1）。

這個 0.1 角秒是個很微小的角度，只相當於千萬分之一圈，但牛頓的平方反比定律堅決主張任何異常都不得出現。

勒維耶本人確信，這種異常的起因是某顆未發現行星的重力拖曳所致，而且那顆行星比水星更靠近太陽。他稱之為「火神星」（Vulcan）。

天文學家投入搜尋卻徒勞無功。他們找不到火神星，也找不出其他任何理由來解釋這種異常。

到了一八九〇年，結論似乎很明朗了：牛頓的平方反比定律肯定有非常細微的錯誤。

是怎麼個錯法？

事實證明，這種錯法得靠一種革新創見才能確認──愛因斯坦在二十五年後所發現的創見。時間和空間的翹曲現象，賦予太陽一種服從牛頓平方反比定律的重力，卻只是近乎服從，而不是完全服從。

當愛因斯坦意識到，原來他的相對論新定律能夠解釋那個測得的異常時，他興奮到可以感覺到心臟悸動不已，體內好像有什麼東西「啪」地斷裂了。「我興奮了連續好幾天，欣喜若狂。」

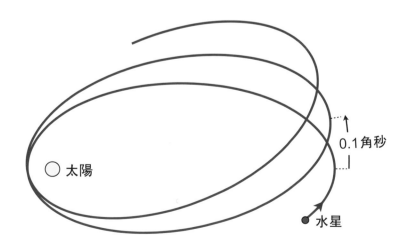

圖24.1
水星軌道的異常進動。本圖的軌道橢圓程度（軌道的拉長程度）和進動幅度都經過誇大呈現。

　　如今，測定進動和愛因斯坦定律的預測值十分相符，誤差不到千分之一（異常進動的千分之一），這就等於觀測準確度了——愛因斯坦的偉大勝利！

彼此環繞的星系
出現異常軌跡

　　一九三三年，加州理工學院天文物理學家弗里茨・茲威基（Fritz Zwicky）宣布，他發現了一些星系彼此環繞的軌跡表現出嚴重異常。那些星系分布於后髮座星系團（Coma cluster，圖 24.2），共約含一千個星系，距離地球三億光年，見於后髮座內。

　　根據星系光譜線的都卜勒頻移現象，茲威基可以估計它們的相對移動速度。他還可以從每個星系的亮度估計各星系的質量，從而估計其重力對其他星系產生的引力。

　　這些星系的運動十分快速，重力不可能將星系團束縛在一起。根據我們對宇宙與重力的最深入理解，星系團應該會四散紛飛，很快就完全崩毀。

圖24.2
透過一台大型望遠鏡看到的后髮座星系團。

　　真是這樣的話，這個星系團一定是這些星系的隨機運動偶然組成的，而且和其他天文現象相較之下，可以說是剎那間就灰飛煙滅了。

　　茲威基覺得這項結論令人完全不敢置信。我們的傳統觀點肯定有哪裡出錯。於是茲威基提出一項有根據的推測：后髮座星系團肯定滿布著某種「暗物質」（dark matter），而且它的重力強大得足以把星系團束縛在一起。

　　歷史上，經常可見天文學家和物理學家誤以為自己發現了所謂異常現象，只是當中有許多都在觀測方法改良後就瓦解冰消。

　　但這一個沒有。事實上，它反而擴散開來了。

　　到了一九七〇年代，情況已經明朗：所謂的暗物質幾乎瀰漫在所有的星系團中，甚至連個別星系都有。

　　二〇〇〇年代，情況很清楚了：暗物質會對發自遠方星系的光線形成重力透鏡效應（圖 24.3），正如「巨人」對發自恆星的光線形成重力透鏡效應一樣（第八章）。

　　今天，我們就是透過透鏡效應來描繪宇宙的暗物質分布興圖。

　　物理學家現在已經相當肯定，暗物質是真正革命性的發現。它是由一類前所未見的基本粒子所組成，而且是依循我們對量子

圖24.3
阿貝爾2218（Abell 2218）星系團的暗物質對更遠方的星系群形成重力透鏡效應。在透鏡效應影響下，星系的影像呈弧形（例如我用紫色圈起來的部份），和「巨人」的重力透鏡效應形成之弧形構造雷同（第八章）。

物理定律現有的最佳認識進行預測所得出的類別。

　　物理學家已經展開一項尋找聖杯的任務。他們踏上這段求知的聖旅，希冀偵測出這類幾乎神不知鬼不覺射穿地球的暗物質粒子，並測知這些粒子性質。

宇宙膨脹的異常加速度

Ⓣ

一九九八年，兩支研究小組獨力各自發現，我們這處宇宙的膨脹現象有一種驚人的異常情況。

　　兩組人馬的領導人，便以這項發現共同獲得二〇一一年諾貝爾物理學獎。他們分別是加州大學柏克萊分校的索羅‧珀爾穆特（Saul Perlmutter）和亞當‧賴斯（Adam Reiss），以及澳洲國立大學（Australian National University）的布萊恩‧施密特（Brian Schmidt）。

　　這兩組研究員都投入觀測超新星爆炸：當一顆大質量恆星耗盡核燃料並引發內爆，形成一顆中子星時，這種內爆能量也會將恆星的外部殼層炸開。

　　他們發現，遠方超新星的光度比預期中還黯淡，也因此比預期的更為遙遠——遙遠得足以顯示：過去的宇宙膨脹速度，肯定比現今的速度緩慢。宇宙正在加速膨脹。參見圖 24.4。

　　然而，根據我們對重力和宇宙的最深刻認識，宇宙萬物（恆星、星系、星系團、暗物質等）絕對是以重力相互牽引。而既然有這種牽引力，它們肯定會因此減緩宇宙的膨脹速率。宇宙的膨脹速率，一定是隨時間而減緩，不會提增。

　　基於這一點理由，我本人本來並不相信他們主張的加速現象，我的許多天文學界和物理學界同僚也都不相信。但我們終究還是折服了，因為其他的觀測研究也分別以完全不同的方法確認了這項主張。

　　所以這是怎麼一回事？有兩種可能性。一種是愛因斯坦的相對論重力定律出了錯。另一種可能性是，除了普通物質和暗物質之

圖24.4
爆炸之際（我們眼中所見光線的發散之時），我們和恆星間相隔的距離——分從兩項假設來檢視：宇宙的膨脹速度遞減（紅色）或遞增（藍色）。爆炸比預期中黯淡，所以距離比預期的更遠。宇宙必定是在逐漸加速。

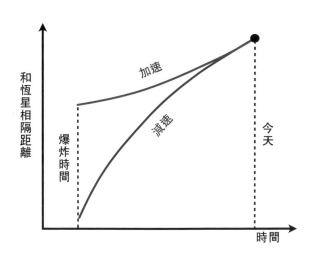

外，宇宙間還滿布著其他事物。這種事物，會發出重力的斥力。

　　大多數物理學家都很喜歡愛因斯坦的相對論定律，不願意背棄不用，因此傾向於排斥此論點。這種具有斥力的假設性事物已經被命名為「暗能量」（dark energy）。

　　最後的裁決還沒有拍板。但如果異常的起因確實就是暗能量（不論那是什麼），則現今的重力觀測結果告訴我們：宇宙質量的百分之六十八是暗能量，百分之二十七是暗物質，只有百分之五是組成你、我、行星、恆星和星系的那種普通物質。

　　因此當今的物理學家還有另一種聖杯：查明宇宙的加速膨脹是否肇因於愛因斯坦相對論定律中的某個故障環節（果真如此的話，正確定律的性質為何？），抑或肇因於具有斥力的暗能量（果真如此的話，暗能量的本質又為何？）。

《星際效應》的重力異常

Ⓢ

《星際效應》片中的重力異常是在地球上見到的。這一點不同於我在前面描述的三種異常。

　　物理學家投入了大量工夫在地球上搜尋這種異象，遠從牛頓本人在十七世紀晚期起就是這樣。這些搜尋行動找到了眾多號稱異常的現象，但這所有的主張都在更深入的細究下崩解。

　　《星際效應》片中的異常是非常驚人的，因為它們很古怪、很有力，還隨著時間過去而不同。

　　假如在二十世紀或二十一世紀早期，發生了類似這樣的任何事件，物理學家肯定都會注意到它們，並投入高度熱情去探究。

　　在《星際效應》的時代，地球上的重力不知道為什麼出現了變動，而且羅米利在片中也確實這樣告訴庫柏：「將近五十年前，我們開始〔在地球上〕偵測到重力異常。」而且約略就在那時，還出現了一起最重大的異常事例：土星附近突然出現了一個蟲洞，那裡在那之前原本是沒有的。

　　電影的開場中，庫柏自己也經歷了一次異常，發生在他駕駛一艘「漫遊者號」太空船試圖降落的時候。

　　他告訴羅米利：「穿越直道時，有東西絆到我的電傳飛控系統。」

片中庫柏還改造了全球定位系統來操控收割機，結果當它們在玉米田裡四處穿行的時候，這套系統也陷入混亂，導致好幾台收割機同時群集到他的農舍前。

他認定禍首就是重力異常，因為它會攪亂重力的修正量，使全球定位系統無所依憑（圖 4.2）。

在電影的前段中，我們看到墨菲目瞪口呆望著灰塵很不自然地快速下墜，落在她的臥室地板上，疊落成類似條碼的粗線條圖案。

然後我們看到庫柏凝望著這些條紋（圖 24.5），朝其中一道條紋拋出一枚硬幣。硬幣猛地直墜地。

在我對《星際效應》所做的科學詮釋中，我假定布蘭德教授的團隊已經蒐集到大批有關異常的寶貴資料。

對我這個物理學家——還有布蘭德教授——來說，最有趣的資料就是潮汐重力的嶄新變動模式。

我們最早是在第四章時第一次見到潮汐重力：一顆黑洞生成的潮汐重力，以及地球上由月球和太陽生成的潮汐重力。

我們還在第十七章看到，「巨人」的潮汐重力在米勒的星球上發揮作用，觸發極其劇烈的「米勒震」、海嘯和湧潮。

圖24.5
庫柏凝視墨菲臥室地板上的灰塵圖案。（擷自《星際效應》畫面，華納兄弟娛樂公司提供）

　　另外還有在第十六章，我們見到了一道重力波的潮汐重力所生成的微弱拉伸、擠壓作用。

　　潮汐重力不只產生自黑洞、太陽、月球和重力波。事實上，所有會產生重力的物體，都會生成潮汐重力。

　　舉例來說，地球地殼的原油蘊藏區，密度都會低於只含岩石的區域，因此這些區域所受重力的引力也比較弱小，因此產生一種特有的潮汐重力模式。

　　在圖24.6中，我用了拉伸線來闡釋潮汐力模式（參見第四章的拉伸線討論）。「擠壓式」拉伸線（畫成藍色）從原油蘊藏區伸出來，「拉伸式」拉伸線（畫成紅色）則從密度較高的不含油區伸出來。這兩種拉伸線一如既往，彼此垂直。

　　這種潮汐模式能以一種名為「重力梯度計」（gravity gradiometer）的儀器來測量（圖24.7）。

　　這種儀器有兩根堅固的桿子交叉附著於一件扭力彈簧。桿子末端各有質塊，用來探測重力。

　　兩根桿子平時彼此垂直，但圖24.7中，拉伸線將上方兩個質塊向彼此擠壓，也將底下那兩個質塊向彼此擠壓，紅色拉伸線則把右邊那對質塊拉開，同時也拉開左邊那一對。於是兩桿的夾角縮小，然後彈簧會抵銷潮汐力，夾角恢復原狀。這就是梯度計的讀出值，它的「角度讀數」。

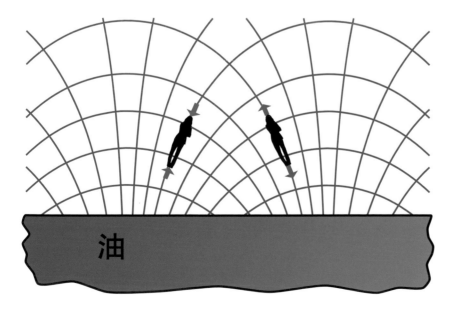

圖24.6
地球一部份地殼上方的拉伸線。紅線順延本身方位生成潮汐拉伸作用，藍色則生成潮汐擠壓作用。

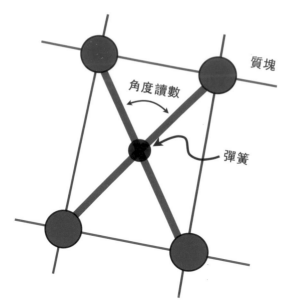

圖24.7
一種簡易版本的重力梯度計，一九七〇年由休斯研究實驗室（Hughes Research Laboratories）的羅勃特・福沃德設計與製造。

圖24.8
重力重建與氣候實驗：兩顆衛星以微波射束追蹤彼此航跡，會受藍色拉伸線推擠而聚攏，受紅色拉伸線拉伸而遠離。拉伸線從下方的地球伸出，圖中未顯示。

這種梯度計如果被搭載升空，向右穿行圖24.6所示的潮汐模式，它的角度讀數會在飛到原油蘊藏區上空時張開，在來到無油區的上空時閉合。

地質學家就是使用類似這樣的（但比較精密）梯度計來探尋原油與礦物沉積。

美國航太總署已經把一件更精密的梯度計送上太空，名稱為「重力重建與氣候實驗」（Gravity Recovery and Climate Experiment, GRACE），[40]（圖24.8）用來測繪地球表面所有區域的潮汐場圖，並觀測種種因素（例如冰被融化）所造成的潮汐重力緩慢變遷。

在我對《星際效應》的詮釋中，布蘭德教授團隊所測得的重力異常，大半都是地球表面上空的拉伸線模式突然出現的意外改變，那種無緣無故出現的改變。

地球地殼的岩石和原油不會移動；冰被融解的速度，又慢得遠遠不足以造成這種快速變化。而且在梯度計附近，也沒有出現什麼新的重力質塊。

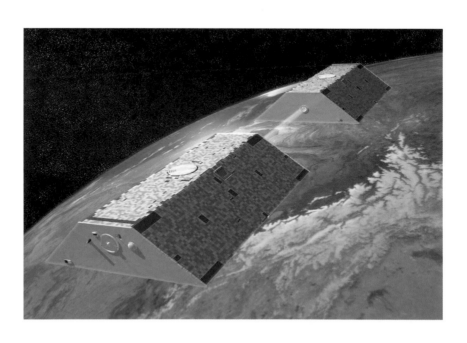

40「重力重建與氣候實驗」是美、德合作的太空任務，二〇〇二年五月發射升空，迄至二〇一四年依然在繼續收集資料中。

　　然而，梯度計依然錄下了變動的潮汐模式。此外還有，落塵堆累成放射向的線條，以及庫柏看到硬幣猛然墜落地板。

　　布蘭德教授的團隊成員監測這些變動模式，也熱切記錄下庫柏的觀測結果。這些珍貴的資料，成為教授鑽研與了解重力的利器，而這份求知的努力也是教授方程式的核心。

教授的方程式

⟨S⟩

在《星際效應》中，重力異常讓布蘭德教授振奮不已，這有兩點理由。倘若他能發現造成異常的起因，就有可能觸發一場變革，徹底改變我們有關重力的知識，那會是一場如同愛因斯坦相對論定律一樣偉大的變革。更重要的是：倘若他能破解如何控制異常，最後就有可能促使航太總署想出辦法讓大型殖民站發射升空，脫離垂死的地球，然後再將人類送往宇宙其他地方的新家。

對教授而言，了解與控制這些異常的關鍵，就是他寫在黑板上的方程式（圖 25.7，見底下）。在電影中，他和墨菲努力求解他的方程式。

墨菲和教授的筆記簿、黑板

電影尚未開拍前，加州理工學院兩位令人欽佩的學生，在筆記簿裡寫上教授的方程式相關運算。

艾琳娜・莫奇柯娃（Elena Murchikova）在一本全新、乾淨的筆記本裡寫上計算式，這就是電影裡墨菲長大後以娟秀筆跡書寫的筆記本。基思・馬修斯（Keith Matthews）則在一本殘破老舊筆記簿裡填滿了布蘭德教授的計算式，用的是比較潦草、常見於教

授和我這類老傢伙的字跡。

電影中，長大的墨菲（潔西卡・崔絲坦飾演）就著她的筆記本和教授（米高・肯恩飾演）討論數學問題。莫奇柯娃是量子重力學和宇宙學專家，她在拍片現場指導崔絲坦，說明她的對白和筆記本相關事項，以及她要在黑板上寫的東西。看到這兩位出色、漂亮的女性都長了亮麗紅髮，分從非常不同的世界共聚一堂，令人心情為之激動。

至於我這邊，我負責寫布蘭德教授的黑板，填上圖表和數學式（圖 25.8），包括教授的方程式——他的寶貝方程式。這些當然都是遵照克里斯多福・諾蘭的指示。

和米高肯恩交談，總讓我覺得非常開心（圖 25.1），他似乎有點把我看成他飾演的教授的原型。另外，旁觀克里斯拍片，看著這個巧手大師照著他期望的形式將拍攝場景精確打造成形，也總讓我感到非常愉快。

教授辦公室的場景開拍前幾周，克里斯和我反覆討論教授的寶貝方程式應該是什麼類別。（回到第一章，在圖 1.2 中，克里斯和我正在討論方程式。他的手上拿了一疊方程式相關論文。）這裡就為我們最後得出的結論——我從電影情節推想所得——提出我的長篇科學家詮釋。

異常的源頭：第五次元

在我的推想中，教授沒有花多久就想通，異常的起因是來自第五

圖25.1
米高・肯恩（教授）和我在拍片現場的教授辦公室內。

次元的重力。從「體」傳過來的重力。為什麼？

　　潮汐重力的突發變化，在我們的四次元宇宙找不到明顯根源。舉例來說，依我推想，教授的團隊見到一處油田上方的潮汐重力，沒幾分鐘就從我們預期的模式（圖 25.2 上）轉變為截然不同的模式（圖 25.2 下）。原油沒有遷動，岩石也沒有移位。我們的四次元宇宙完全沒有改變，只有潮汐重力不同了。

　　這些突發變化**一定**有個源頭。假如源頭不是在我們的宇宙中，不是在我們的「膜」上，那麼它就只可能出自另一個地方。教授推理認為：出自「體」裡面。

　　在我的推想中，教授只想得到三種方式可以讓來自「體」的某種事物造成這類異常，當中的頭兩項，他很快就否決了：

圖25.2
油田上方的拉伸線（第四章）
顯示該地在潮汐重力突發變化
前後的狀況。

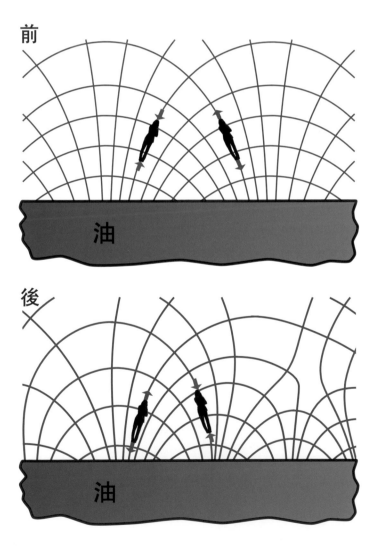

前

後

1.「體」裡面的某個物體──甚至可能是有生命的物體，一種「體」生物──有可能來到我們的「膜」近處，但是沒有穿越（圖25.3右上）。該物體的重力向外發散，穿透「體」的所有次元，於是也能傳進我們的「膜」內。然而，我們這處「膜」周圍的「反德西特層」（第二十三章）會帶動該物體的潮汐拉伸線和我們的「膜」平行，只能容許極小的部份傳抵我們的「膜」。教授因此否決了這種方式。

2.「體」物體穿越我們的「膜」時，生成的潮汐重力有可能隨著該「體」物體移動而出現變化（圖25.3右中）。不過，在我的推想中，教授的團隊觀測到的重力變動模式，大部份都不符合這種解釋。他們觀測到的拉伸線往往比局域（localized）物體的拉伸線傳布得更為分散；一些潮汐異象有可能出自局域物體，但大多數一定是出自其他事物。

3.「體」場穿越我們的「膜」時會生成變動的潮汐重力（圖25.3左邊）。在我的推想中，教授歸結認定這是大多數異常的最可能解釋。

　　「體」場是什麼？在物理學家口中，「場」這個字代表能穿越空間向外伸展，並對它遇上的東西施力的某種事物。

　　我們在本書中已經見過好幾種場，它們全都棲身在我們這處宇宙──我們的「膜」內，包括：第二章的磁場（磁力線的集群）、電場（電力線的集群）、重力場（重力線的集群），以及第四章的潮汐場（「拉伸式」和「擠壓式」拉伸線的集群）。

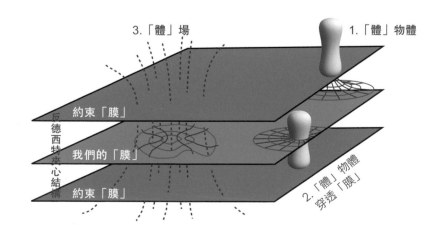

圖25.3
「體」能夠造成觀測所見重力異常的三種方式。紅色和藍色曲線為某個「體」物體或「體」場生成的潮汐拉伸線。

　　「體」場是棲身五次元「體」裡面的力線集群。至於是哪種力線，教授並不知道，但他做了推測；見下一節。

　　圖 25.3 顯示「體」場（紫色虛線）穿過我們的「膜」。這個「體」場在我們的「膜」產生潮汐重力（紅色和藍色拉伸線）。當「體」場改變時，其潮汐重力也隨之改變，從而造成（教授認為）觀測到的大多數異常。

　　但教授猜想這不是「體」場扮演的唯一角色。它們可能也控制了棲身我們這個「膜」之物體所生成的重力強度，例如岩石或行星。

「體」場控制重力強度

在我們的「膜」中，每一個物質的重力，全都由牛頓的平方反比定律支配，而且達到高度準確程度（第二章和第二十三章），其重力的引力就體現於公式 $g = Gm/r^2$ 當中，其中 r 表示和那個物質之間相隔的距離，m 代表那個物質的質量，G 則代表牛頓的重力常數。這個 G 控制了引力的整體強度。

　　根據愛因斯坦更準確的相對論版本重力定律，重力的強度，以及物質所致的所有空間、時間翹曲作用之強度，也都和這個 G 成正比。

　　倘若沒有「體」──若唯一存在的事物，就是我們的四次元宇宙──則愛因斯坦的相對論定律便說明了 G 是絕對不變的；在空間裡的所有地方全都相同，在時間裡也永恆不變。

　　但倘若「體」確實存在，則相對論定律就容許這個 G 出現變化。教授推斷，它**有可能**受到「體」場控制。他認為，**它或許正是**受到「體」場的控制。

　　這是最能說明我的電影情節推想當中一項觀測異常（圖 25.4）的解釋方式。

　　地球重力的引力的強度，在各地會因為岩石、原油、海洋和大氣各具不同密度而略微變動。繞地球運行的衛星已經測繪出這種變異強度。迄至二〇一四年為止，最準確的圖像是歐洲太空總署（European Space Agency）GOCE[41] 衛星測繪所得的成果（圖 25.4

41 地球重力場和海洋環流探測衛星（Gravity field and steady-state Ocean Circulation Explorer, GOCE）。

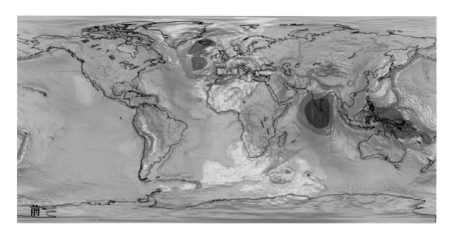

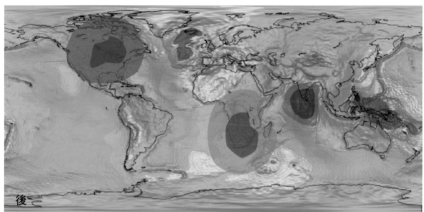

圖25.4
地球重力的引力測繪圖。
上：二〇一四年GOCE衛星測繪圖示。
下：異常時代突發變動後的情況。

上半部）。二〇一四年，地球的重力以印度南部最弱（藍色塊），最強的地點則位於冰島和印尼（紅色塊）。

在我的推想中，這幅地圖在異常開始出現之前並沒有明顯變化。然後有一天，在相當突然的情況下，地球重力的引力在北美洲區域稍微減弱了，南非區域則增強了（圖 25.4 下半部）。

布蘭德教授設法解釋這種現象，認為這是「體」場造成的一種潮汐力變化，但在解釋時遇上了困難。

他能找到的最佳解釋是，重力常數 G 在地球內部的南非底下變大了，而且在地球內部的北美底下變小了。南非底下的岩石突然間施以更強的引力，北美底下的岩石則突然間施以較弱的引力！

教授推論：這些改變，一定是某種穿越我們的「膜」並控制 G 的「體」場造成的。

在我的推想中，布蘭德教授認為，「體」場**不只是**地球上重力異常的關鍵，還扮演另外兩個重要角色：讓蟲洞保持張開，並保護我們的宇宙免遭摧毀。

保持蟲洞敞開

從我們的太陽系通往「巨人」鄰近地帶的蟲洞，如果任它自生自滅，它就會截斷（圖 25.5），於是我們和「巨人」之間的通路就會中斷。這是愛因斯坦相對論定律沒得商量的結論（第十四章）。

如果**沒有**「體」，則唯一能保持蟲洞張開的方法，就是在裡面交織鋪設具有重力斥力的異類物質（第十四章）。而有可能加速我們的宇宙膨脹的暗能量（第二十四章），斥力或許還不夠強。

事實上，從二〇一四年看來，量子物理定律甚至還會妨礙極先進文明的異類物質採集作業，使他們永遠無法採得足夠數量來保持蟲洞敞開。而且我猜想，到了布蘭德教授的時代，這個結論還會更加確鑿。

但是，在我對電影情節的推想中，教授領悟到其實還有另一種選擇。那就是：「體」場也許能做到這一點。它們說不定能使蟲洞保持張開的狀態。

既然教授認為蟲洞是「體」生物打造並放在土星附近的，因此對他來說，由「體」場來保持蟲洞張開，似乎是個很自然的想法。

圖25.5
蟲洞。
左：逐漸截斷。
右：「體」場使之保持張開狀態。

保護我們的宇宙免遭摧毀

為了讓我們這處宇宙中的重力服從牛頓的平方反比定律，而且達到高度準確的吻合程度，我們的「膜」就必須夾在兩層約束「膜」之間，而且這兩層「膜」當中還得存在「反德西特翹曲現象」（第二十三章）。

然而，約束「膜」上充滿了壓力[42]，很容易鼓起，就像被鉗在兩根指頭間的撲克牌（圖 23.8）。這是當我們將愛因斯坦相對論定律應用於「體」和「膜」之時，會得出的明確預測。

這種鼓起作用若不予抵銷，結果就會導致約束「膜」和我們的「膜」——我們的宇宙——發生對撞（圖 25.6），[43] 我們的宇宙就會被毀掉！

但顯然我們的宇宙並沒有被摧毀。依我推想，教授注意到了這一點，因此很肯定有某種事物使約束「膜」不至於鼓起。

他想得到的答案只有「體」場。每當一層約束「膜」開始彎折，「體」場一定因故對它施力，將它推回妥當的平直形狀。

圖25.6
「膜」的對撞。

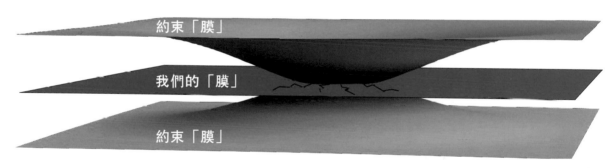

42 根據愛因斯坦的相對論定律，（推測應該會）導致我們的宇宙膨脹加速之暗能量，還會產生第二種效應：它會在我們的「膜」中產生龐大張力，就像繃緊的橡皮筋或橡膠布上那樣的張力。愛因斯坦的定律還規定，若要如我們所願，不讓「反德西特夾心結構」以外的時空產生翹曲作用，兩片約束「膜」就必須各具內部壓力，而且強度必須達到我們的「膜」內在張力的一半。就是這種壓力會帶來危險。

43 也或許，鼓起會使一層或兩層的「膜」向外彈開，釋出「反德西特層」，毀了牛頓的平方反比定律，使行星四散紛飛、遠離太陽——這一點對我們的宇宙而言並沒那麼糟糕，對人類來說卻相當悽慘。

教授的方程式，終於開始！

物理定律都以數學語言來表達。在我對電影情節所做的推想中，庫柏還沒遇見布蘭德教授之前，教授已經動手嘗試建構一套數學式，來描述「體」場，以及它們有可能如何生成異常、控制我們這處宇宙的重力常數 G、使蟲洞保持敞開，並保護我們的「膜」免於發生對撞。

發明這組數學式時，教授是以其團隊蒐集的寶貴觀測資料（第二十四章），以及愛因斯坦的五次元物理學相對論定律為依歸。

教授將他的所有見解，全都體現在單一方程式中，他的寶貝方程式。他將這則方程式寫在自己辦公室內十六面黑板當中的其中一面上（圖 25.7）。[44]

庫柏頭一次到航太總署時，就看過這則方程式，三十年後，方程式仍然在那裡，這時墨菲已經長大，憑一己努力成為一位出色的物理學家，並從旁協助教授，設法求解。

圖25.7
布蘭德教授的方程式。

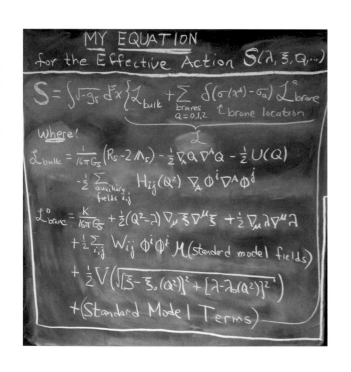

這則方程式被冠上一個稱呼：「作用」（Action）。要解這個「作用」，有個（物理學家）耳熟能詳的數學起始程序，循此就能推衍出所有非量子物理定律。教授的方程式實際上也就是所有非量子定律之母。但是要產出正確的定律——能夠正確預測異常如何生成、蟲洞如何保持敞開、G 如何受控，還有我們的宇宙如何受到保護的定律——方程式就必須具有完全正確的數學形式。教授不知道是哪種正確的形式。他是在推測。它是一種有根據的推測，卻仍只是一種推測。

他的方程式包含了許多推測——對那些被稱為「$U(Q)$、$H_{ij}(Q^2)$、W_{ij} 和 $M($ 標準模型場 ）」的推測（圖 25.7）。事實上，這些推測都關乎「體」場力線的本質、它們如何影響我們的「膜」，以及我們的

---

44 方程式中變數符號的意義，都詳細寫在教授的其他十五面黑板上，加上與那則方程式相關的其他資訊，全都由我代筆供拍攝使用。你可以上網登入本書網頁，瀏覽這十六面黑板的照片：Interstellar.withgoogle.com。

「膜」裡面的場如何影響它們。（其他說明請見本書末尾的〈技術筆記舉隅〉）

當教授和它的團隊談到「求解他的方程式」時，依我推想，他們是指稱兩件事。

首先是，找出這所有推測事項——包括 $U(Q)$、$H_{ij}(Q^2)$、W_{ij} 和 M（標準模型場）——的正確形式。

第二是（遵循前述那個耳熟能詳的程序），從他的方程式推衍出他想知道的一切，關於我們的宇宙，關於異象，還有最重要的是，關於該如何控制異常，好讓殖民站升空、脫離地球。

當片中人物談到「求解重力」，也是指這同一件事。

電影中，當教授已經非常老的時候，我們看到他和成年的墨菲試著以遞迴法（iteration）來解他的方程式。

他們在黑板上列出一長串有關未知事項的推測（都由我在這場戲拍攝前一刻才寫在黑板上；圖 25.8 和 25.9）。然後，照我推想，他們寫了一套龐大的電腦程式，由墨菲將各項推測逐一導入。程式會為那項推測計算物理定律，以及那些定律

圖25.8
我在教授的黑板上代筆寫下遞迴法的推測。

圖25.9
墨菲盯著長串的遞迴法推測沉思。（擷自《星際效應》畫面，華納兄弟娛樂公司提供）

對重力異常會如何表現所做的預測。

在我的推想中，他們從這些推測所做出的預測，沒有任何一個和觀測所見的異常相符。但電影中的教授和墨菲仍不斷嘗試。他們不斷反覆從事這個過程：提出推測、計算結果、放棄推測，繼續做下一個推測，一個又一個推測，接連不斷，直到筋疲力竭，然後隔天他們又重新開始。

到了電影較後面的段落，教授在臨終之際對墨菲坦承：「我撒謊，墨菲。我對妳撒謊。」那是令人心酸的一幕。墨菲猜想他知道他的方程式有哪裡出錯，從一開始就知道。然後，在曼恩的星球上，在同樣令人心酸的一幕中，曼恩博士也對教授的女兒透露了這件事。

然而，教授過世後不久，墨菲就想通了，其實「他的解法是正確的。他已經完成好幾年了，解答了一半。」另一半可以在黑洞裡面找到──進入黑洞的奇異點裡尋找。

26

奇異點和量子重力

在《星際效應》中，庫柏和塔斯在「巨人」內部探尋量子數據，那是能夠幫助教授求解他的方程式，並使人類升空脫離地球的資料。

他們認為，那些資料肯定棲身「巨人」的核心，藏在奇異點裡面。而根據羅米利的預測，那是個「溫馴的」奇異點。

那是什麼量子數據？它們能夠怎麼對教授有幫助？還有，「溫馴的」奇異點是什麼？

量子定律的主導地位

我們的宇宙基本上就是量子。我這樣說的意思是，萬事萬物都隨機漲落，至少都有些微起伏。沒有任何例外！

當使用高精密儀器來檢視極微小事物時，我們會看到巨大的漲落。一顆電子在原子裡的位置，因為是以那麼高速、隨機的方式漲落，使我們無從得知電子在任意時間點下位於何方。漲落就和原子本身一樣大。

因此物理學的量子定律處理的是電子出現在哪裡的**機率**，並不求解它的確切位置（圖 26.1）。

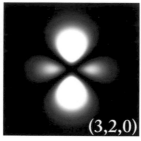

圖26.1
兩顆氫原子內部的電子位置機率。白色區域的機率很高，紅色區域的較低，黑色區域的非常低。數值 (3,0,0) 和 (3,2,0) 是這兩顆原子的機率圖像名稱。

當使用儀器來檢視大型事物時，我們也會看到漲落，只要我們的儀器夠精密的話。然而，大型事物的漲落幅度十分渺小。

雷射干涉重力波天文台的重力波探測器（第十六章）使用雷射束來監測重四十公斤的懸吊鏡面所在位置。[45] 鏡子的位置會隨機漲落，但幅度遠小於原子尺寸：實際上只有**一顆原子尺寸的百億分之一**（圖 26.2）。

再過幾年，雷射干涉重力波天文台的雷射束，就能看出這種漲落了。（雷射干涉重力波天文台經過特別設計，不會使這種隨機漲落妨礙儀器測量重力波。我的學生和我協助確保它能做到這一點）

由於人類這種大小和更大型物體只有渺小的量子漲落，物理學家幾乎總是漠視這種漲落。就我們的數學來說，捨棄漲落能簡化物理定律。

圖26.2
重四十公斤的鏡子準備妥當，將被安裝到雷射干涉重力波天文台。從量子力學角度來看，它的位置漲落非常、非常微弱，只達一顆原子直徑的百億分之一。

假如我們從漠視重力的普通量子定律入手，然後捨棄漲落，就能得出牛頓的物理定律——過去好幾百年來，我們用來描述行星、恆星、橋樑和彈珠的定律；見第三章。

假如我們從現在仍一知半解的量子重力定律入手，然後捨棄漲落，就一定得出如今已有充分認識的愛因斯坦物理學相對論定律。

我們捨棄的漲落，有可能是如起泡般不斷漲落、細膩纖小的蟲洞（瀰漫於空間所有範圍的「量子泡沫」；圖 26.3 和第十四章）。[46]

捨棄了漲落，愛因斯坦的定律描述的就是黑洞周遭空間和時間明確的翹曲作用，還有地球上明確的時間減速作用。

至此，我們可以推導出一個關鍵句：**如果布蘭德教授能發現「體」和「膜」的量子重力定律，然後只要捨棄這些定律的漲落**

45 更精確來說，是鏡子之質量中心的位置。

46 一九五五年時，約翰·惠勒指出量子泡沫確實有可能存在，而且還有渺小蟲洞，尺寸為10^{-35}公尺，等於一顆原子的十兆兆分之一大小，即所謂**普朗克長度**。

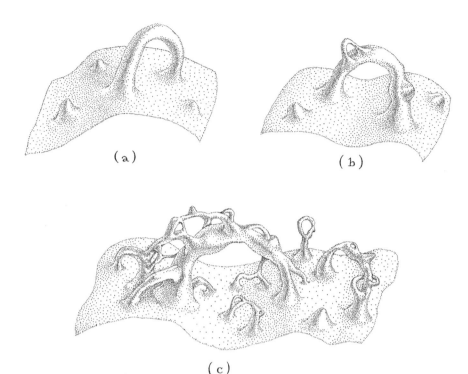

圖26.3
量子泡沫。這種泡沫有某個機率（比如0.4）生成如左上圖所示的形狀，還有另一機率（比如0.5）生成如右上圖所示的形狀，以及另一個機率（比如0.1）生成如下方圖示的形狀。（馬特・齊梅特根據我的草圖繪製，援引自我的《黑洞與時間彎曲：愛因斯坦的幽靈》）

作用，他就能推導出其方程式的明確形式（第二十五章）。

　　而這種明確形式會告訴他重力異常的根源，以及如何控制異常——如何利用異常來（如他所期盼的）讓殖民站升空脫離地球。

　　在我對電影情節的推想中，教授是知道這一點的。他還知道有個地方可以讓他們知悉量子重力定律：**奇異點**內部。

奇異點：
量子重力之域
Ⓣ

奇異點的起點，是空間和時間翹曲作用不受約束、持續增強的地方。那裡的空間翹曲和時間翹曲變得無限強大。

　　如果將我們這處宇宙的翹曲空間設想成波濤起伏的洋面，則奇異點的起點，就像是一處即將破碎的浪頭頂峰，而奇異點的內部，就像浪碎之後攪起的泡沫（圖 26.4）。

　　還沒碎裂的平順海浪，由平穩的物理定律支配，這種定律可以類比為愛因斯坦的相對論定律。

圖26.4
即將破碎的海浪頂峰上的一個
奇異點。

　　而浪碎之後的泡沫，必須由有辦法處理泡沫海水的定律來支配，這種定律則可以類比為具有量子泡沫的量子重力定律。

　　奇異點棲身於黑洞的核心。

　　愛因斯坦的相對論定律明確預測了奇異點的存在，只是定律沒辦法告訴我們奇異點內部會發生什麼事。這部份我們需要量子重力定律。

　　一九六二年，我從加州理工學院（我的大學部母校）轉往普林斯頓大學，攻讀物理學博士學位。

　　會選擇普林斯頓，是因為約翰·惠勒在那裡教書。說到愛因斯坦的相對論定律，惠勒是那個時代最富創意的天才。我想追隨他學習。

　　九月的某一天，我來到惠勒教授的辦公室門口，忐忑不安地敲門。那是我第一次和這位大人物見面。他露出親切笑容歡迎我，領我進入辦公室內，接著——彷彿我是個受人尊敬的同僚，而不是個一無所悉的新手——馬上開始討論恆星內爆的種種謎團。

　　內爆生成黑洞，核心裡還有奇異點。他斷言，這些奇異點，「是愛因斯坦相對論定律與量子定律熱情似火訂終身的地方。」

　　惠勒斷言，這段「姻緣」的果實——量子重力定律——在奇異點裡完全開花結果。

　　只要有辦法了解奇異點，我們就能認識量子重力定律。奇異點是解譯量子重力的羅賽塔石碑。

　　這次的私人講學讓我脫胎換骨。

惠勒的公開講學和著述，也讓其他許多物理學家脫胎換骨，促使他們展開一場求知的探索，投入鑽研奇異點和它們的量子重力定律。

這場探索一直延續至今。它創造出超弦理論，之後還促成一種信念，認為我們的宇宙必定是一種「膜」，而它的棲身之處位於一個較高次元的「體」（第二十一章）。

圖26.5
一九七一年，惠勒講授奇異點、黑洞和宇宙相關課題。

裸性奇異點？

假如我們能在黑洞之外找到或製造出一個奇異點，那就太美妙了。一個不隱藏在黑洞的事件視界底下的奇異點。

這就是裸性奇異點（naked singularity）。這麼一來，《星際效應》中教授的使命大概就很簡單了。

說不定他只要待在他的航太總署的實驗室裡，就可以直接從裸性奇異點擷取關鍵的量子數據。

一九九一年，為了裸性奇異點，約翰・普瑞斯基爾（John Preskill）和我跟我們的朋友史蒂芬・霍金打了個賭。

普瑞斯基爾是加州理工學院教授，也是世界上最了不起的量子資訊專家之一。史蒂芬就是那個曾經在影集《銀河飛龍》、《辛普森家庭》和《宅男行不行》（The Big Bang Theory）片中現身的「輪椅客」。他也是我們這個時代最偉大的天才之一。

約翰和我賭物理定律容許出現裸性奇異點。史蒂芬則賭裸性奇異點不得出現（圖 26.6）。

圖26.6
我們的裸性奇異點賭約。

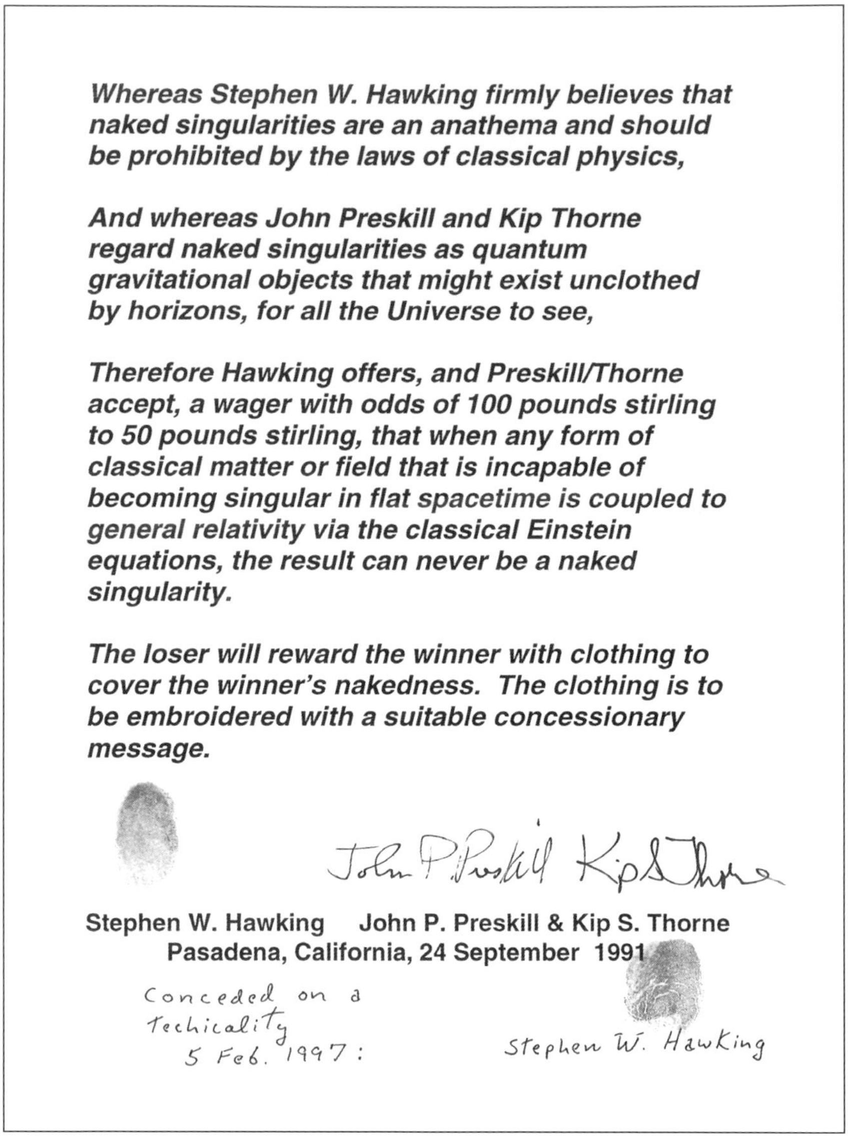

> *Whereas Stephen W. Hawking firmly believes that naked singularities are an anathema and should be prohibited by the laws of classical physics,*
>
> *And whereas John Preskill and Kip Thorne regard naked singularities as quantum gravitational objects that might exist unclothed by horizons, for all the Universe to see,*
>
> *Therefore Hawking offers, and Preskill/Thorne accept, a wager with odds of 100 pounds stirling to 50 pounds stirling, that when any form of classical matter or field that is incapable of becoming singular in flat spacetime is coupled to general relativity via the classical Einstein equations, the result can never be a naked singularity.*
>
> *The loser will reward the winner with clothing to cover the winner's nakedness. The clothing is to be embroidered with a suitable concessionary message.*
>
> **Stephen W. Hawking   John P. Preskill & Kip S. Thorne**
> **Pasadena, California, 24 September 1991**
>
> Conceded on a
> Techicality
> 5 Feb. 1997:   Stephen W. Hawking

　　我們沒有人想過這場賭局會很快判定輸贏，結果卻真是如此。

　　才過了短短五年，德州大學博士後學生馬修・喬普推克（Matthew Choptuik）在一台超級電腦上執行一項模擬，希望能藉此揭露物理定律出人意料的新特徵；結果他中了頭彩。他模擬的是一道重力波的內爆。[47] 當內爆波的威力很弱時，它會向內聚爆然

---

47 他模擬的其實是一種名為純量波（scalar wave）的東西，但那是種不相干的技術。幾年後，北卡羅來納大學（University of North Carolina）的安德魯・亞伯拉罕斯（Andrew Abrahams）和查克・埃文斯（Chuck Evans）用一道重力波來重做喬普推克的模擬，得到相同的結果：一個裸性奇異點。

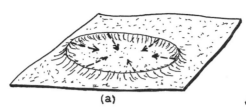

(a)

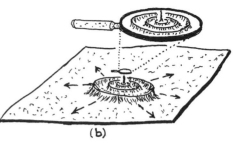

(b)

後消散；當它的威力很強時，重力波就會內爆形成黑洞。而當它的強度非常精準「調校」成一種中等強度時，波動就會讓空間和時間的形狀產生一種沸騰現象。這種沸騰會生成一道道波長愈來愈短的外送重力波。

到最後，它還會留下一個微小至極的裸性奇異點（圖 26.7）。

這種奇異點永遠不會自然生成。這個必要的調校動作不是自然的事。然而，極端先進的文明，有可能會精準調校一道波的內爆作用來製造出這種奇異點，然後他們就能嘗試根據奇異點的行為來獲知量子重力定律。

史蒂芬一看到喬普推克的模擬，馬上承認他賭輸了，還說自己是「〔輸〕在一項技術性問題。」（圖 26.6 最底下的手寫字）

他認為精準調校並不正當。他想知道的是，奇異點能不能自然生成，因此我們更新措詞，重新議定賭約，注明奇異點必須在完全不需要精準調校的情況下出現。

不過，史蒂芬在非常公開的場合認輸（圖 26.8）倒是一件大事，還登上了《紐約時報》的頭版。

而即便我們重新議定賭約，我依然懷疑我們的宇宙真的會有裸性奇異點存在。

在《星際效應》片中，曼恩博士明白表示：「自然法則會阻礙裸性奇異點。」布蘭德教授則是連提都沒有提過這種可能性。

事實上，教授的重心都放在黑

圖26.7
左：馬修・喬普推克。
中：內爆重力波。
右：波動生成的沸騰，以及放大鏡中央的裸性奇異點。

圖26.8
霍金在一九九七年加州理工學院他的一場演講會上，向普瑞斯基爾和索恩承認賭輸。

洞裡的奇異點上。他認為那是得知量子重力定律的唯一指望。

黑洞內部的BKL奇異點
ⒺⒼ

在惠勒的年代（一九六〇年代），我們認為黑洞裡面的奇異點，樣子就像個尖利的點。這個細尖的點會把物質擠壓到一種無窮密實的狀態，從而摧毀物質。而本書在這個段落之前，我也一直是這樣描述黑洞的奇異點（圖 26.9 就是一例）。

從惠勒的時代以來，遵循愛因斯坦定律的數學運算已經告訴我們，這種尖點狀的奇異點並不穩定。想在黑洞內部創造出這種奇異點，必須經過精準調校，而且只要受到小得不能再小的擾動，比如有東西墜入其中，它們就會出現巨大變化……問題是，變成什麼？

一九七一年，弗拉迪米爾・別林斯基（Vladimir Belinsky）、以撒・卡拉尼可夫（Isaac Khalatnikov）和葉夫根尼・李夫席茲（Eugene Lifshitz）這三位俄羅斯物理學家，運用冗長又複雜的計

圖26.9
莉亞・哈洛倫的奇特畫作。圖中可見好幾個黑洞，其尖頂就是奇異點。（擷自圖4.5）

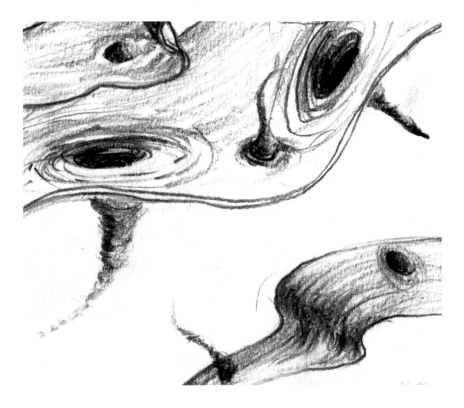

算來推測這個問題的解答。而當時間來到二○○○年，電腦模擬科技終於夠先進了，他們的推測終於經奧克蘭大學（Oakland University）的大衛・加芬克爾（David Garfinkle）驗證確認。結果是解出了穩定的奇異點，並為之冠上 BKL 的名稱，來表彰別林斯基（B）、卡拉尼可夫（K）和李夫席茲（L）的功勳。

BKL 奇異點呈混沌態。一種高度混沌態，而且很要命。非常要命。

圖 26.10 中描繪的是一個快速自旋黑洞內、外部空間的翹曲現象。BKL 奇異點位於黑洞的底部。假如你落入這個黑洞，一開始會感覺它的內部很平滑，說不定還很舒適。

然而，一旦你接近奇異點，你周遭的空間會開始以一種混沌模式拉伸和擠壓你，潮汐力也開始施予你混沌式的拉伸和擠壓。起初，這些拉伸和擠壓還很溫和，但很快就變得很強烈，然後達到超強程度。你的皮肉和骨頭遭到重擊、棄守。接著，構成你身體的原子也遭到重擊、棄守——扭曲變形到不成人形。

這一切與其混沌模式，全部都是以愛因斯坦的相對論定律來描述。

這就是 B、K、L 這三位俄羅斯學者預測的結果。他們無法預測的是——現今沒有任何人能夠預測——當混沌的重擊無止境地逐漸增強時，你的原子和次原子粒子的最後結局為何。只有量子重力定律知道它們的命運。但是到那時候你早就死了，不可能帶著量子數據逃出生天。

我將這個小節標示為 **EG**，代表這是有根據的推測，因為我們不是絕對肯定黑洞核心裡的奇異點就是屬於 BKL 類型。

BKL 奇異點的確是愛因斯坦的相對論定律所容許的解。加芬克爾以電腦模擬確認了這一點。但我們還需要更精密的模擬，才能驗證在黑洞的核心確實發生了 BKL 模式那麼巨大無比的拉伸、擠壓作用。

我幾乎可以肯定，這種模擬的結果，最後都會是「沒錯，它們的確會出現。」但我也不是百分之百確定。

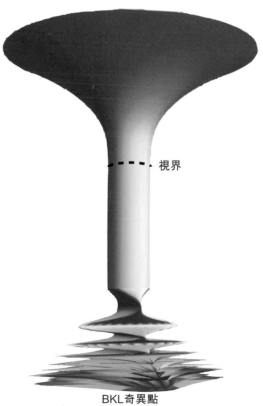

圖26.10
類似「巨人」之快速自旋黑洞的翹曲空間，底部有個BKL奇異點。這個奇異點附近的混沌式拉伸、擠壓作用，只能依直觀推斷來敘述，無法精確描繪。

視界

BKL奇異點

黑洞的下落奇異點和外飛奇異點

ⒺⒼ

在一九八〇年代，我的物理學家同僚和我都相當肯定，一個黑洞裡面只能有一個奇異點，而且那是個 BKL 奇異點。這在當年是一種有根據的推測。我們錯了。

一九九一年，加拿大阿爾伯塔大學（University of Alberta）的艾瑞克·波森（Eric Poisson）、維爾納·伊斯雷爾（Werner Israel）在進行愛因斯坦定律的數學運算時，發現了第二種奇異點。這種奇異點會隨著黑洞變老而增長，是黑洞內部時間極度減速造成的結果。

如果你墜入「巨人」一類的自旋黑洞，不免也會有其他許多東西隨著你墜入，包括氣體、塵埃、光線、重力波等等。從外界的我看來，這種事物有可能得花好幾百萬年或好幾十億年才會進入黑洞。但是就如今在黑洞裡的你看來，由於你的時間和我的時間相比有極度減速現象，因此它有可能只費時數秒，或甚至更短。這麼一來，在你眼中所見，這類事物全堆疊成一張薄片，以光速或近光速朝內向你墜落。這張薄片會生成強大的潮汐力並導致空間變形，而且它如果撞到你，也會讓你變形。

潮汐力會增長到無窮強大，結果生成一個「下落奇異點」（infalling singularity，圖 26.11），[48] 由量子重力定律支配。然而，由於潮汐力增長非常迅速（波森和伊斯雷爾如此推斷），因此，一旦它們撞到你，就只會在你觸及奇異點時使你出現程度有限的變形。這一點能以圖 26.12 來解釋。它標繪出你隨著時間流逝沿上、下方向的淨拉伸，以及沿南、北向和東、西向的淨擠壓。當你撞擊奇異點，你的淨拉伸和淨擠壓是有限的，但你受到拉伸和擠壓的速率（黑色曲線的斜率）是無限的。這些無限速率就是無限潮汐力，顯示這裡有奇異點。

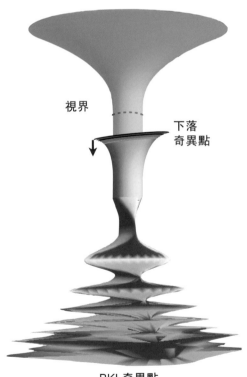

圖26.11
下落奇異點，由比你晚墜入黑洞之事物所造成；以黑、紅、灰和橙色交雜的層理勾勒呈現。

視界

下落奇異點

BKL奇異點

---

48 伊斯雷爾和波森將這種奇異點命名為「**大規模暴脹奇異點**」（mass inflation singularity），這也是物理學家使用迄今的名稱。但我比較喜歡稱呼它「**下落奇異點**」，也在本書中使用這個名稱。

既然你的身體只受到有限量的拉伸和擠壓作用，我們可以想像，當你觸及奇異點時，就很有可能存活下來。（可以想像，但我覺得不太可能）

這樣看來，下落奇異點就遠比BKL奇異點還更「溫馴」。而假如你真的存活下來，接下來會發生什麼事，就只有量子重力定律才會知道了。

縱貫一九九〇和二〇〇〇年代，我們物理學家都認為情況就是這樣了：一種是BKL奇異點，黑洞誕生時生成的；另一種是下落奇異點，是之後才增長成形的。就這樣而已。

然後在二〇一二年年末，就在克里斯多福·諾蘭議約改寫並執導《星際效應》之時，第三種奇異點被發現了，發現人是加州大學聖塔芭芭拉分校（University of California at Santa Barbara）的唐納德·馬洛爾夫（Donald Marolf）、以色列海法市（Haifa）以色列理工學院（The Technion）的阿莫斯·奧里（Amos Ori）。

當然，這不是天文觀測的成果，而是經由深入研究愛因斯坦的相對論定律所得到的創見。

現在回頭想，這種奇異點應該是顯而易見的才對。

這是一種「外飛奇異點」（outflying singularity）。它就像下落奇異點一樣，也隨著黑洞逐漸變老而增長，只是是由比你更早墜入黑洞的事物（氣體、塵埃、光線、重力波等等）所生成；圖 26.13。這種事物的很小一部份回頭向上朝你飛散而來——肇因於黑洞的空間翹曲和時間翹曲——很像是陽光灑照在海洋彎曲、光滑的波浪上，光線向外散射，為我們帶來波浪的影像。

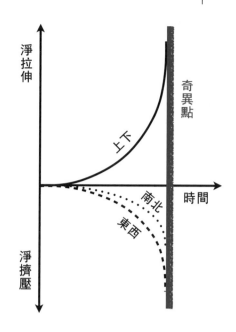

圖26.12
當下落奇異點朝你逼來，你的淨拉伸和淨擠壓隨時間改變的情形。

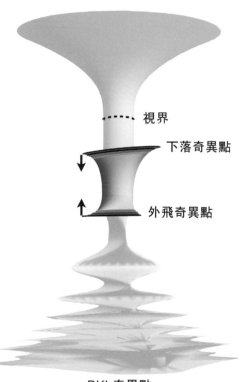

圖26.13
外飛奇異點，由比你更早墜入黑洞之事物逆向飛散生成；亦可見下落奇異點，由比你晚墜入之事物生成。你被它們包夾。圖中的模糊外溢部份，是黑洞的外側和BKL奇異點，由於它們已經超出包夾你的奇異點之外，因此你不可能接觸到了。

這向上飛散的事物，受到黑洞極度減速時間的壓縮，形成像音爆（一道「震波鋒」）那樣的一面細薄層理。該事物的重力會生成無止境增強的潮汐力，接著變成一個外飛奇異點。但下落奇異點的情況，同樣見於這種外飛奇異點，潮汐力同樣很溫馴。由於它們增強速率是這麼快又這麼突然，一旦遇上了，在你觸及奇異點的瞬間，你的淨扭曲程度並非無限，而是有限的。

在《星際效應》片中，羅米利對庫柏談到這類溫馴的奇異點：「關於〔從曼恩的星球〕回航方面，我有個建議……對那個黑洞做最後一次探測。『巨人』是比較老的自旋黑洞，〔它有〕一個我們所謂『溫馴的』奇異點。」

「溫馴？」庫柏反問。

「其實也不算溫馴，但是它們的潮汐重力速度很快，只要跨越視界的速度夠高，就有可能倖存下來。」

後來庫柏受到這段談話的誘惑，也為了追查量子數據，終於投身衝進「巨人」（第二十八章）。這是很勇敢的壯舉。自己能不能存活，事前他完全不得而知。只有量子重力定律才會知道，還有「體」生物可能也知道……

現在，我們已經打好《星際效應》高潮場景背後的極限物理學知識基礎，就讓我們進入電影的高潮吧。

VII
劇情高潮

27

火山緣

⏢

到了《星際效應》後段，庫柏才剛在曼恩的星球將「永續號」從死亡螺旋救了回來，他大大鬆了一口氣，機器人凱斯這時卻告訴他：「我們被『巨人』的引力拉走了。」

庫柏當機立斷：「航行中樞全毀，我們的維生系統也不夠撐回地球，但也許勉強到得了艾德蒙斯的星球。」艾蜜莉亞·布蘭德問他：「燃料呢？」庫柏回答：「不夠。」接著又說：「可以讓『巨人』把我們直接拉到視界〔附近〕，再藉動力彈弓助推繞過去，把我們射向艾德蒙斯的星球。」「用手動？」「不然我是來幹嘛的？我會把我們帶進臨界軌道內側邊上。」

幾分鐘不到，他們就進入了臨界軌道，接著突然整個翻天覆地。

本章我將從科學家的角度來闡述這一段。

潮汐重力：
將「永續號」帶離曼恩的星球

在我的詮釋中，曼恩的星球是位於一處十分狹長的軌道上（第十九章）。「永續號」抵達時，這顆行星距離「巨人」還相當遙遠，但正在急速向內行進。「永續號」發生爆炸（第二十章）的時候，這

顆星球也運行到黑洞附近（圖 27.1）。

爆炸過後，庫柏救回「永續號」，並操縱其向上攀升，遠離這顆行星。

在我的詮釋中，他駕駛「永續號」攀升到充分高度，高得可以借力使力，運用「巨人」的巨大潮汐力，幫「永續號」脫離行星並推送它沿著另一條軌跡行進（圖 27.2）。

離心力將曼恩的星球向外甩到下一趟遙遠行程的同時，「永續號」朝臨界軌道飛去。[49]

圖27.1
「永續號」發生爆炸時，「曼恩的星球」的運行軌道與其位置。

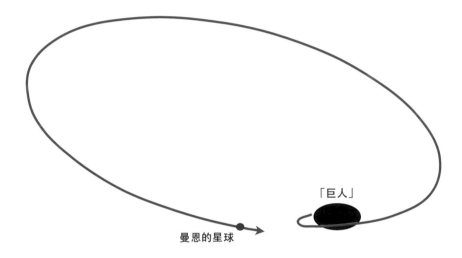

圖27.2
「永續號」運用「巨人」的潮汐力，借力使力脫離曼恩的星球。（「永續號」的形象援引自《星際效應》電影）

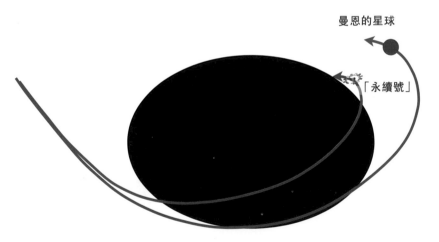

49 這種巨大差異的原因在於，經過潮汐力的助推作用，「永續號」的角動量略小於曼恩的星球之角動量。從圖27.3可以看出，「永續號」攀高升到火山邊緣，但曼恩的星球沒有真正攀升到火口緣高度，而是螺旋回降到火山側邊（離心力把它推向外側），然後順著重力能量表面向上並遠離「巨人」。

臨界軌道和火山的類比

這裡我使用和前面不同類型的圖像來討論臨界軌道：圖 27.3。我先用直觀的措詞來描述這幅圖像，然後再以物理學家的語言說明。

設想圖 27.3 的表面，是一座平滑花崗岩雕像的表面，而雕像放在你家的地板上。它的表面凹陷形成一道深溝，環繞這座火山造型的雕像。

借力脫離曼恩的星球之後的「永續號」，就像一顆小巧的彈珠，在這片花崗岩面上自由滾動。當彈珠向內往壕溝滾去，由於雕像的表面是向下斜傾的，於是滾動速度提高。

接著它開始攀著火山邊坡向上滾動並逐漸減速，最後來到火山邊緣，而且還殘留部份的切線（circumferential）運動。然後它繞著火口緣一圈圈滾動，微妙地保持著一種平衡，既未向內墮入火山裡，也沒有再向外落入壕溝裡。

火山的內部就是「巨人」，火山的邊緣就是臨界軌道，而「永續號」就是從這處軌道發射前往艾德蒙斯的星球。

火山代表的意義：重力能和切線能

要說明火山的意義，也就是它和物理定律有什麼關係，我必須談

圖27.3
「永續號」在代表其重力能和離心能的火山狀表面的運動軌跡。

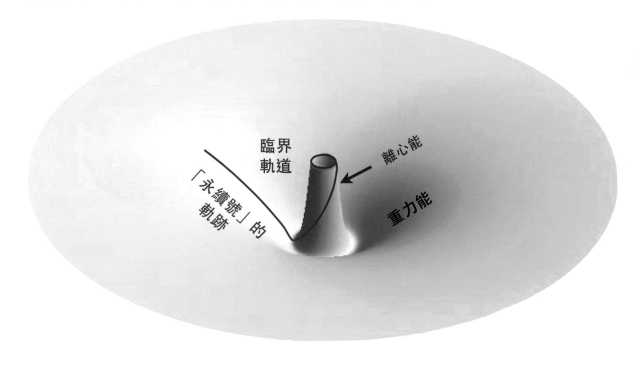

點技術問題。

　　為求簡明起見，讓我們假裝「永續號」是在「巨人」的赤道面上移動。（其原理和「永續號」的非赤道軌跡是一樣的，只不過由於黑洞不呈球形，因此細部方面會比較複雜）

　　以火山來類比，可以俐落地概括臨界軌道與「巨人」軌跡的真實物理原理。而要解釋它實際如何運作，這裡需要兩個物理概念：「永續號」的角動量，以及它的能量。

　　借用潮汐力甩離曼恩的星球之後，「永續號」就帶著一定數量的角動量（它環繞「巨人」的切線速度乘以它和「巨人」的距離）。

　　相對論定律告訴我們，這個角動量在「永續號」軌跡全程保持固定（守恆）；參見第十章。這表示，當「永續號」向「巨人」衝去，和「巨人」愈靠愈近，它的切線速度也隨之提高。

　　這和溜冰選手把雙臂收回、轉速便跟著提升的道理是相同的（圖 27.4）。

　　「永續號」帶著特定數量的能量朝「巨人」航行，而且就如同它的角動量一樣，也在軌跡全程都保持不變。

　　這筆能量分為三個部份：一是「永續號」的**重力能**，隨著「永續號」朝「巨人」衝去，重力能也愈來愈趨負數；二是它的**離心能**（環繞「巨人」的切線能），隨著「永續號」俯衝，離心能便會提增，這是由於切線運動逐漸加速所致；最後是它的**徑向動能**（朝「巨人」行進的動能）。

　　圖 27.3 的表面是「永續號」的重力能加上它的離心能（採垂直標繪），以及它在「巨人」赤道面上的位置（採水平標繪）。

　　表面上所有下陷的部份，「永續號」的重力能加上離心能之總量會減少，所以它的徑向動能一定會提增（因為總能量不變）；它的徑向運動速度必定得提高。

　　這是在我們的直覺中正該發生的狀況，拿火山來類比。

　　圖 27.3 中，壕溝外的火山表面，由「永續號」的負向重力能控制（見圖中的「重力能」）。相較而言，正向離心能在那裡並不重要。至於火山口之外的山緣，相形之下，這

圖27.4
溜冰選手

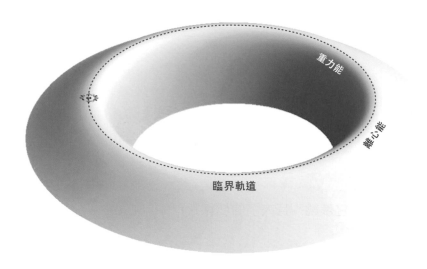

圖27.5
「永續號」的火山緣臨界軌
道，緣外由離心能和離心力支
配，緣內則由重力能和重力支
配。
（「永續號」的形象援引自《星際效
應》電影）

裡則是由逐漸增大的離心能來控制。這時候，離心能已經凌駕重
力能。

在火山內部，來到「巨人」視界附近，重力能已經負向變化
到極巨大，壓倒了離心能，表面於是向下崩陷。（圖 27.5）。

至於臨界軌道，就位於火口緣上。

臨界軌道：
離心力和重力的平衡均勢

在理想狀況下，「永續號」一抵達火山緣，就會以定速一圈又一
圈不斷環繞。既然它既不向內也不朝外運行，
由此可見，火口緣上向內作用的重力之引力，
必然恰好被（產生自太空船快速切線運動的）
朝外作用的離心力所抵銷。

情況確實是如此，見圖 27.6；類似「米勒
的星球」作用力均勢標繪圖（圖 17.2）。

紅色曲線（重力對「永續號」作用的向內
引力）和藍色曲線（朝外的離心力）在「永續
號」的臨界軌道上交叉，因此兩種力保持均勢。

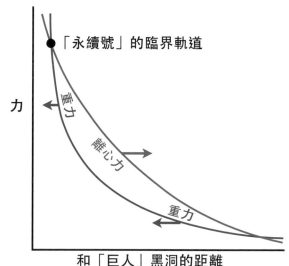

圖27.6
作用於「永續號」的重力和離心力，以及和「巨人」相隔之距
離變動時，這兩種力如何隨之改變。

然而，這種均勢是不穩定的。這一點，從我們的火山緣類比就能看出端倪。[50]

若是「永續號」受到微朝內的隨機推力，重力就能壓倒離心力（紅色曲線攀升到藍色曲線之上），於是「永續號」就會被引力向內拉往「巨人」的視界。倘若「永續號」受到些微的朝外推力，離心力就能在這場抗衡中勝過重力（藍色曲線升高到紅色曲線之上），則「永續號」會被推動朝外，逃脫「巨人」的嚴密掌控。

相對之下，誠如我們在第十七章所見，「米勒的星球」軌道上的重力與離心力均勢就很穩定。

火口緣上的災難：
拋棄塔斯和庫柏

在我對電影的科學詮釋中，這個火口緣非常細窄，緣上的臨界軌道因此也就極端的不穩定。只要發生很細微的導航失誤，就會使「永續號」偏斜朝「巨人」墜下（落入火山），或是脫離「巨人」（落入壕溝）。

錯誤是不可避免的，因此「永續號」的航線必須校正，持續不斷的校正，而這需要設計精良的回饋系統，就像汽車的定速巡航一樣，只是必須使它厲害更多才行。

在我的詮釋中，「永續號」的回饋系統其實還不夠好，於是它終究還是陷入險境，落入火山口內側深處。

「永續號」必須用上它能運用的所有推力，才能攀升回到臨界軌道。

但是這部份實在太過細膩，也太技術性，不適合放進這麼一部劇情精彩曲折、觀眾五花八門的電影裡。

於是克里斯多福‧諾蘭選擇了一個較簡單、直接的途徑：不提不穩定的情勢，也不提回饋，讓「永續號」逕自衝過頭，太過逼近「巨人」，而庫柏也採取因應行動，將他能運用的推力全都用上，重新攀升並脫離「巨人」的箝制。

---

50 我們的火山緣類比與這些作用力論據的相符程度，取決於一項關鍵事實：「永續號」所受淨力（重力加上離心力）和能量表面的斜率成正比（圖27.3和27.5）。你能不能想出這是什麼道理？

結果是相同的：1 號登陸艇由塔斯駕駛，2 號「漫遊者號」則由庫柏駕駛，兩艘小艇附接在「永續號」上後發動火箭，將「永續號」推回外側，脫離「巨人」的箝制。接著還有最後的臨門一腳：用爆炸螺栓（explosive bolt）將「永續號」炸脫 1 號登陸艇和「漫遊者號」。

登陸艇和「漫遊者號」朝下往「巨人」衝去，船上分別載了塔斯和庫柏。「永續號」得救了（27.7 和 27.8）。

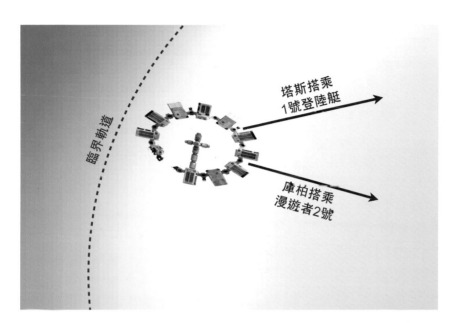

圖27.7
火箭點燃，推動「永續號」向上返回臨界軌道。1號登陸艇和「漫遊者號」跟著進行拋射作業。（「永續號」形象援引自《星際效應》電影）

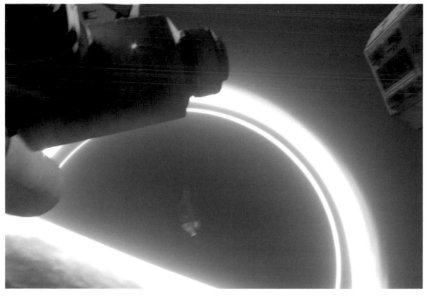

圖27.8
「漫遊者號」朝「巨人」墜入。這是布蘭德在「永續號」上所見景象，前景可見「永續號」兩個組件的局部構造。畫面中央下方有個隱約可見的物體，被「巨人」的吸積盤環繞在內。那就是「漫遊者號」。
（擷自《星際效應》畫面，華納兄弟娛樂公司提供）

電影中，布蘭德和庫柏有過一段淒涼的訣別。布蘭德不明白庫柏和塔斯為什麼要跟著登陸艇和「漫遊者號」進入黑洞。

庫柏給她一個相當薄弱卻頗富詩意的說辭：「牛頓第三定律。想往前進，人類想出來的唯一方法，就是學會放下。」

這當然是真的，只不過，庫柏和塔斯跟著登陸艇和「漫遊者號」進入黑洞之舉，為「永續號」帶來的額外推力其實是微乎其微的。

當然，更重要的真相是，庫柏**想要**進入「巨人」。他希望自己和塔斯能夠從「巨人」內部的一個奇異點知悉量子重力定律，同時設法將它們傳回地球。

這是他拯救全體人類的最後指望。

「永續號」啟程
前往艾德蒙斯的星球

對布蘭德和機器人凱斯來說，臨界軌道是個理想的地點：可以從這裡發射「永續號」，航向他們想去的任何方向，尤其是：前往艾德蒙斯的星球。

他們怎麼控制「永續號」的發射方向？

由於臨界軌道是那麼不穩定，火箭只需要稍微噴發，就足夠將「永續號」推離軌道。假如噴發作業正好是在臨界軌道上的適當定點點燃，威力也剛好，就能成功將「永續號」送上目標中的正確方向（圖 27.9）。

事實上，圖 27.9 可能無法澄清所有疑慮，讓你相信布蘭德和

圖27.9
「永續號」脫離臨界軌道，航向「艾德蒙斯的星球」的軌跡。
（「永續號」形象援引自《星際效應》電影）

重力能

離心能

噴發在這裡
點燃

臨界軌道

「永續號」的行進軌跡
航向艾德蒙斯的星球

凱斯真能如願朝任意方向發射。這是由於這張圖並未
描繪出臨界軌道的三次元結構。這方面必須參見圖
27.10。

　　這種迴旋的臨界軌道，可以拿來跟短暫困
陷在「巨人」光殼內部的光線軌跡相比（參
見圖 6.5 和 8.2）。

　　就像那些光線一樣，「永續號」
也在暫時被困在它的臨界軌道上。但
它和那些光線有個不同之處：它有
控制系統和火箭。因此「永續號」能
夠發射、脫離臨界軌道，控制權就在
布蘭德和凱斯的手中。同時，由於軌道呈
迴旋的三次元結構，發射方向還可以視需求來選定。

　　只是「永續號」發射之後，便將庫柏和塔斯拋在身後。
他們俯衝而下，穿越「巨人」的視界——朝「巨人」的奇異點義
無反顧而去。

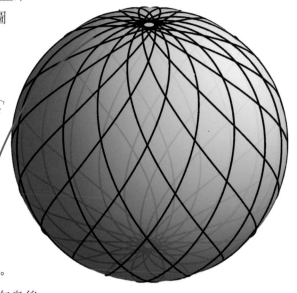

「永續號」飛向艾德蒙斯的星球之航行軌跡

圖27.10
「永續號」之臨界軌道的三次
元圖像，以及飛向「艾德蒙斯
的星球」的發射軌跡。臨界軌
道盤繞在「巨人」表面的一層
球面上。

墜入「巨人」

四分之一世紀的轉變

Ⓣ

一九八五年，卡爾・薩根原本想讓他《接觸未來》的女主角艾蓮諾・阿諾威（茱蒂・福斯特飾演）穿越黑洞前往織女星。那時我告訴他不行！她進入黑洞就會死去。黑洞核心的奇異點會把她撕裂，體無完膚，痛苦地死去。我建議他改讓阿諾威博士穿越蟲洞（第十四章）。

二〇一三年，我慫恿克里斯多福・諾蘭讓庫柏進入「巨人」黑洞。

從一九八五年到二〇一三年，這四分之一世紀裡發生了什麼事？為什麼我對於墜入黑洞的態度出現這麼巨大的轉變？

一九八五年時，我們物理學家認為，所有黑洞的核心都存在著呈混沌態的毀滅性 BKL 奇異點；凡是進入黑洞的事物，全都會被奇異點的拉伸和擠壓力摧毀（第二十六章）。這是我們當時有確鑿根據的推論——但我們錯了。

過去這四分之一世紀期間，另外兩種奇異點也在數學運算中被發現了。它們是黑洞內部的「溫馴的」奇異點——如果真有任

何奇異點稱得上「溫馴」的話（第二十六章）——溫馴得當庫柏墜入其中時，說不定仍有可能存活下來。我其實很懷疑他能存活，但我們也沒辦法確認。因此現在我認為，就科幻作品來說，讓他存活的設想是可以尊重的。

還有，在這四分之一世紀期間，我們得知了我們的宇宙或許是較高次元「體」裡面的「膜」（第二十一章）。因此我認為，「假設有生物棲居在『體』裡面」，也是可以尊重的設想。這類生物是文明非常先進的「體」生物，他們或許在最後一刻把庫柏從奇異點救了出來。這是克里斯多福・諾蘭選擇的情節。

穿越事件視界
Ⓣ

在《星際效應》片中，當庫柏駕著「漫遊者號」（還有塔斯駕著 1 號登陸艇）從「永續號」拋射，他們便朝「巨人」的事件視界螺旋下降，接著還穿越了視界。那麼，愛因斯坦的相對論定律對這種螺旋下行有什麼說法？

根據相對論定律（因此也就是我對電影這部份的詮釋），待在「永續號」上看著這一幕的布蘭德，其實永遠看不到「漫遊者號」穿透視界。庫柏從視界內部試圖發送給她的所有信號，也永遠傳不出來。視界裡的時間流是朝下的，而這種朝下的時間流，會拖著庫柏和他發送的所有信號一道朝下，遠離視界。參見第五章。

所以，布蘭德看到了什麼——假如她和凱斯有辦法使「永續號」持續保持穩定，讓她有時間觀察的話？由於「永續號」和「漫遊者號」都位於「巨人」翹曲空間的圓柱部份深處（圖 28.1），它們都被「巨人」的旋動空間拖行，以幾乎相等的角速度（相等軌道周期）進行切線運動，因此，就布蘭德在她的繞軌基準座標系所見，「漫遊者號」脫離「永續號」之後幾乎就是筆直朝下，向視界行進（圖 28.1）。這就是電影中呈現的景象。

愛因斯坦的相對論定律說，當

圖28.1
「漫遊者號」在「巨人」的翹曲空間穿行的軌跡，觀察點位於「永續號」的繞軌基準座標系。「永續號」畫得比正確尺寸大上許多，以便讓你看得到它。
小圖：「巨人」翹曲空間的完整圖示。（「永續號」形像援引自《星際效應》電影）

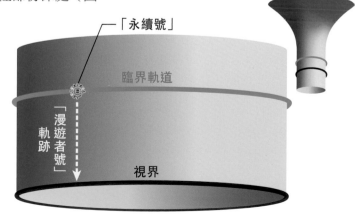

布蘭德看著「漫遊者號」接近視界時，她一定會看到「漫遊者號」的時間比起她的時間相對減慢了，然後會完全凍結。整個過程如下：她會看到「漫遊者號」的向下運動減慢，然後在緊鄰視界上方之處靜止凍結；她會看到「漫遊者號」發出的光線波長變得愈來愈長（頻率愈來愈低，顏色愈來愈紅），最後「漫遊者號」會完全變成黑色，再也無法被觀測到。而且，庫柏每隔一秒（以「漫遊者號」上的時間計）傳送給布蘭德的資訊，傳抵時間的相隔時段（依布蘭德測得的間距）也愈來愈長。幾個小時後，布蘭德收到最後一筆信號，接下來就再也收不到來自庫柏的訊息了。這是庫柏在穿透視界之前，發出的最後一筆信號。

相對之下，庫柏持續收到布蘭德發來的信號，而且跨越視界後依然繼續接收。布蘭德的信號毫無困難就能進入「巨人」並傳抵庫柏，庫柏的信號則沒辦法傳出來給布蘭德。愛因斯坦的定律說得非常明確。這一切必然如此發展。

此外，這些定律還告訴我們，當庫柏跨越視界時，不會看到任何特殊的現象。他無從得知，至少無從簡單輕易得知，他傳出的哪一筆信號會是布蘭德收到的最後一筆。他環顧四周，無法看出視界究竟是哪裡。黑洞視界在他的眼中，不比地球赤道在你眼中更容易區辨。當你搭船跨越赤道時，同樣分辨不出赤道在哪裡。

布蘭德和庫柏這些看似矛盾的觀察結果，肇因於兩件事：時間的翹曲作用，以及他們相互傳送的光線和資訊之有限行進時間。當我**同時**仔細思索這兩件事，完全不覺得有任何矛盾。

包夾在奇異點之間
EG

「漫遊者號」載著庫柏愈來愈深入「巨人」內部，這時他仍看得到他上方的宇宙。為他傳來這幅影像的光線上方，有個下落奇異點尾隨追來。這個奇異點起初很微弱，但隨著愈來愈多東西墜入「巨人」、堆疊成一張薄片，它也迅速增長變強（第二十七章）。這是愛因斯坦的定律所規定的。

「漫遊者號」的下方則有一個外飛奇異點，由許久以前墜入黑洞的東西生成，這時正回頭向上，朝「漫遊者號」飛散過來（第二十七章）。

「漫遊者號」被兩個奇異點包夾在中間（圖28.2），最後無可避免會被其中一個撞上。

當我向克里斯解釋這兩種奇異點時，他立即知道應該是哪一個撞上「漫遊者號」。外飛奇異點。為什麼？因為克里斯為《星際效應》選擇採用的物理定律版本，規定有形的物體永遠不得逆向回溯時光（第三十章）。下落奇異點是庫柏墜入「巨人」後許久才墜入的東西生成的（這個「許久之後」，是以外部宇宙的時間，亦即地球的時間來測計）。若庫柏被這個奇異點撞到並存活下來，則宇宙的遙遠未來將會進入他的過去。結果他就會位於我們的未來深處，即使有「體」生物從旁協助，恐怕他也回不來了——就算能回來，那也會是在他離開太陽系數十億年後。這麼一來，他就永遠沒辦法再和他的女兒墨菲團聚了。

因此克里斯很篤定地做出抉擇：撞上庫柏的不是下落奇異點，而是外飛奇異點——在「漫遊者號」**之前**（而非之後）墜入「巨人」的東西所生成的奇異點。

但克里斯的抉擇，為我對電影提出的科學家詮釋，帶來一個小小的問題，只是它不像逆向回溯時光那麼嚴重。倘若「漫遊者號」是從臨界軌道直接墜入「巨人」，那麼它的墜落速度將會慢得讓下落奇異點足以追上並撞上它。反之，假使要使「漫遊者號」如克里斯所要求的撞上外飛奇異點，它就必須幾近超前下落奇異點才行，而後者是以光速在下降。這一點，「漫遊者號」確實可以做到，只要給它一道強大的向內推力就好。怎麼做？老方法：脫離「永續號」後，立即繞行一顆合適的中等質量黑洞，藉由彈弓效應來助推。

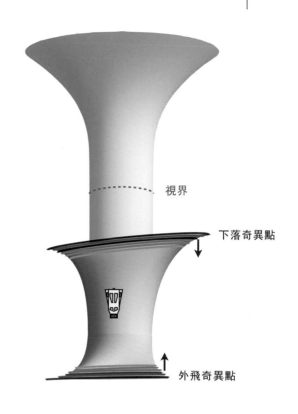

視界

下落奇異點

外飛奇異點

圖28.2
代表「漫遊者號」的圖像被「巨人」的下落奇異點和外飛奇異點上下包夾。「漫遊者號」畫得比應有的尺寸大很多，以便你看得到它。

庫柏在「巨人」內部會看到什麼？
Ⓢ

往內下墜時，如果庫柏抬頭向上看，他可以看到外部宇宙。由於他的下降速度已經拉高了，因此他會看到外部宇宙的時間流速，

和他自己的時間約略相等，[51] 還會看到外部宇宙的影像尺寸縮小了，[52] 從占了約半邊天空，縮小到約四分之一。

　　頭一次看電影如何表現這段情節的時候，我很開心地發現富蘭克林的團隊沒有做錯，還連另一點也做對了，而且那是我先前沒注意到的：圖 28.3 中，上方的宇宙影像，周圍環繞著「巨人」的吸積盤。你能不能解釋為什麼必須這樣呈現？

　　庫柏可以看到他上方這所有的景象，但他不會看到下落奇異點。這個奇異點朝下以光速向他移動，徒然追逐著為他傳來上方吸積盤和宇宙影像的光線。

　　由於我們對黑洞內部會出現哪些現象一無所知，因此我告訴克里斯和保羅，我不會介意他們在這裡發揮想像力，任意描繪庫柏在下降過程中看到什麼景象從下方向他逼來。我只提出了一個要求：「請不要讓黑洞裡出現撒旦和地獄之火，像迪士尼在他們的電影《黑洞》裡那樣。」克里斯和保羅兩人暗笑。他們一點也沒有興趣要這麼做。

　　看到他們描繪的成果，我覺得非常合理。從上方俯視，庫柏應該看到比他更早墜入「巨人」，而且依然繼續朝內下墜的物體

圖28.3
庫柏在「巨人」內部所見的上方宇宙。他的視線越過「漫遊者號」的船身向上眺望，宇宙的周圍環繞著吸積盤。「巨人」的陰影位於左方的黑暗區域。（擷自《星際效應》畫面，華納兄弟娛樂公司提供）

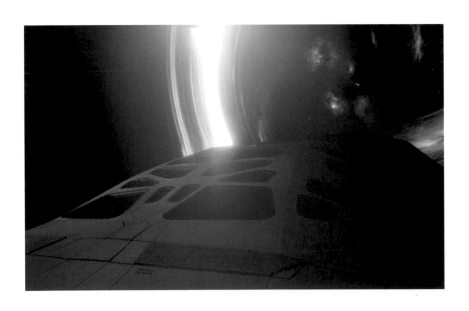

51 以技術語言來說：因為他的高速移動，來自上方的信號經都卜勒效應而朝紅端頻移，補償了黑洞重力的引力造成的藍移效應，因此顏色看來還相當正常。

52 肇因於星光的像差。

所傳來的光。這些物體不必自行發光，庫柏能透過上方吸積盤照耀反射的光線看到它們，就像我們也從反射的陽光看到月球一樣。我估計這些物體大半都是星際塵埃，而這也就能解釋為什麼電影中他在墜落時會遇上雲霧。

　　庫柏還能超越墜落速度比他慢的東西。這也或許可以解釋，為什麼電影中有一片片的白色碎屑和他的「漫遊者號」碰撞，然後彈開。

超立方體出手救援

在我對電影所做的科學詮釋中，當「漫遊者號」靠近外飛奇異點時，它會遇上高漲的潮汐力。庫柏在千鈞一髮之際彈射脫離。潮汐力把「漫遊者號」扯裂，當場一分為二。超立方體就在奇異點的邊緣等候庫柏——想必就是「體」生物安置在那裡的（圖 28.4）。

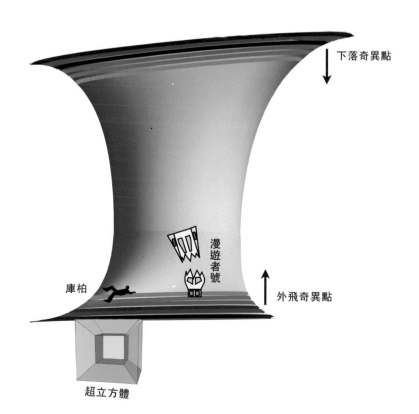

圖28.4
代表庫柏的圖像位於奇異點邊緣，即將被超立方體「舀起來」。「漫遊者號」和庫柏的圖像，尺寸都遠遠大於真正的尺寸，以便你看得到他們。本圖隱匿了一個次元，因此圖像都以二次元呈現。

超立方體

在《星際效應》中，超立方體的入口處是一種白色棋盤圖案。每個白色方格都是一支樑桁的末端。

庫柏從樑間的通道向下跌落，進入超立方體。茫然無措的他，猛搥通道壁上像磚頭一樣的東西，結果發現那是書本。通道連往一間大型艙室，他在裡面飄盪、掙扎，然後才逐漸安定下來。

這個艙室是克里斯多福·諾蘭為四次元超立方體設計的三次元面獨特表現，再由富蘭克林和他的視覺特效團隊強化影像。艙室和它的四下周遭都複雜至極。即使我知道超立方體是什麼，頭一次看到時，我也感覺和庫柏一樣茫然。克里斯和保羅大幅充實了超立方體的內容，我是在和他們談過後，才完全了解詳情。

現在就將我所知道的，以及從他們那裡學到的，經過我的物理學家觀點加以篩選整理後，在本章節裡說明呈現如下。讓我們先從標準型的簡單超立方體切入，接著再擴充到克里斯的複雜化超立方體。

從點、線、方形到立方體，再到超立方體

標準型超立方體是具有四個空間次元的立方體。我會在圖 29.1 和

29.2 按部就班向各位說明這是什麼意思。

若我們取一點（圖 29.1 上圖）並順著一個次元移動，我們就會得到一條線。

這條線有兩個面（端點）；兩面都是點。這條線有一個次元（沿著一個次元延伸）；線的面比線少了一個次元：零次元。

若我們取一線並順著與它本身垂直的次元移動（圖 29.1 中），我們就得到一個方形。

那個方形有四個面（邊）；四面都是線。這個方形有兩個次元；它的面比方形少了一個次元：一次元。

若我們取一方形並順著與它本身垂直的次元移動（圖 29.1 下），我們就得到一個立方體。

這個立方體有六個面；六面都是方形。這個立方體有三個次元；它的面比立方體少了一個次元：二次元。

下一步應該很明顯了，但想要呈現具體的形象，我就必須將立方體重新作圖，畫成當你貼近其中一個橙色面（圖 29.2 上）的時候會看到的景象。

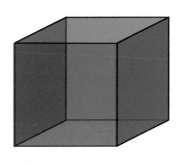

圖29.1
從點到線到方形到立方體。

這時原來的方形（深橙色小方形），當它朝你移動並形成立方體的時候，看來就放大變成立方體的前沿面——外側的方形。

若我們取一立方體並順著與它本身垂直的次元移動（圖 29.2 下），我們就得到一個超立方體。

這個超立方體的圖像可以和上面的立方體類比：它看來就像兩個立方體，彼此內外套疊。

內側立方體已經向外擴展，如 29.2 下圖所示，開展出超立方體的四次元體積。

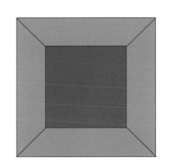

這個超立方體有八個面；八面都是立方體。（你能不能辨認並一一點出來？）

超立方體有四個空間次元；它的面比超立方體少了一個次元：三次元。超立方體和它的面共有同一個時間次元，本圖並未呈現。

影片中，庫柏進入的艙室是超立方體的八個立方體面之一。我在前面說過，艙室已經被克里斯和保羅以一種聰明、複雜的手法更改過了。

在我解釋他們這個聰明的手法之前，讓我先以標準型簡單超立方體，來描述我一開始為電影超立方體的場景提出的詮釋。

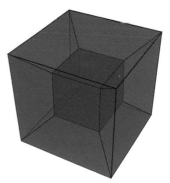

圖29.2
從立方體到超立方體。

超立方體運輸庫柏：
從奇異點轉移到「體」裡面
⑤

由於庫柏是由原子構成的，彼此以電力和核力束縛在一起，而這些都只能存在於三個空間次元和一個時間次元裡，因此他只能棲身在超立方體的一個三度空間次元面（立方體）裡頭，沒辦法體驗超立方體的四度空間次元。

圖 29.3 顯示他在超立方體的前沿面裡飄盪。我以紫色線條描出這個面的邊緣輪廓。

在我對電影的詮釋中，超立方體從奇異點升起、進入「體」裡面。由於它是和「體」具有相等空間次元數（四個次元）的物體，因此能夠在「體」裡面棲身。

它還能運輸三次元的庫柏（將他安頓在它的三次元面裡）在「體」裡面穿行。

現在請大家回想一下，在我們的「膜」（我們這處具有三個空間次元的宇宙）裡面測量「巨人」和地球之間相隔的距離，得到的數字約為百億光年。然而，若是在「體」裡面測量，這個距離只約為一個天文單位（太陽到地球的距離）；參見圖 23.7。

圖29.3
庫柏的圖像在超立方體的一個三次元面的內部。

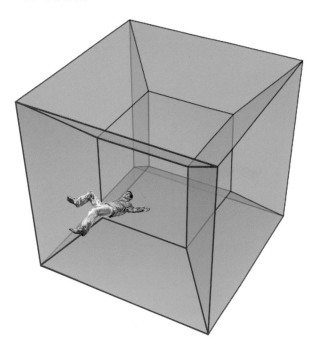

因此，靠著「體」生物提供的任意推進系統，在我的詮釋中，超立方體可以搭載庫柏在「體」裡面穿行，迅速跨越我們的宇宙，前往地球。

圖 29.4 是這趟旅程的一幅速寫，已經移除一個空間次元，因此超立方體成為三次元「體」裡面的三次元立方體，庫柏則變成一個二次元圖像，待在立方體一個二次元面裡，沿著和我們的二次元宇宙（「膜」）平行的方向移動。

為了配合電影呈現的內容，我想像這趟旅程非常短暫，才幾分鐘而已。抵達時，庫柏仍然暈頭轉向的，也還在向下墜落。等他心神平復下來，人還在大艙室內飄蕩，超立方體也於此時停靠在墨菲的臥室旁。

圖29.4
超立方體的一個面搭載著庫柏，沿著我們的「膜」上方運輸，在「體」裡面穿行。本圖已移除一個空間次元。

靠接：
看入墨菲臥室的景象
△5

這種靠接作業是怎樣達成的？在我的詮釋中，要在「體」裡面抵達地球附近，超立方體必須穿越包覆著我們的「膜」、厚二公分的「厚反德西特層」（第二十三章），才能來到墨菲的臥室。打造超立方體的「體」生物，想必為它配備了能將「反德西特層」推到一旁的裝置，來為它的下降清除障礙。

　　圖 29.5 顯示超立方體在障礙清除之後來到庫柏的農舍，停靠在墨菲的臥室一旁。這裡同樣隱匿了一個次元，因此超立方體描繪成三次元立方體，農舍、臥室和墨菲則畫成二次元圖像，當然，庫柏也同樣如此。

　　超立方體的後沿面和墨菲的臥室重疊。以下我會更仔細說明。

　　後沿面是超立方體的三次元截面。這個截面位於墨菲的臥室裡頭，道理和一個超球的圓形截面位於三次元的「膜」裡面是一樣的；參見圖 22.3。

　　因此，墨菲的臥室裡所有的東西，包括墨菲自己，也全都位於超立方體的後沿面裡頭。

圖29.5
超立方體停靠在墨菲的臥室旁。

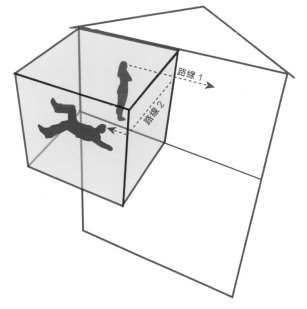

路線 1

路線 2

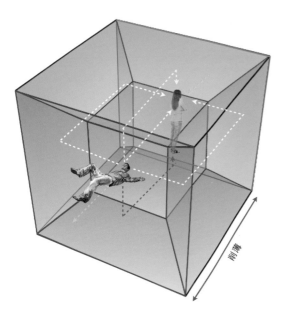

圖29.6
庫柏可以透過他那處超立方體面（紫色邊緣）的六面牆當中任何一面，檢視墨菲的臥室（橙色邊緣）。本圖中，他看到了墨菲。

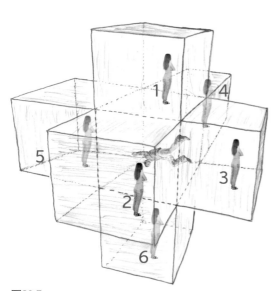

圖29.7
庫柏從他的超立方體面觀看墨菲臥室的六個視角。（我本人的手繪圖）

當一束光線從墨菲向外傳播，射到墨菲的臥室和超立方體共用的那道邊緣，這時它就有兩個地方可以去：光線可以待在我們的「膜」中，沿著圖 29.5 的路線 1 射出開啟的門外，或者射入牆面被吸收。

又或者，光線也可以待在超立方體內，沿著路線 2 傳播，射入並穿過下一個超立方體面，接著繼續前行並射入庫柏眼中。光線的光子，一部份沿著路線 1 傳播，另有一部份沿著路線 2 行進，為庫柏帶來墨菲的影像。

現在請看圖 29.6。本圖中，我恢復了那個隱匿的次元。當庫柏透過他那個艙室的右側牆面觀看，他也透過墨菲臥室的右側牆面來檢視臥室內部（右側白色光線）。當庫柏透過他那個艙室的左側牆面觀看，他也透過墨菲臥室的左側牆面來檢視臥室內部（左側白色光線）。當庫柏透過他的背側牆面觀看，他也透過墨菲臥室的背側牆面來檢視臥室內部。當他透過他的前沿牆面（橙色光線）觀看，他也透過墨菲臥室的前沿牆面來檢視臥室（但這一點不能從圖 29.6 中很明顯看出來；你能不能解釋為什麼這是事實？）。當沿著黃色光線看去，他是透過墨菲的天花板俯瞰；當沿著紅色光線看去，他則是透過墨菲的地板仰望。對庫柏來說，當他逐一輪替改變他的凝望方向，感覺彷彿他是環繞著墨菲的臥室在移動觀看。（克里斯第一次給我看他的複雜化超立方體時，他就是這樣形容的）

圖 29.6 中這六道光線必須穿過居間（intermediate）的立方體，亦即超立方體的各面，然後才能射抵墨菲的臥室。電影中的光線，從艙室到臥室並未傳播可觀的距離，可見得克里斯和保羅必定是在一個次元裡面將超立方體縮小了；請見圖 29.6 的灰色箭頭和「削薄」的註記。

經過這樣的收縮後，庫柏從艙室的每一面，都分別正向、直接地看進墨菲臥房的其中一面（牆面、地板或天花板），當中沒有居間的空間。於是對庫柏來說，這種情況看來

就如同圖 29.7 所示。他看到六個臥室，每個都和他的艙室各面接壤，而且除了他觀看的方向之外，所有臥室都一模一樣。[53] 事實上，這些臥室全都一模一樣。臥室只有一個，但在庫柏看來有六個。

諾蘭的複雜化超立方體

圖 29.8 是一張劇照，顯示庫柏飄浮在他位於超立方體內的艙室裡。

　　這張圖看起來和圖 29.7 非常不同，因為克里斯構思出繁複多端的變型，再由保羅和他的團隊執行完成。

圖29.8
庫柏飄浮在諾蘭的複雜化超立方體裡。（擷自《星際效應》畫面，華納兄弟娛樂公司提供）

53 圖29.7中的庫柏翻身轉朝（如圖29.6所示之）墨菲的頭頂。這表示，在牆面影像2、3、4和5中，墨菲也應該要翻轉才對。但是電影裡如果讓她在四個畫面裡上、下顛倒，還在另外兩個畫面裡右側朝上，肯定會把廣大觀眾搞糊塗，因此牆面影像在這裡與電影中都沒有翻轉。

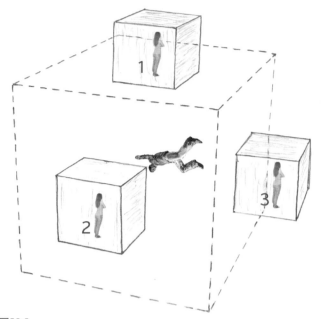

圖29.9
庫柏的艙室擴大為三倍，於是
六個臥室分別占據他的艙室各
面中央位置。（我本人的手繪圖）

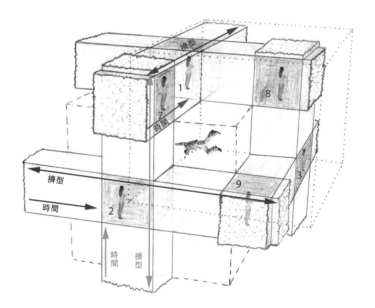

圖29.10
所有臥室都有擠型向外凸伸，
時間順沿擠型流動。（我本人的
手繪圖）

看到克里斯的複雜化超立方體時，我首先注意到的是庫柏的艙室已經擴大為三倍，因此本來緊貼著艙室各面的臥室，現在只分別占三分之一面。我將這個情景描畫如圖 29.9，當中超立方體的其他複雜構造都去掉了，艙室後沿三面也全都看不見了。[54]

接下來我注意到的是，每個臥室都有兩個擠型（extrusion）凸出構造，分別沿著和庫柏艙室的兩個橫向方位伸展（圖 29.10 和 29.11）。照克里斯和保羅向我解釋的說法，凡是這些擠型交會的地方，全都有個臥室，例如臥室 7、8 和 9，以及原來的臥室 1 – 6。

這些擠型延展無止境，在它們的交會點形成看似無窮盡的臥室網格，以及和庫柏所處艙室〔如圖 29.10 虛線邊緣所示〕一樣的艙室網格[55]。舉例來說，臥室 7、8 和 9 的標號面，各自朝向一個以點線標示出邊緣的艙室；這個艙室的後沿左下角，和庫柏艙室的前沿右上角局部重疊。

塔斯對庫柏說的一段話，為我們提供了一條線索，點出擠型、臥室與艙室網格構造代表的意義。這句話是：「你看到了，這裡的時間是以一種有形的次元呈現出來。」

克里斯和保羅為我詳細說明個中

54 電影中，墨菲的臥室並非正立方體；臥室的長、寬、高分別為20、15和10英尺，而庫柏的艙室各邊都為三倍尺寸：60、45和30英尺。為求簡明，我把臥室和艙室都理想化了，畫成正立方體。

55 克里斯和保羅稱這些艙室為「空無」（void），因為這些都是沒有擠型通過的區域。

圖29.11
擠型網格。克里斯多福·諾蘭
在發展複雜化超立方體概念期
間，畫在他的工作筆記上的圖
像。

端倪。他們解釋，「體」生物呈現的時間流向如圖 29.10 所示：藍
色擠型依循藍色箭頭指向流動，綠色擠型則依循綠色箭頭指向，
而褐色擠型則依循褐色箭頭指向。

　　為了更深入探究，讓我們暫且集中討論在臥室 2 交會的那對
擠型；參見圖 29.12。切過臥室並呈垂直
方向的截面，依循藍色時間箭頭指向，
隨時間朝右移行，行進間便生成藍色擠
型。同理，呈水平方向的截面，依循綠
色時間箭頭指向，隨時間向上移行，生
成綠色擠型。兩組截面交會的地方——
擠型交會處——有一個臥室。

　　其他擠型也都是如此。每兩個擠型
交會之處，都由各自附帶的截面生成一
個臥室。

圖29.12
墨菲的臥室的截面隨著兩個
擠型移行。臥室2位於兩組截
面交會之處。（我本人的手繪
圖）

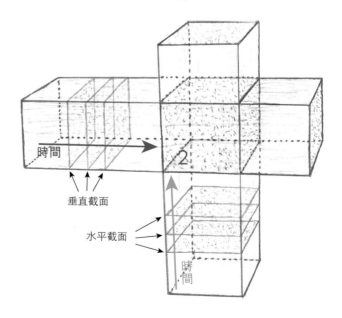

由於截面是以有限速度移行，各個不同臥室的時間彼此並不同步。舉例來說，假設各截面隨著各自的擠型從一個臥室移行到下一個臥室需時一秒鐘，則圖 29.13 中的所有臥室，都位於圖像 0 的未來，而且相隔時段為黑色數字所示的秒數。所以，臥室 2 超前臥室 0 一秒鐘，臥室 9 超前臥室 0 兩秒鐘，而臥室 8 則超前臥室 0 四秒鐘。你能不能解釋個中原因？

電影中，相鄰臥室的時間差不到一整秒，而是比較接近十分之一秒。當墨菲的臥室窗簾隨風飄拂時，仔細審視相鄰的臥室，你就能估計出各臥室的時間差。

當然，電影中超立方體的每個臥室，都是墨菲的臥室，只是分處於各特定時間片刻──即圖 29.13 以黑色數字標示的時間。

庫柏能在臥室擠型內以遠快於時間流的速度移動，因此他可以輕鬆在超立方體復合結構中穿行，隨意前往大多數他想前往的臥室時間！

要以最高速移行進入墨菲臥室的時間所屬未來，庫柏應該順著他的艙室的一條對角線，朝藍、綠和褐色時間增長的方向（向右、向上和向內）移行，也就是沿著圖 29.13 中紫羅蘭色對角虛線移動。

圖29.13
移行截面（擠型）交會產生的臥室網格之局部圖。藍色數字各自標示特定臥室，是前面幾幅圖的數字系統衍生版本。各臥室的黑色數字指出它位於臥室 0 多久之後的**未來**。紫羅蘭色虛線箭頭是庫柏能夠最快速進入該臥室所屬未來的移行方向。

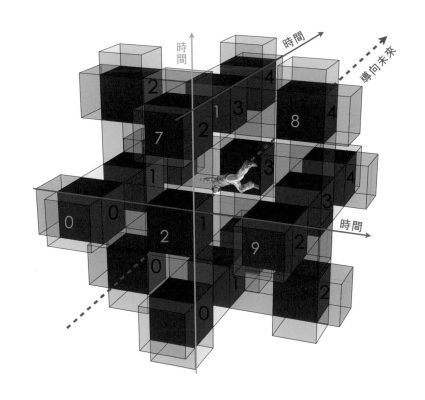

　　像這樣的斜線不會穿過擠型；它們是庫柏可以行進的開放通道。我們在電影中看到，他沿著這種開放對角通道，從早年書本像鬧鬼一樣掉落的臥室時間，前往手錶滴答作響的臥室時間（圖29.14）。

　　當庫柏在那個複合結構內沿著對角線上下穿梭時，他是否真的是在時光中前後移行？這種前後移行的方式，就是艾蜜莉亞·布蘭德推想「體」生物能夠辦到的方法，因此她說：「對祂們而言，時間或許只是另一個有形的次元。對祂們而言，過去說不定只是一道可以爬進去的峽谷，而未來是一座可以攀登的山頭，對我們而言卻不是這樣。明白了嗎？」

　　在《星際效應》中，是**哪些**法則支配時光旅行？

圖29.14
當庫柏沿著對角通道飆升，在超立方體複合結構中穿行，很快就進入墨菲臥室時間的所屬未來時，他眼中所見就是這幅景象。對角通道位於圖像中央的上方部位。（擷自《星際效應》鏡頭，提供單位：華納兄弟娛樂公司）

向過去發送信息

將法則傳達給電影觀眾

Ⓣ

在克里斯多福·諾蘭還沒擔任《星際效應》導演並接手改寫劇本之前，他的弟弟喬納森就曾經教過我電影「法則」這回事。

喬納森說明，為了維持一部科幻電影恰到好處的懸疑性，必須讓觀眾懂得遊戲規則，也就是這部電影的「法則」。

例如，物理定律和當代科技容許哪些事項，又禁止哪些事項？假如法則不清不楚，觀眾席上就會有許多人期待會發生什麼神奇事件天外飛來拯救了主角，導致無法堆砌起電影該有的張力。

你當然不能對觀眾說：「這部電影的法則是這樣……」而是必須透過一種微妙、自然的手法來跟觀眾溝通。

克里斯正是這方面的大師。他透過角色的對白來傳達他的法則。

下次當你觀賞《星際效應》時（你怎麼能忍住不再看一次？），請在片中尋找他用來透露法則的對白。

克里斯多福・諾蘭的時光旅行法則

事實證明（見本章的內容），支配逆向時光旅行的是量子重力定律，而這是我們幾乎完全未知之地，因此物理學家沒有把握哪些事是可以容許的、哪些則否。

克里斯為容許與禁止的時光旅行訂下兩項明確規範。他的法則如下：

法則1： 具有三個空間次元的有形物體和物理場，例如人和光線，都不得從我們的「膜」中的一個位置逆向上溯時光前往另一個地方，發送或攜帶的資訊也不得如此移行。物理定律或時空實際的翹曲作用，使這樣的事無從發生。而且，不論該物體是永遠固定待在我們的「膜」內，或是進入超立方體內某個三次元面內、隨之在「體」中穿行，從「膜」中的某一點前往另一點──這項法則都一體適用。因此，具體而言，庫柏永遠沒辦法前往他自己的過去。

法則2： 重力能夠攜帶信息進入我們的「膜」的過去。

電影中，法則1成功製造出高漲的張力。當庫柏在「巨人」附近徘徊時，墨菲的年齡也愈來愈大。由於絕無可能在時光中逆向移行，於是他永遠無法回到她身邊的風險也愈來愈高。

法則2則為庫柏帶來希望，使他終能使用重力來發訊並逆向上溯時光，將量子數據傳送給年幼的墨菲，然後她才能求解教授的方程式，並想出方法來讓人類升空、脫離地球。

這些法則是如何在《星際效應》電影中傳達給觀眾的？

向墨菲傳遞信息

庫柏落入並穿越超立方體時，確實是在時光中逆行上溯──就我們的「膜」的時間來說，從墨菲已經年老的時代，前往她才十歲的時代。

　　這一場戲中，他看著超立方體臥室裡面的墨菲，看到十歲的她。他還可以在我們的「膜」的時間（臥室的時間）前後移行——意思是，他可以選擇要檢視哪個臥室，也因此能夠在種種不同的臥室時間看到墨菲。

　　這樣做沒有違反法則 1，因為庫柏沒有重新進入我們的「膜」當中。

　　他留在「膜」之外，在超立方體的三次元通道裡面，而且是藉由發自墨菲的時代、在時光中順行到他這裡的光線來檢視墨菲的臥室。

　　不過，就如同庫柏無法在墨菲十歲大的時代重新進入我們的「膜」，他也無法將光線向她發送。這樣就會違反法則 1，因為光線可以將庫柏那段經歷的資訊帶給她，而那是在她的未來發生的事——那是來自她年長時代的資訊，從我們的「膜」內某個位置逆向上溯時光傳往另一個地方。

　　因此，肯定有某種單向的時空障壁，擋在臥室裡面的十歲墨菲和超立方體裡面的庫柏之間，有點像單面鏡或黑洞視界那樣。光線能從墨菲傳往庫柏，卻沒辦法從庫柏傳往墨菲。

　　在我對電影的詮釋中，這道單向障壁有個很簡單的由來：超立方體中的庫柏，始終是位於十歲大墨菲的未來。光線能從墨菲向未來傳送給他，不能從他向過去傳送給墨菲。

　　但是庫柏發現：重力能夠克服這道單向障壁。

　　重力信號能夠逆向上溯時光，從庫柏傳給墨菲。我們頭一次看到這種現象，是當庫柏情急之下將書本推落墨菲的書架時。圖 30.1 是從電影這一幕擷取的畫面。

　　要解釋這個畫面，我必須再多說明一些關於臥室「擠型」的事，這也是克里斯和保羅・富蘭克林先前向我解釋過的。

　　現在讓我們將焦點放在圖 29.10 和 29.12 的前沿藍色擠型。這裡我已將不相干的事物略去，重新繪製如圖 30.2。請回想一下，這個擠型是穿越墨菲臥室的一組垂直截面，在臥室時間下依著藍色指示向前順行（向右）。

　　臥室內的每件物體，例如每一本書，都有份造就了臥室的擠型。事實上，每本書都有它自己的擠型，在時間中依循藍色箭頭指向前行，構成臥室這個較大擠型的局部環節。

圖30.1
庫柏用右手推動一本書的世界
管。（擷自《星際效應》畫面，華
納兄弟娛樂公司提供）

我們物理學家稱這種擠型的一款變型為這本書的「世界管」
（world tube），還稱呼書本所含物質個別粒子的擠型為該粒子的
「世界線」（world line）。因此，這本書的世界管就是一束世界線，
也就是書本所有組成粒子之世界線的集合。

克里斯和保羅也用這樣的說法。你在電影中看到許多細線順
著擠型延展，它們全都是墨菲的臥室內所含物質粒子的世界線。

在圖 30.1 裡面，庫柏一再揮拳搥打書本的世界管，觸發了一
道重力波，逆向上溯時光，來到他眼中所見墨菲臥室的那個瞬間，
然後推動了書本的世界管。

圖30.2
一本書的世界管在墨菲的臥室
擠型裡面伸展。書本和它的世
界管畫得比實際尺寸大很多。
〔我本人的手繪圖〕

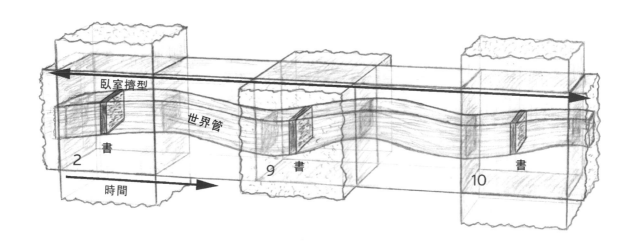

它引發了反應。那本書的世界管移動了。

在庫柏看來，世界管的運動，是他的推動引發的即時反應。這個運動變成一道波動，沿管向左移行（圖 30.2）。[56] 當運動變得夠強，書本就從書架上跌落。

等到庫柏收到塔斯傳來的量子數據時，他已經掌握這種溝通手法了。

我們在電影中看到他伸出手指推動一個手錶秒針的世界管。他的推力產生了一道逆向上溯時光的重力波，促使秒針以摩斯電碼模式抽動，藉此發送量子數據。

超立方體能將這套抽動模式儲存在「體」裡面，因此抽動會一再反覆呈現。三十年後，四十歲的墨菲回到她的臥室，發現秒針仍在繼續抽動，一再反覆重現庫柏辛辛苦苦發送給她的量子數據電碼。

逆向上溯時光的重力如何發揮作用？

在說明我對此的詮釋之前，這裡先告訴你，關於逆向上溯時光方面，我知道哪些事——或是應該說，我認為自己知道哪些事。

沒有「體」的時光旅行——
我認為自己知道的事
ⒺⒼ

一九八七年，在卡爾‧薩根帶來的機緣下（第十四章），我認識了蟲洞的奇妙屬性。如果物理定律容許蟲洞存在，則愛因斯坦的相對論定律，也就允許將蟲洞轉變為時光機。

這方面最精彩的例子在一年後就被發現了。發現人是我的摯友：俄羅斯莫斯科的伊戈爾‧諾維科夫（Igor Novikov）。

伊戈爾的例子（參見圖 30.3）顯示，蟲洞有可能自然而然轉變成時光機，毋須智慧生物插手幫忙。

圖 30.3 中，蟲洞的底部開口位於環繞黑洞的軌道上，上方開口則遠離黑洞。

由於黑洞具有強大的重力引力，愛因斯坦的時間翹曲定律規

---

56 為什麼是向左？這麼一來，世界管才會在臥室時間的任意時刻下，都始終待在
　　同一個橫向位置上。想想這一點。

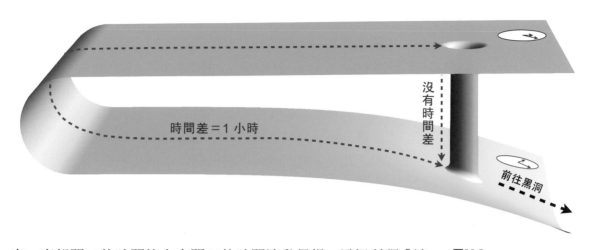

時間差＝1小時

沒有時間差

前往黑洞

圖30.3
蟲洞成為一台時光機。

定，底部開口的時間比上方開口的時間流動得慢。這裡所謂「流動得較慢」，是指和重力引力很強烈之路徑沿線的流速相較之下，即圖30.3中穿越外部宇宙的紫色虛線路徑。

說得具體一點，我假設這導致時間延遲了一個小時，因此跟整個外部宇宙比較起來，圖30.3裡蟲洞底部的時鐘比上方時鐘慢了一小時，而且這種時間延宕還會持續增長。

由於蟲洞內部只有微弱的重力引力，愛因斯坦的時間翹曲定律規定，從整條蟲洞觀之，上方開口和下方開口的時間流速，基本上是相等的。因此當我們將蟲洞各處的時鐘拿來比對，它們全都是同步的。

再說得更具體一點，假設在外部宇宙中，上、下兩個開口之間相隔很近，近得你可以在時鐘測定的五分鐘內走過去，同時你也可以穿過蟲洞，在一分鐘內走完。那麼，這個蟲洞就成了一台時光機。

你在當地時鐘測得 2:00 時離開上方開口，穿越外部宇宙往下方開口前進，當你抵達時，上方的時鐘時間為 2:05，下方的時鐘時間則為 1:05。接著你從下方開口上行穿越蟲洞，花了一分鐘抵達上方開口。

由於蟲洞各處的時鐘都是同步的，你抵達上方開口時，兩台時鐘測得的時間都為 1:06，比你的 2:00 出發時間早了五十四分鐘回到起點，在那裡遇見較年輕的自己。

往前推幾天，那時的時間差遠比這個時候小，蟲洞還沒有成為時光機。

　　它是在某事物能以最高可能速度（光速），沿著你的路線行進，並且在出發的時間點回到上方開口的那一瞬間，才開始變成一台時光機。

　　舉例來說，假如那是一顆光粒子（光子），則我們剛開始時有一顆光子，現在（在起點和起始時間）就有了兩顆。等這兩顆光子走完這一趟後，我們在同一地點和時間就有了四顆光子，接著是八顆，然後十六顆……！愈來愈多能量在蟲洞裡面奔竄，或許會多到導致這股能量的重力在蟲洞變成一台時光機的同一瞬間，當下就將蟲洞摧毀。

　　防範之道看起來相當容易：只要遮擋光子，就能夠保護黑洞。但有種東西是遮擋不掉的，那就是光的超高頻量子漲落──根據量子定律（第二十六章）必然存在的漲落。

　　金宋婉（Sung-Won Kim，音譯）是我的研究小組中的一位博士後研究生。一九九〇年，她和我運用量子定律來計算這種漲落的結局。我們發現一種漸增式爆炸（圖30.4）。

　　起初我們認為這爆炸太微弱，不足以摧毀蟲洞。我們以為，儘管發生爆炸，蟲洞依然會變成時光機。

　　史蒂芬‧霍金讓我們改變了心意。

　　他說服我們，爆炸的結局由量子重力定律所宰制。只有當我們深入理解這些定律後，才能確認逆向時光旅行究竟可不可能成真。

　　不過，史蒂芬非常確信最終答案是不會有時光機，於是將此納入他一個名為「時序保護猜想」（chronology protection conjecture）

圖30.4
光的量子漲落沿著紅色路徑傳播、增長，並在蟲洞變成時光機的瞬間釀成一場漸強爆炸。

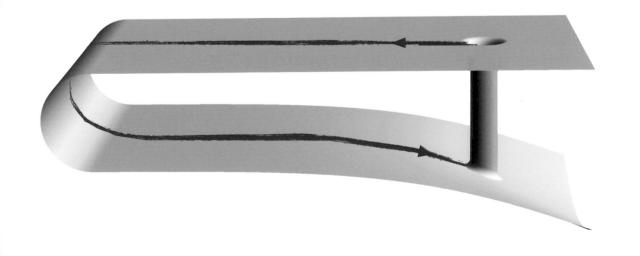

的創見：物理定律永遠會防止逆向時光旅行，從而「為歷史學家
保障宇宙的安全。」

　　過去二十年來，許多研究者為此苦思不已，想證明或推翻霍
金的「時序保護猜想」。時至今日，我認為，結論和一九九〇年
代早期他和我爭辯這個課題時沒什麼不同：只有量子重力定律知
道答案是什麼。

有「體」的時光旅行

⚠

這所有的研究和結論——有根據的推測——都奠基於一組物理定
律，但它適用的條件是：**如果具備一個大型第五次元的「體」並
不存在**。

　　而如果大型的「體」**真的**存在，就像《星際效應》電影中所述，
那麼時光旅行又會是什麼情況？

　　我們物理學家都覺得愛因斯坦的相對論定律非常令人信服，
因此猜想定律在「體」裡面或在我們的「膜」裡面都一體適用。
於是蘭道爾、桑卓姆和其他人，已經將他的定律擴展到五次元「體」
裡。步驟很簡單，只有：為空間增加一個新的次元。

　　這個數學擴展做法很直截了當，又很優美，因此我們物理學
家都覺得，這一步大概是走對了。

　　在我對電影的詮釋中，布蘭德教授就是以這項擴展成果為基
礎，來發展他的方程式，並奮力鑽研重力異常（第二十五章）。

　　如果這項推測性擴展是對的，則時間在「體」裡面的表現與
作用，基本上就和在我們的「膜」裡面是一樣的。

　　具體來說，「體」裡面的物體和信號，就如同我們的「膜」
裡面的物體和信號一樣，也只能在局域測得的時間（局域「體」
時間）裡朝單一方向移動：朝向未來。它們不能在局域時光中逆
向移行。

　　假使在「體」當中有可能從事逆向時光旅行，唯一做法就是
朝外進入「體」空間旅行，然後在旅行開始之前回來，而且在這
過程中，始終是在局域「體」時間內順向移行。這是圖 30.3 那趟
往返旅行的一種「體」類比。

從「體」當中向墨菲發送信息：物理學家的詮釋

接下來這些與時間相關的描述，是我對庫柏向墨菲傳送信息這一段劇情的詮釋基礎。

請回想一下，超立方體是一種每一面都有三個空間次元、內部有四個空間次元的物體。它的內部隸屬「體」的一部份。

我們在電影的超立方體場景看到的東西，全都位於這些面之中：庫柏、墨菲、墨菲的臥室、臥室的擠型、書和手錶的世界管——全部都在超立方體的面裡頭。我們自始至終都沒有看到超立方體的「體」內部。

我們看不到它，是因為光沒有辦法傳播穿越四個空間次元，只能在三個次元中傳播。但是，重力可以辦到。

在我的詮釋中，當庫柏在墨菲的臥室裡看到一本書，他是藉由在超立方體的面裡頭傳播的光線才看到的（例如圖 30.5 中的紅色虛線光線）。

而且，當他推動一本書的世界管時，或是推動手錶秒針的世界管時，他也發出了一道重力信號（「體」裡面的一道重力波），沿著圖 30.5 所示的紫羅蘭色曲線，螺旋進入超立方體的「體」內部，並在其間穿行。信號在局域「體」時間內向前順行，但是在臥室時間裡算是逆行，然後，在它啟程之前抵達。[57] 就是這種重力信號將書本推出書架，扯動手錶的秒針。

這就有點像我最喜愛的艾雪（M.C. Escher）畫作之一：《瀑布》

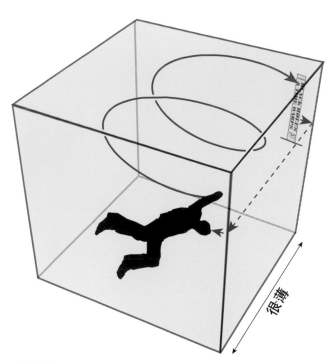

圖30.5
庫柏透過紅色虛線表示的光線看到一本書，並藉由一道沿著紫羅蘭色曲線螺旋傳播的重力信號來向那本書施力。本圖中隱匿了我們的「膜」的一個空間次元。

---

57 我可以輕鬆寫下能夠落實這種作用的時空翹曲數學描述——「體」內的工程師很有可能嘗試建構出這種翹曲作用，以促進重力信號在局域「體」時間內向前移行，但同時就臥室時間來說是逆向移行；參見本書末尾〈技術筆記舉隅〉的本章部份，尤其是圖TN.1。「體」的工程師實際上能否真的建構出這種翹曲作用，取決於量子重力定律——我對它並不了解，但塔斯在「巨人」的奇異點內找到了。

（*Waterfall*）（圖30.6）。這幅畫裡，朝下的走向就相當於向前流動的臥室時間，流水則相當於向前流動的局域時間；水上一片葉子由水載著朝前移行，就像「體」裡的信號由局域時間搭載向前移行。

當葉片由水流載著落下瀑布時，它就有如從書本射向庫柏的光線：不單在局域時間內前行，它還向下移行（在臥室時間內向前順行）。

而當葉片由水搭載著沿導水管移行時，它就有如從庫柏傳往書本的重力信號：在局域時間內前行，同時卻也向上移行[58]（因此在臥室時間內逆行）。

依循這項詮釋，我該如何解釋艾蜜莉亞·布蘭德對「體」內生物眼中之時間所說的那段話？「對祂們而言，時間或許只是另一個有形的次元。對祂們而言，過去說不定只是一道可以爬進去的峽谷，而未來是一座可以攀登的山頭。」

但擴展到「體」之內的愛因斯坦定律告訴我們，局域「體」時間不能有這樣的作用。在「體」裡面，沒有任何東西能在局域「體」時間之內逆行。

只不過，當庫柏和「體」生物從「體」裡面檢視我們的「膜」，他們確實能夠看到我們的「膜」的時間（臥室時間）表現出像布蘭德所說的特性。

從「體」裡面看來，「我們的『膜』的時間，有可能看起來就像另一個有形的次元。」

這裡我改寫一下布蘭德的說法。「我們的『膜』的過去，看來就像一道峽谷，庫柏可以爬入其中〔沿著超立方體的對角通道行進〕；而我們的『膜』的未來，看來就像一座山頭，庫柏可以攀登而上〔沿著超立方體的對角通道向上移行；參見圖29.14〕。」

這就是我對布蘭德說法的物理學家詮釋。克里斯的詮釋也有雷同。

圖30.6
《瀑布》，艾雪的畫作。

[58] 這是一種光幻視作用。

跨越第五次元碰觸布蘭德

在《星際效應》中，當量子數據已經安全掌握在墨菲手中時，庫柏的任務就結束了。載著他在「體」裡面穿行的超立方體也開始關閉。

超立方體逐漸關閉時，他看到了蟲洞。而在蟲洞裡面，他看到了進行首航的「永續號」正朝著「巨人」前進。當庫柏掠過「永續號」時，他伸出手，透過重力跨越第五次元碰觸了布蘭德。她以為自己是被「體」生物碰觸了。

確實是如此……她被乘著快速關閉的超立方體、在「體」裡面穿行的生物碰觸了——那正是已經筋疲力竭、年齡較增長的庫柏。

31

建立地球外的殖民站

⟨S⟩

在《星際效應》的前段劇情中，庫柏頭一次拜訪航太總署設施的時候，教授帶領他參觀了一個巨大、圓筒狀的圍場，那是建造來搭載好幾千人進入太空、當作往後許多世代的棲身之處：太空殖民站。他還聽說其他地方也在建造這種殖民站。

「它要怎麼離開地球？」庫柏問教授。

「最早那幾次的重力異常讓一切改觀了。」教授回答他。「我們突然明白，控制重力是確有其事。於是我開始研究理論，然後我們也開始建造這個殖民站。」

到了《星際效應》尾聲，我們看到人類的日常生活恢復安定，住在飄浮於太空中的殖民站裡（圖 31.1）。

殖民站是怎麼發射進入太空的？

關鍵當然在於量子數據（依我的科學家詮釋，量子重力定律），也就是塔斯從「巨人」的奇異點擷取出來（第二十六和二十八章），然後由庫柏傳給墨菲（第三十章）的資料。

在我的詮釋中，墨菲捨棄了這些定律的量子漲落（第二十六章），從而得知了支配重力異常的非量子定律，最後再從這些定律中找出駕馭異常的做法。

身為物理學家，我迫切想知道個中細節。布蘭德教授那些寫滿他的黑板上的方程式，是不是走對了方向？（參見第二十五章

圖31.1
庫柏透過一窗戶看到太空殖民
站裡有一群小孩在打棒球。（擷
自《星際效應》畫面，華納兄弟娛樂
公司提供）

和本書網頁：Interstellar.withgoogle.com）。他是不是就像墨菲取
得量子數據之前所說的，真的已經解出了一半的答案？還是說，
他根本偏離了正軌？異常的祕密和駕馭重力，會不會其實完全是
兩碼子事？

　　或許當《星際效應》有續集時，我們就會明白了。克里斯多福·
諾蘭是拍續集的高手；這一點看他的《蝙蝠俠》三部曲就可以知道。

　　但有一點是很清楚的：墨菲肯定已經想出辦法，知道該如何
降低地球內部的牛頓重力常數 G。大家回想一下（第二十五章），
地球重力的引力能以牛頓的平方反比定律求得：$g = Gm/r^2$，其中
r^2 是和地球中心的距離平方，m 是地球的質量，G 則是牛頓的重
力常數。當你將牛頓的 G 對半縮減，你也把地球的重力減弱了一
半；把 G 縮減一千倍，你也就把地球的重力減弱了一千倍。

　　依我的詮釋，若是將地球內部的牛頓 G 常數縮減至正常數值
的——比如說一千倍，時間達一個小時，這樣我們就能用火箭引
擎將龐大的殖民站射上太空了。

　　然而，這會帶來一項副作用。

　　在我的詮釋中，地球的核心這時不再有龐大的行星重量鎮壓
其上，肯定會向外爆裂，將地球的表面向上推開。

　　而隨著一座座殖民站昂揚升上太空，超強地震和滔天海嘯肯
定也會跟著出現，在地球上大肆破壞。這是除了枯萎病帶來的浩

劫之外，地球要付出的另一個可怕代價。因為當牛頓的 G 恢復常
態的強度時，地球必定會回縮到它的正常尺寸，造成更多地震和
海嘯的禍患。

但是人類得救了，而庫柏和九十四歲的墨菲重逢了。庫柏接
著出發前往宇宙的遙遠地帶，去尋找艾蜜莉亞・布蘭德。

臨別省思
Ⓣ

每次重新觀賞《星際效應》和回頭翻閱這本書，我都會覺得非常
驚奇：這裡面竟然包含了這麼多采多姿的科學，而且它們是如此
的豐富和優美。

當中最重要的莫過於，《星際效應》蘊含的樂觀信息讓我相
當感動：我們棲身的宇宙服從物理定律的管轄。我們人類可以發
現、破解、掌握這些定律，並用來掌控我們自己的命運。就算沒
有「體」生物出手相援，當我們遇上宇宙帶來的天災，甚至我們
給自己惹出來的人禍——從氣候變遷到生物和核能浩劫——我們
人類依然大半都有辦法應付。

只不過，要做到這一點，要想掌控我們自己的命運，需要我
們當中很大一部分的人都能夠認識、賞識科學，而這包括：了解
科學如何運作；它教導我們有關宇宙、地球和生命的哪些事；它
能辦到哪些事；在知識或技術不夠充分的情況下，它有哪些侷限；
我們可以怎麼克服這些侷限；我們該怎麼將想像臆測轉變為有根
據的推測，再轉變為真理；以及，那些促使我們心目中的真理改
弦更張的變革，是多麼稀罕難得，卻又是多麼重要。

期盼本書能為這個認知做出一點貢獻。

附錄一：
你可以從哪裡更深入學習？

第一章・一個科學家在好萊塢：《星際效應》的孕育

對好萊塢文化和流沙一般的電影製作環境感興趣的讀者，我高度推薦我的夥伴琳達・奧布斯特出版的兩本書：《哈囉，他撒謊，以及好萊塢陰溝裡流動的其他真相》（ *Hello, He Lied & Other Truths from the Hollywood Trenches* ）（Obst 1996）和《好萊塢夜未眠：電影工業的新異象》（ *Sleepless in Hollywood: Tales from the New Abnormal in the Movie Business* ）（Obst 2013）。

第二章・簡單認識我們的宇宙

《宇宙：權威視覺指南》（ *Universe: The Definitive Visual Guide* ）（Rees 2005）縱覽了我們的整個宇宙，書中收錄許多精彩圖片，還附上你以肉眼和雙筒、單筒望遠鏡觀察夜空所能看到之景象的連結。已經有許多好書談到我們的宇宙在最初始時刻發生了哪些事、「大霹靂」的由來，以及「大霹靂」的可能起因，我特別喜歡的有：《暴脹宇宙》（ *The Inflationary Universe* ）（Guth 1997）、《大霹靂：宇宙的起源》（ *Big Bang: The Origin of the Universe* ）（Singh 2004）、《大千一世界：尋找其他的宇宙》（ *Many Worlds in One: The Search for Other Universes* ）（Vilenkin 2006）、《宇宙之書：從托勒密，愛因斯坦到多重宇宙》（ *The Book of Universes: Exploring the Limits of the Cosmos* ）（Barrow 2011），以及《從永恆到此時：追尋時間的終極理論》（ *From Eternity to Here: The Quest for the Ultimate Theory of Time* ）（Carroll 2011）的第三、十四和第十六章。

「大霹靂」最新相關研究可以參見肖恩・卡羅爾（Sean Carroll）的部落格「荒謬宇宙」（Preposterous Universe）（Carroll 2014），網站：http://www.preposterousuniverse.com/blog/。

第三章・主宰宇宙的定律

理查・費曼（Richard Feynman）是二十世紀偉大物理學家。一九六四年，他向一般大眾發表了系列演說，深入探索支配我們這處宇宙的定律之根本性質。他將演講內容編寫成書，成了我常年以來最喜愛的書籍之一：《物理之美》（ *The Character of Physical Law* ）（Feynman 1965）。另外還有一本，論述更詳細，內容更新，篇幅也更長得多，書名是：《宇宙的結構：空間、時間，以及真實性的意義》（ *The Fabric of the Cosmos: Space, Time, and the Texture of Reality* ）（Greene 2004）。還有一本比較通俗，或許也比較有趣，卻也同樣深入的是《大設計》（ *The Grand Design* ）（Hawking and Mlodinow 2010）。

第四章・翹曲時間、翹曲空間和潮汐重力

有關愛因斯坦的翹曲時間和翹曲空間概念的詳細沿革、它們和潮汐重力的關聯，以及他奠基於這些概念的相對論定律，可以參照《黑洞與時間彎曲：愛因斯坦的幽靈》（ *Black Holes and Time Warps：Einstein's Outrageous Legacy* ）（Thorne 1994）第一、二章；另外，討論無數實驗、驗證了愛因斯坦理論之正確性，請見《愛因斯坦錯了嗎？：廣義相對論的全面驗證》（ *Was Einstein Right? Putting General Relativity to the Test* ）（Will 1993）。

《上帝難以捉摸：愛因斯坦的科學與生活》（ *"Subtle is the Lord……": The Science and the life of Albert Einstein* ）（Pais 1982）是一部愛因斯坦傳記，專注深入愛因斯坦對科學的所有貢獻；這本書比索恩（Thorne 1994）、威爾（Will 1993）的著作還艱深許多，也遠更富於學術深度。

除此之外，還一些內容更廣博的愛因斯坦傳記，當中我特別喜愛的是《愛因斯坦：他的人生他的宇宙》（ *Einstein: His Life and Universe* ）（Isaacson 2007），但沒有任何傳記像上述的派斯（Pais）那本《上帝難以捉摸：愛因斯坦的科學與生活》將愛因斯坦的科學處理得那麼準確又詳細。

《從頭認識重力：重力和廣義相對論入門指南》（ *Gravity from the Ground Up: An Introductory Guide to Gravity and General Relativity* ）（Schutz 2003）深入討論了重力和它在我們這處宇宙扮演的角色（兼顧牛頓重力和愛因斯坦的翹曲時空），是為一般讀者撰寫的著作。

處理相同題材，但是是專為大學高等物理學或高等工程學學生撰寫的書籍中，我喜歡詹姆斯・哈特爾（James Hartle）的教科書：《重力：愛因斯坦廣義相對論入門讀本》（ *Gravity: An Introduction to Einstein's General Relativity* ）（Hartle 2003），以及伯納德・舒茨（Bernard Schutz）寫的《廣義相對論的第一堂課》（ *A First Course in General Relativity* ）（Schutz 2009）。

第五章・黑洞

若想更深入認識黑洞，了解我們如何得知這些目前所知的黑洞知識，建議各位閱讀《重力的致命吸引力：宇宙間的黑洞》（ *Gravity's Fatal Attraction: Black Holes in the Universe* ）（Begelman and Rees 2009）、《黑洞與時間彎曲》（ *Black Holes & Time Warps* ）（Thorne 1994），以及二〇一二年我在史蒂芬・霍金七十歲生日宴上發表的演說內容：http://www.ctc.cam.ac.uk/hawking70/multimedia_kt.html。安德莉亞・蓋茨（Andrea Ghez）曾經在一場 TED 演說上談到其團隊在銀河系中心黑洞上的精彩發現，影片在此：http://www.ted.com/speakers/andrea_ghez，或也可參見她的團隊官網：http://www.galacticcenter.astro.ucla.edu。

第六章・「巨人」的解剖構造

本章有關黑洞特質之相關論述可參見《黑洞與時間彎曲》（Thorne 1994）第七章，尤其是 272 至 295 頁；較偏技術層級且納入方程式的著作有《重力：愛因斯坦廣義相對論入門讀本》（Hartle 2003）。本書附錄〈技術筆記舉隅〉也有相關內容。光殼和光子短暫受困的繞行軌道方面，參見張和坤（Edward Teo）的技術性論文（Teo

2003）。

第七章‧重力彈弓效應

關於重力彈弓效應的論述，比我所談的內容更偏技術性的文章，我推薦維基百科條目：http://en.wikipedia.org/wiki/Gravity_assist。不過，別相信文中關於繞行黑洞彈弓助推的說法。

這個條目的陳述中（迄至二〇一四年七月四日內容資料）有一段寫到：「如果飛行器接近黑洞的史瓦西半徑〔視界〕，空間扭曲現象就變得非常嚴重，沿彈弓效應軌道逃逸所需能量就會高於黑洞運動能夠添入的能量。」這是完全錯誤的。閱讀維基百科時，必須抱持質疑的態度。依我的經驗，在我擅長的專業領域裡，維基百科的說法約有一成是錯誤或引人誤解的。

這方面的相關論述，比維基百科更可靠，但內容沒那麼廣博的資料，可以參見 http://www2.jpl.nasa.gov/basics/grav/primer.php。目前已開發出一款和《星際效應》相關的重力彈弓效應電玩，參見：http://game.interstellarmovie.com/。

關於借助其力來進行重力彈弓助推的中等質量黑洞，略帶技術性的討論內容可參見《黑洞天文物理學：發動機範式》（*Black Hole Astrophysics: The Engine Paradigm*）（Meier 2012）第四章內容。

大衛‧沙羅夫（David Saroff）寫了一種應用工具，可以用來生成並探索環繞快速自旋黑洞的複雜運行軌道（如圖 7.6 所示），該程式可以上網取得：http://demonstrations.wolfram.com/3DKerrBlackHoleOrbits。

第八章‧塑造「巨人」的形象

黑洞重力透鏡效應對星場產生什麼影響，已有好幾位物理學家完成相關模擬，製作出類似《星際效應》片中畫面之基礎的影像，上網搜尋也可以找到。當中特別令人嘆服的是阿蘭‧雷佐羅的作品，參見 http://www2.iap.fr/users/riazuelo/interstellar。亦見底下第二十八章相關段落。

富蘭克林的團隊和我計畫寫幾篇略偏技術性的論文，討論他們運用我提供之方程式所完成的模擬成果：構成《星際效應》片中影像之基礎的模擬成果，包括巨人與其吸積盤和蟲洞，加上揭露其他令人驚奇之事的模擬結果。你可以上網查到這些論文，參見搜尋網站：http://arxiv.org/find/gr-qc。

第九章‧吸積盤和噴流

關於類星體、吸積盤和噴流的深入討論，參見《重力的致命吸引力：宇宙間的黑洞》（Begelman and Rees 2009）、《黑洞與時間彎曲》（Thorne 1994）第九章；更技術性、較詳細的論述，請見《黑洞天文物理學：發動機範式》（Meier 2012）。關於黑洞對恆星的潮汐破壞與由此生成的吸積盤，請見詹姆斯‧吉約雄的網站（他和幾位同事創作出圖 9.5 和 9.6 的基礎模擬作品）：http://astrocrash.net/projects/tidal-disruption-of-stars/。

符合天文物理學實情的吸積盤與其噴流影片段落，我推薦史丹福大學的拉爾夫‧卡勒（Ralf Kaehler）的一些作品，參見：http://www.slac.stanford.edu/~kaehler/homeP./visualizations/black-holes.html，這些影片的製作是根據喬納森‧麥金尼（Jonathan C. McKinney）、亞歷山大‧柴可夫斯科伊（Alexander Tchekhovskoy）和羅傑‧布蘭德福（Roger D. Blandford）的模擬圖像（McKinney, Tchekhovskoy, and Blandford 2012）。關於將都卜勒頻移與重力透鏡效應納入考量的吸積盤影像，參見天文物理學家艾弗里‧布羅德里克（Avery Broderick）的網站：http://www.science.uwaterloo.ca/~abroderi/Press/。《星際效應》片中巨人吸積盤畫面（例如圖 9.9）的基礎模擬相關敘述，將會被收入一篇或多篇論文中並在線上發表，參見搜尋網站：http://arxiv.org/find/gr-qc。

第十章‧意外是演化的第一塊基石

關於大質量黑洞附近的恆星密度不減反增的模擬結果，就我所知並無任何非技術性的論述。相關技術性討論和分析，請見《星系核的動力學和發展演變》（*Dynamics and Evolution of Galactic Nuclei*）（Merritt 2013）第七章，尤其是圖 7.4。

第十一章‧枯萎病

假使你每天收看科學新聞，或只是觀察著身邊的世界，你會看到：我那些生物學家同事在本章勾勒的種種情節，在這個世界上真實上演的例子了，幸好它們至今都還很輕微，不是什麼嚴重禍患。最近的一起事例，是某種致命病毒令人稱奇的跨界跳躍，從植物跳躍感染蜜蜂，參見網站 http://blogs.scientificamerican.com/artful-amoeba/2014/01/31/suspicious-virus-makes-rare-cross-kingdom-leap-from-plants-to-honeybees；這種病原體的跳躍幅度，遠超過《星際效應》片中從秋葵跳到玉米的事例，只是致命性低很多而已。另一個例子是，曾經主宰美國景觀的樹種迅速凋亡：不只第十一章邁耶羅維茨提到的美洲栗樹，還包括美洲榆樹（http://landscaping.about.com/cs/treesshrubs/a/american_elms.htm），以及加州帕洛瑪山——口徑兩百英寸的海爾望遠鏡（Hale Telescope）附近——山上我那棟小木屋四周生長的巨大松樹。

第十二章‧氧氣短缺

地球上的氧會在種種不同形式之間循環，輪替轉換為可呼吸的氧氣 O_2 分子、二氧化碳 CO_2，以及（轉換得比較緩慢的）其他形式，這種現象稱為「氧循環」（oxygen cycle）。上網 google 一下。碳也會在各種不同形式之間循環，輪替轉換為大氣與（死的和活的）植物中的二氧化碳，以及（轉換得比較緩慢的）煤、原油和油母質等其他形式，

這種現象稱為「碳循環」（carbon cycle）。也請上網 google 一下。很顯然的，這兩種循環是耦合的；兩者間有交互影響。它們是第十三章的發展基礎。

第十三章・星際旅行

系外行星（指太陽系之外的行星）不斷在飛快發掘中。網路上有每日更新、幾近完整的行星列表，參見 http://exoplanet.eu 和 http://exoplanets.org。適居系外行星的星表，請參見 http://phl.upr.edu/hec。關於在太陽系外搜尋系外行星和生命，人的層面和歷史方面討論，可參見《另一個地球：搜尋地球的孿生兄弟》（*Mirror Earth: The Search for Our Planet's Twin*）（Lemonick 2012）和《五十億年孤寂：在群星間搜尋生命》（*Five Billion Years of Solitude: The Search for Life Among the Stars*）（Billings 2013）；技術性和科學細節方面，參見《太陽系外行星手冊》（*The Exoplanet Handbook*）（Perryman 2011）。《外星獵人的自白：一個科學家搜尋地外文明的經歷》（*Confessions of an Alien Hunter: A Scientist's Search for Extraterrestrial Intelligence*）（Shostak 2009）是講述「搜尋地外文明計畫」（SETI）如何透過地外無線電信號與其他種種方式來尋找智慧生命的絕佳論述。

關於我們人類可以發展哪些技術以實現星際旅行的夢想，相關資訊我建議研讀 http://en.wikipedia.org/wiki/Interstellar_travel 和 http://fourthmillenniumfoundation.org。太空人梅・傑米森（Mae Jemmison）正在領導一項探索計畫，致力在下個世紀送人到太陽系外；參見「百年星艦」官網：http://100yss.org。

我們到處可見如何以曲速引擎和蟲洞來從事星際旅行的無稽之談，但是以這個世紀的技術來說——很可能包括往後好幾個世紀的技術在內——恐怕都無法朝這個方向真正有所落實，除非有某個遠遠更為先進的文明，提供我們必要的時空翹曲，就像《星際效應》的劇情那樣，否則我們人類恐怕不可能在你這輩子或你的曾孫輩世代，製造出夠強大的翹曲來從事星際旅行，因此，別浪費時間去讀那方面的論文和主張了。

第十四章・蟲洞

有關蟲洞的更詳細資訊，我特別推薦《勞倫茲蟲洞：從愛因斯坦到霍金》（*Lorentzian Wormholes: From Einstein to Hawking*）（Visser 1995），即便這是出版將近二十年的老書了。

我還推薦《黑洞與時間彎曲》（Thorne 1994）最後一章、《時光旅行和曲速驅動機》（*Time Travel and Warp Drives*）（Everett and Roman 2012）第九章，以及《踏入宇宙的一小步：黑洞、蟲洞和時光機》（*Black Holes, Wormholes, and Time Machines*）（Al-Khalili 2012）第八章。

關於能夠撐開蟲洞的異類物質之最新討論，參見《時光旅行和曲速驅動機》（Everett and Roman 2012）第十一章。

第十五章・《星際效應》蟲洞的視覺成像作業

富蘭克林的團隊和我打算寫一篇或多篇論文並在網路上發表，深入論述我們的蟲洞視覺成像相關詳情，參見搜尋網站：http://arxiv.org/find/gr-qc。

第十六章・發現蟲洞：重力波

有關雷射干涉重力波天文台，以及重力波搜尋工作的最新資訊，參見雷射干涉重力波天文台科學合作計畫（LIGO Scientific Collaboration）的網站：http://www.ligo.org，尤其是 "News" 和 "Magazine" 兩部份；亦見雷射干涉重力波天文台實驗室的網站：http://www.ligo.caltech.edu，以及凱・史塔茲（Kai Staats）的二〇一四年影片，請 見：http://www.space.com/25489-ligo-a-passion-for-understanding-complete-film.html。

網路上還可以找到好幾段我談重力波和宇宙翹曲面的授課影片，例如我的三堂「包立講座」（Pauli Lectures），參 見 http://www.multimedia.ethz.ch/speakers/pauli/2011，這三段影片應該依照排列方式反向觀看（亦即從最下面開始往上看）；還有一段是普通技術層級的演講，參見 http://www.youtube.com/watch?v=Lzrlr3b5aO8。有關（以 SXS 團隊模擬影像為基礎製作的）黑洞對撞和它們發出的重力波相關影片，請見 http://www.blackholes.org/explore2.html。

目前未有為一般讀者撰寫的最新重力波書籍，但我推薦《愛因斯坦的未完成交響曲：聆聽時空之聲》（*Einstein's Unfinished Symphony: Listening to the Sounds of Space-Time*）（Bartusiak 2000），這本書還不算非常過時。有關從愛因斯坦開始，延續迄今的重力波研究歷史，參見《傳播，以思想的速度：愛因斯坦與引力波》（*Traveling at the Speed of Thought: Einstein and the Quest for Gravitational Waves*）（Kennefick 2007）。

第十七章・米勒的星球

本章我就米勒的星球提出了眾多主張：它的軌道、自轉（除了搖擺之外，它始終保持以同一側朝向巨人）、「巨人」潮汐力使它變形並搖擺、「巨人」帶給它的空間旋動，而這旋動如何影響慣性、離心力，以及光速的速限。這些主張全都有愛因斯坦的相對論物理定律在背後支持：他的廣義相對論。

我沒聽說有哪本書、哪篇論文或哪一場講座，是針對非專家來討論和解釋一顆行星貼近繞行自旋黑洞時的這類情況，唯一例外就是我在本書中的第十七章。大學部的高年級讀者，可以嘗試使用哈特爾教科書《重力：愛因斯坦廣義相對論入門讀本》（Hartle 2003）提供的概念和方程式來檢驗我的這些主張。

我在〈「米勒的星球」過往歷史〉這一節中提出的那些問題，不需要具備太多相對論物理學基礎。只要懂得牛頓物理定律，就幾乎都能回答這些問題。尋找相關資訊的最佳選擇，是討論地球物理學、行星與其衛星之物理學的相關書籍和網站。

第十八章・「巨人」的振動

關於普瑞斯發現的黑洞能夠振動，以及圖科斯基推導出的支配這類振動的方程式，相關敘述請參見《黑洞與時間彎曲》（Thorne 1994）第 295 - 299 頁。

成為圖 18.1 與羅米利資料基礎的那篇關於黑洞之振動、振動衰減現象的技術性論義，是楊歡等人合寫的報告

（Yang et al., 2013），作者包括楊歡、齊默曼與他們的同事。

第二十一章・第四和第五次元

有關空間與時間的統一（unification），更詳細論述請參見《黑洞與時間彎曲》（Thorne 1994）第 73 - 79 頁。關於施瓦茨和格林的超弦突破，以及該成就如何迫使物理學家接納一種具額外次元的「體」，參見《優雅的宇宙》（The Elegant Universe: Superstrings, Hidden Dimensions, and the Quest for the Ultimate Theory）（Greene 2003）。

第二十二章・「體」生物

艾勃特的《平面國：向上，而非向北！》（Abbott 1884）被拍成一部評價很高的動畫電影，參見《平面國：電影》（Flatland: The Film）（Ehlinger 2007）。《平面國》的數學基礎，以及其故事與十九世紀英國社會之關聯性的相關廣泛討論，參見《平面國：多次方世界歷險記註疏》（The Annotated Flatland: A Romance of Many Dimensions）（Stewart 2002）。

第四空間次元視覺影像的相關見解，參見《額外次元視覺指南，第一冊：第四次元、高等次元多胞體和超曲面的視覺化》（The Visual Guide to Extra Dimensions, Volume 1: Visualizing the Fourth Dimension, Higher-Dimensional Polytopes, and Curved Hypersurfaces）（McMullen 2008）。

第二十三章・約束重力

就本章大半內容，我推薦《彎曲的旅行：揭開隱藏在宇宙維度之謎》（Warped Passages: Unraveling the Mysteries of the Universe's Hidden Dimensions）（Randall 2006）。這本書通盤討論了現代物理學家對於「體」與其額外次元之概念和預測，作者是蘭道爾。她和桑卓姆共同發現了反德西特翹曲能夠約束我們的「膜」附近的重力（圖 23.4 和 23.6）。

反德西特層，以及夾心結構的觀點（由我再次發現的概念），最早是由格雷戈里、魯巴科夫和西比里亞科夫在一份技術性論文中率先討論（Gregory, Rubakov, and Sibiryakov 2000），後來威登在一份技術性論文中證實了反德西特夾心結構並不穩固（Witten 2000）。

第二十四章・重力異常

有關水星軌道異常進動和搜尋火神星的歷史，我推薦一部學術專論：科學史家 N. T. 羅斯維爾（N. T. Roseveare）寫的《水星近日點：從勒維耶到愛因斯坦》（Mercury's Perihelion from Le Verriere to Einstein）（Roseveare 1982）。還有一本比較淺顯易讀，但內容沒那麼廣博的記述，作者是天文學理查・鮑姆（Richard Baum）和威廉・施罕（William Sheehan）：《搜尋火神星：藏身牛頓精密宇宙的幽靈》（In Search of the Planet Vulcan: The Ghost in Newton's Clockwork Universe）（Baum and Sheehan 1997）。

關於我們宇宙所含暗物質證據的發現經過，以及暗物質搜尋的最新近況，我推薦一本非常淺顯易讀的著作：由這門學問領導研究人員之一凱瑟琳・弗里茲（Katherine Freeze）撰寫的《宇宙雞尾酒：三份暗物質》（The Cosmic Cocktail: Three Parts Dark Matter）（Freeze 2014）。

有關宇宙膨脹異常加速，以及推測為其起因的暗物質方面，我推薦《宇宙雞尾酒：三份暗物質》最末章（Freeze 2014），還有《4% 的宇宙：暗物質、暗能量，以及發現其餘真相的競逐》（The 4% Universe: Dark Matter, Dark Energy, and the Race to Discover the Rest of Reality）（Panek 2011）。

第二十五章・教授的方程式

一九六〇年代早期，我在普林斯頓大學物理系攻讀博士學位時，牛頓重力常數 G 還是那裡的熱門課題，學者紛紛投入鑽研常數 G 有可能因應不同地點、不同時間出現變化，以及或許有可能以某種非重力場予以控制的觀點。

這些概念，是由普林斯頓教授羅勃・狄基（Robert H. Dicke）和他的研究部學生卡爾・布朗斯（Carl Brans）連同他們的「布朗斯—狄基重力理論」（Brans-Dicke theory of gravity）一併提出的（參見《愛因斯坦錯了嗎？：廣義相對論的全面驗證》第八章〔Will 1993〕），是愛因斯坦廣義相對論之外的另一種有趣理論。有一份簡短的個人回憶錄談到了這段歷程，參見〈變動的牛頓常數：關於純量張量理論的一段個人經歷〉（Varying Newton's Constant: A Personal History of Scalar-Tensor Theories），刊載在《愛因斯坦線上》（Einstein Online）（Brans 2010）。

布朗斯—狄基理論激發了好一些實驗，投入探尋變動的 G，結果沒有發現任何令人信服的變異；相關文獻可參見《愛因斯坦錯了嗎？：廣義相對論的全面驗證》（Will 1993）第九章。這些觀點和實驗，激發了我對《星際效應》的重力異常和如何駕馭異常的部份詮釋：「體」場控制 G 的強度並造成它的變化。

教授寫在黑板上的方程式，如圖 25.6 所示，就是以這些觀點為本建構而成。它還將愛因斯坦的相對論定律（廣義相對論）納入並擴展到「體」的第五次元 ——此一論述是在一篇技術性評論報告中提出的，作者是馬丁斯與小山和哉（Maartens and Kazuya 2010）——並吸納了一門名為「變分法」（calculus of variations）數學分科，；相關文獻可參見 http://en.wikipedia.org/wiki/Calculus_of_variations。教授的方程式之部份技術細節，可參見本書附錄〈技術筆記舉隅〉。

第二十六章・奇異點和量子重力

如果你是頭一次（從比較廣泛的角度）涉獵量子漲落和量子物理學，我推薦《沒有人懂量子力學？：原子中的幽靈》（The Ghost in the Atom: A Discussion of the Mysteries of Quantum Physics）（Davies and Brown 1986）。

就我所知，還沒有文章或書籍是以非物理學家為對象來論述人類大小物體（例如雷射干涉重力波天文台的那些鏡子）的量子行為；至於技術性層級，我在我的「包立講座」第三堂（上面數來第一堂）的後半段就是討論這個課題，參見 http://www.multimedia.ethz.ch/speakers/pauli/2011。

惠勒的自傳中，他談到了當初如何想出量子泡沫的觀點（《約翰・惠勒自傳：物理歷史與未來的見證者》

（*Geons, Black Holes and Quantum Foam: A Life in Physics*）第十一章。〔Wheeler and Ford 1998〕）。

我在《黑洞與時間彎曲》（Thorne 1994）第十一章談到我們在一九九四年對黑洞內部有哪些認識，以及我們如何得知那些事項，包括 BKL 奇異點和它的動力學；量子重力如何控制奇異點核心，以及它與量子泡沫的關聯；直到最近才由波森和伊斯雷爾發現，而且截至目前尚未完全了解的下落奇異點（他們稱之為「大規模暴脹奇異點」）（Poisson and Israel 1990）。

向上飛升的奇異點直到相當晚近方才發現，目前還沒有為非物理學家撰述的細部討論；技術性論文，見馬洛爾夫和奧里的作品（（Marolf and Ori 2013）。馬修・喬普楚克發現，瞬間生滅的極微小裸性奇異點確實有可能存在，並寫成一篇技術性論文來公布、說明他的發現（Choptuik 1993）。

第二十七章・火山緣

為本章大半篇幅（圖 27.3、27.5 和 27.9）奠定論述基礎的火山狀表面，可以用基本物理學方程式來描述。此外，「永續號」的軌跡、火山緣上軌跡的不穩定特性，以及「永續號」飛往「米勒的星球」的發射作業，也都能以此來描述。參見附錄〈技術筆記舉隅〉。

第二十八章・墜入「巨人」

我在《黑洞與時間彎曲》（Thorne 1994）的緒論中，從親身經歷下墜的角度，討論了墜入黑洞視界時會看到的景象與經歷的感受，以及從黑洞外旁觀時會看到的景象，內容比本書所述還詳盡許多。我也描述了這些景象和感受會受到黑洞的質量和自旋啥影響。

安德魯・漢密爾頓（Andrew Hamilton）打造了一套「黑洞飛行模擬器」，來計算墜入不自旋黑洞時會產生什麼樣的景象。他的計算和富蘭克林的團隊為《星際效應》製作的成果雷同（第八、九和第十五章），但他比《星際效應》搶先了許多年。

安德魯用他的模擬器製作了一套不同凡響的影片，你可以上網觀看，參見：http://jila.colorado.edu/~ajsh/insidebh。此外，在世界各地的天象館（天文台）也都看得到，參見：http://www.spitzinc.com/fulldome_shows/show_blackholes。

安德魯的影片，和我們在《星際效應》看到的有好些不同之處：首先，為了方便教學，安德魯有時候會在黑洞視界上添加網格線條（真實的黑洞和《星際效應》片中，都完全看不到這樣的網格），而且還拿掉內爆形成黑洞的恆星，換成一個「過去的視界。」[59] 其次，安德魯還在他的「旅行進入現實黑洞」（Journey into a Realistic Black Hole）（http://jila.colorado.edu/~ajsh/insidebh/realistic.html）影片中，讓黑洞帶著噴流和吸積盤。吸積盤噴發的氣體落入並穿透視界；這些下落的氣體，正是攝影機在視界和視界底下見到的最主要事物。

相較之下，在《星際效應》電影中看不到噴流，而

且吸積盤還相當貧弱，因此完全沒有氣體釋入視界並透入內部，令黑洞內部看來十分黑暗。但是在《星際效應》片中，庫柏遇上了朦朧微弱的光和片片的白色碎屑，來自比他更早墜入黑洞的東西。這些不是模擬的成果，而是「雙重否定」的藝術家另外添加上去的。

第二十九章・超立方體

當克里斯多福・諾蘭告訴我，他要在《星際效應》裡用到超立方體時，我真的很開心。十三歲那年，我讀到喬治・加莫夫（George Gamow）那本精彩的《從一到無窮大》（*One, Two, Three, . . . Infinity*）（Gamow 1947），在第四章讀到了超立方體，對我產生了重大影響，激勵了我想成為理論物理學家的志向。你可以在《額外次元視覺指南》（McMullen 2008）一書中找到超立方體相關詳細論述。

諾蘭的複雜化超立方體可說是絕無僅有的；目前尚未有任何著述公開討論這個課題，唯一例外是本書和《星際效應》電影相關其他作品。

麥德琳・蘭歌（Madeleine L'Engle）在她的經典兒童科幻小說《時間的皺摺》（*A Wrinkle in Time*）（L'Engle 1962）中，講述一群孩子如何運用超立方體四處旅行，尋找他們的父親。在我自己的詮釋中，這是一趟搭乘超立方體其中一面、在「體」中穿行的旅程，就像我詮釋庫柏如何從「巨人」的核心前往墨菲的臥室一樣，圖 29.4。

第三十章・向過去發送信息

物理學家當前對於在沒有「體」的四個時空次元裡逆向時光旅行的認識，參見《黑洞與時間彎曲》（Thorne 1994）最後一章、《時空的未來》（*The Future of Spacetime*）（Hawking et al. 2002）一書中霍金、諾維科夫和我所寫的章節，以及《時光旅行和曲速驅動機》（Everett and Roman 2012）。這些都是出自對時光旅行理論有重大貢獻的物理學家之手。關於時光旅行的現代研究史，參見《新時代的時光旅客：前進物理學的最前沿》（*The New Time Travelers: A Journey to the Frontiers of Physics*）（Toomey 2007）。

有關物理學、形而上學和科幻作品裡的時光旅行，在《時光機：物理學、形而上學和科幻作品裡面的時光旅行》（*Time Machines: Time Travel in Physics, Metaphysics, and Science Fiction*）（Nahin 1999）裡有廣泛的討論。《從永恆到此時：追尋時間的終極理論》（Carroll 2011）是一部精彩著作，討論內容幾乎包括了物理學家對於時間本質所知或所推斷的一切。

就我所知，還沒有任何以一般讀者為對象的好書或好文章，將我們這處宇宙當成棲身高等次元「體」裡的「膜」，並從這種角度切入論述時光旅行；但誠如我在第三十章所述，將愛因斯坦的定律延拓到高等次元所提出的預測，基本上和沒有「體」的情況是雷同的。

關於庫柏如何發送訊息回溯時光逆向傳送給墨菲，個中若干技術細節請見〈技術筆記舉隅〉。

---

59 更具體也更技術性的說法是，他沒有讓他的攝影機墜入黑洞，而是落入最大限度延拓的愛因斯坦方程式之「史瓦西解」或「萊斯納─諾德斯特洛姆解」（Reissner-Nordstrom solution）。

第三十一章・建立地球外的殖民站

　　有關墨菲如何依循我就《星際效應》所提出之詮釋，使殖民站升空、脫離地球的做法（縮小 G 值），參見我在前面針對第二十五章部份所述。

　　一九六〇年代早期，我還在普林斯頓大學攻讀博士，當時我的一位物理學教授傑瑞德・歐尼爾（Gerard K. O'Neill）正開始投入一項雄心勃勃的太空殖民站可行性研究，類似我們在《星際效應》片尾看到的那種殖民站。他這項研究後來又經他領導的一項航太總署研究增補，並寫成一本精彩專書，在此我大力推薦：《浩瀚邊疆：太空的人類殖民站》（*The High Frontier: Human Colonies in Space*）（O'Neill 1978）。

　　請特別留意弗里曼・戴森為該書撰寫的序，當中談到為何歐尼爾期盼在他這輩子實現的太空殖民夢終歸破碎，改而展望它在較遙遠的未來能夠成真。

附錄二：
技術筆記舉隅

支配我們的宇宙的物理定律，都是以數學語言來表達。這裡我為可以接受數學的讀者寫下了幾則算式，全都出自物理定律，然後示範我怎麼運用這些算式推導出本書的若干事項。有兩個數字經常出現在我的算式裡，一個是光速，$c = 3.00 \times 10^8$ 公尺／秒，另一個是牛頓的重力常數，$G = 6.67 \times 10^{-11}$ 公尺^3／千克／秒^2。這裡使用的是科學記數法，因此 10^8 表示 1 後面跟著八個 0，也就是 100,000,000 或一億，而 10^{-11} 表示 0.[10 個 0]1，也就是 0.00000000001。我不苛求能達到比百分之一更高的準確度，因此我的數值只寫出兩、三位數，而當我們對數值所知非常有限時，則只寫出一個位數。

第四章・翹曲時間、翹曲空間和潮汐重力

愛因斯坦的時間翹曲定律，最簡單、定量的形式就像這樣：將兩座一模一樣的時鐘靠近擺放，彼此相對靜止不動，然後沿著它們承受之重力引力的走向分隔開來。以 R 代表兩者滴答速率的微小差異，以 D 代表兩者相隔的距離，並以 g 來表示它們承受的重力加速度（從老化較快的那座，指朝老化較慢的那座）。則愛因斯坦的定律說明，$g = Rc^2/D$。回顧龐德—雷布卡的哈佛塔實驗，R 等於每日相差 210 微微秒，得 2.43×10^{-15}，塔高 D 為 22.3 公尺。將這些數值代入愛因斯坦的定律，我們推斷 $g = 9.8$ 公尺／秒平方，確實得出地球的重力加速度。

第六章・「巨人」的解剖構造

就「巨人」這種以極高速自旋的黑洞來說，其赤道面上視界的周長是以下列算式來表示：$C = 2\pi GM/c^2 = 9.3 (M/M_{太陽})$ 公里。這裡 M 是黑洞的質量，$M_{太陽} = 1.99 \times 10^{30}$ 千克是太陽的質量。至於非常緩慢自旋的黑洞，其周長便為這個大小的兩倍。「巨人」的視界半徑定義為此周長除以 2π：$R = GM/c^2 = 1.48 \times 10^8$ 公里，這和地球繞行太陽的軌道半徑非常接近。

我用來推斷「巨人」質量的論據是：「米勒的星球」的質量 m 對星球表面施加一向內重力加速度 g，其強度可由牛頓的平方反比定律求得：$g = Gm/r^2$，其中 r 是星球的半徑。在此星球距離「巨人」最遠的和最近的表面上，「巨人」的潮汐重力施加的拉

伸加速度（「巨人」對星球表面、對與表面相距 r 的星球中心所施加的重力強度差）能以此算式求得：$g_{潮汐} = (2GM/R^3)r$。這裡的 R 是行星繞「巨人」視界軌道之半徑，和「巨人」視界的半徑幾近相等。倘若施加於行星表面的拉伸加速度大於行星本身的向內重力加速度，則行星就會被扯碎，因此 $g_{潮汐}$ 必須小於 g：$g_{潮汐} < g$。把 g、$g_{潮汐}$ 和 R 代入前面的算式，並以行星密度 ρ 來表示它的質量，寫做 $m = (4\pi/3)r^3\rho$，接著做一些代數運算，結果便得 $M < \sqrt{3}c^3/\sqrt{2\pi G^3\rho}$。我估計「米勒的星球」密度為 $\rho = 10,000$ 千克／公尺立方（約相當於緻密的岩石），從這裡我求得「巨人」的質量為 $M < 3.4 \times 10^{38}$ 千克，約相當於兩億顆太陽——然後我再取近似一億顆太陽。

我使用愛因斯坦的相對論方程式推演出一個算式，把「米勒的星球」上的時間減速現象，$S = 1$ 小時／（7 年）$= 1.63 \times 10^{-5}$，和巨人自旋速率低於其可能之自旋最大值的分率 α 串聯起來：$\alpha = 16S^3/(3\sqrt{3})$。這個算式只有在自旋速率非常高時才成立。把 S 值代入，我們便求得 $\alpha = 1.3 \times 10^{-14}$；也就是說，「巨人」的實際自旋速率，低於其可能之最大值約百兆分之一。

第八章・塑造「巨人」的形象

我交給「雙重否定」的詹姆斯（用來求得光線繞行「巨人」之軌道運動的）那組方程式，是萊文和佩雷斯－吉茨的二〇〇八年論文（Levin and Perez-Giz, 2008）附錄 A 所列方程組的一種變異版本。我們的光束演變方程組則是平諾特和羅德爾的一九七七年兩篇論文（Pineult and Roeder 1977a 和 Pineult and Roder 1977b）所列方程組的一種變異版本。在富蘭克林的團隊和我打算推出的那幾篇論文中，我們會具體提出方程組形式，並詳細討論方程組應用方式和最後完成的模擬成果。

第十二章・氧氣短缺

這裡列出構成我在第十二章裡陳述之事項的基礎計算。這些運算是示範科學家如何進行估計的極佳範例。這些數字都是很粗略的近似值；引用的準確度只有一個位數。

地球大氣的質量為 5×10^{18} 千克，其中約八成是

氮，兩成是分子氧：O_2——相當於 1×10^{18} 千克的 O_2。未腐敗植物生物所含碳量約為 3×10^{15} 千克（地球物理學家稱這種碳為「有機碳」），其中約半數位於海洋表層，半數位於陸地（表 1，Hedges and Keil [1995]）。這兩種形式都會氧化（變換成 CO_2），氧化期平均為三十年。由於 CO_2 有兩個氧原子（得自大氣），只有一個碳原子，而且氧原子質量各為碳原子質量的 16/12，因此當所有植物全都死亡，這所有碳的氧化作用，就會耗掉 $2 \times 16/12 \times (3 \times 10^{15}$ 千克$) = 1 \times 10^{16}$ 千克的 O_2，相當於大氣含氧量的百分之一。

　　有關地球海洋突然翻轉的證據，以及海洋翻騰的生成理論，參見阿德金斯、英格索爾和帕斯蓋羅的二〇〇五年著述（Adkins, Ingersoll, and Pasquero, 2005）。這種翻轉把海床沉積所含有機碳帶到洋面的可能數量之標準估計值，重點放在經由洋流和動物活動混合構成的上沉積層。這道混合層的碳含量，算法為：把碳沉澱納入沉積的一個估計速率（約每年 10^{11} 千克），乘以沉積含碳被海水含氧完全氧化平均所需時間（一千年），得出 1.5×10^{14} 千克，相當於陸上和海洋表層含碳總量的二十分之一（Emerson and Hedges 1988, Hedges and Keil 1995）。然而：(i) 澱積率估計值有可能錯得離譜；舉例來說，鮑姆嘉特等人便以廣泛測量為本，估計出爪哇和蘇門答臘岸外印度洋的一個澱積率，該估計值的不確定比率為五十分之一，外推到整片海洋便可得出，混合層含碳量高達 3×10^{15} 千克（在陸上和在海洋表層的含量相等）（Baumgart et al. 2009）。(ii) 相當比例的堆積碳很可能沉陷在深層沉積物當中，沒有混合現象，也不與海水接觸，於是它只在海洋突發翻轉期間才可能氧化。據信，上一次翻轉發生在最近一次冰河時期，約兩萬年前，這是混合層氧化時間的二十倍。因此，未混合層所含有機碳總量，很可能是混合層含量的二十倍，而且是陸地上和海洋表面含量的二十倍。倘若重新發生一次翻轉，將它帶往海洋表面，並在那裡氧化，這就幾乎足夠讓所有人都缺氧並死於二氧化碳中毒；參見第十二章末尾。因此，這種情節合乎情理，只是非常不可能成真。

第十五章・《星際效應》蟲洞的視覺成像作業

　　克里斯多福・諾蘭選了好幾個長度，來做為《星際效應》片中蟲洞的直徑。從地球上看蟲洞的角徑（以弧度表示），為這個直徑除以它和地球的距離，約等於九個天文單位，或 1.4×10^9 公里（土星軌道的半徑）。因此，蟲洞的角徑約為 (2 公里)/(1.4 × 10^9 公里) = 1.4×10^{-9} 弧度，也就是 0.0003 弧秒。無線電波望遠鏡常規使用寰宇干涉觀測來達到這種角分辨率。地面上的光學望遠鏡使用一種「自調光學」（adaptive optics）技術，太空中的哈伯太空望遠鏡在二〇一四年能達到的角分辨率，比這個差了一百倍。夏威夷的凱克望遠鏡（Keck telescope）以雙鏡進行干涉觀測，在二〇一四年達到的分辨率，比蟲洞角徑差了十倍，但是到了《星際效應》的時代，以相隔遼闊距離的光學望遠鏡來進行光學干涉觀測，非常可能達到比蟲洞 0.0003 角秒更優異的分辨率。

第十七章・米勒的星球

　　如果你熟悉數學形式的牛頓重力定律，那麼你可能會有興趣深入探究玻丹・帕琴斯基（Bohdan Paczynski）和保羅・威塔（Paul Wiita）兩位天文物理學家開創的一種修改版（Paczynski and Wiita 1980）。在這個修改版中，不自旋黑洞的重力加速度，從牛頓的平方反比定律，$g = GM/r^2$ 更改成 $g = GM/(r - r_h)^2$。這裡 M 是黑洞的質量，r 是黑洞外側感受到加速度 g 之位置的半徑，而 $r_h = 2GM/c^2$ 則是不自旋黑洞的視界之半徑。從這個修改版得出的數值，和廣義相對論預測的重力加速度貼近得令人驚訝。[60] 你能不能使用這個修改過的重力，求出圖 17.2 的定量版，[61] 並推估出「米勒的星球」的軌道半徑？你的結果只會是大致正確，因為依循帕琴斯基—威塔描述的「巨人」重力，並未將空間受黑洞自旋牽引產生的旋動納入考量。

第二十五章・教授的方程式

　　教授的方程式中種種不同數學符號的意思（圖 25.7），在他的其他十五面黑板上都有說明，內容可

60　這個帕琴斯基—威塔修改版重力，已被用來開發一種和《星際效應》有關的重力彈弓效應電玩遊戲，可以看到黑洞如何影響太空船軌道；見 http://game.interstellarmovie.com/。

61　相關計算請參見底下的第二十七章技術筆記。

以在本書官網上查到：https://interstellar.withgoogle.com/。他的方程式對「拉格朗」函數 L 求積分，表達一種 S「作用」（「量子有效作用量」〔quantum effective action〕的典型限制）。

這些拉格朗函數率涉到五次元「體」和我們的四次元「膜」的時空幾何學（「度規」），也涉及棲居「體」裡面的一組「場」（分別以 Q、σ、λ、ξ 和 ϕ^i 來代表），以及棲居我們的「膜」裡面的「標準模型場」（包括電場和磁場）。

這些場和時空度規都可以改動，尋求 S 作用的一個極值（最大值、最小值或鞍點）。產生極值的條件是一組能控制「場」演變的「尤拉─拉格朗」（Euler-Lagrange）方程式。

這是變分法的一種標準程序。教授和墨菲猜測與推估一系列未知的「體」場 ϕ^i 和未知的函數 U(Q)、H_{ij} (Q^2) 和 M（標準模型場），以及出現在拉格朗函數中的未知常數 W_{ij}。在圖 25.8 你可以看到我將他們的一串推測寫在黑板上。然後，他們就著每一組推測來改變場和時空幾何，推導出「尤拉─拉格朗」方程式，然後再用電腦模擬，來探索這些方程式對重力異常的種種預測。

第二十七章・火山緣

這則筆記的讀者對象是熟悉牛頓重力定律之數學描述，以及能量守恆和角動量的人士。這裡我想出一個難題，請你推導出下述公式來描述火山狀表面，起點為 (i)「巨人」重力加速度的「帕琴斯基─威塔」估算公式，$g = GM/(r - r_h)^2$（參見前面第十七章的技術筆記），以及 (ii) 能量和角動量守恆定律。這

個公式使用第十七章技術筆記標記法，加上 L 代表永續號角動量（每單位質量），如下：

第一項是「永續號」的（每單位質量）重力能，第二項是它的切線動能，而 V(r) 和徑向動能 $v^2/2$（其中 v 是它的徑向速度）的總和等於「永續號」的（每單位質量）守恆總能。火山口緣的半徑為 r，且 V(r) 為一最大值。我想請你使用這些方程式和觀

$$V(r) = -\frac{GM}{r - r_h} + \frac{1}{2}\frac{L^2}{r^2}$$

點來證明我在第二十七章提出的相關主張，包括：「永續號」的軌跡、它在火山緣上軌跡的不穩定特性，以及它如何發射前往艾德蒙斯的星球。

第三十章・向過去發送信息

不論是在「體」裡面，或是在我們的「膜」裡面，信息和其他事物能夠移行前往的時空位置，都受控於一則定律：沒有任何事物能以超光速移行。我們物理學家使用時空圖（spacetime diagram）來探索這則定律的種種必然結果。我們描畫的時空圖中，任一事件都有個「未來光錐」。光線從該事件順著光錐走向朝外移行；其他移動速率低於光速的一切事物，都從該事件順著光錐或在錐內移行。相關實例，請見《重力：愛因斯坦廣義相對論入門讀本》（Hartle 2003）。

圖 TN.1 顯示的是，依我對《星際效應》電影提出的詮釋，超立方體之內部和各面上的未來光錐組型。（這是我在第三十章的注解 57 中提到的時空翹曲現象之數學描述。物理學家稱這種光錐組型為

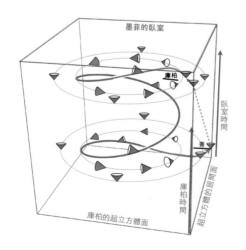

圖TN.1
超立方體內部的時空因果結構（略去其中一個空間次元）。

超立方體內部的「時空因果結構」〔the causal structure of spacetime〕）。圖 TN.1 也顯示了庫柏穿越超立方體內部時發送到墨菲臥室的重力波信息（力）之世界線（紫羅蘭色曲線）；以及從臥室發出並穿越超立方體面的光線之世界線（紅色虛線），庫柏就是靠這些光才看得到臥室。這是圖 30.5 純空間圖解的另一種時空版圖解。

　　你能不能從這張圖中理解為什麼這個重力波信息以光速行進，但是對臥室時間和庫柏時間來說是逆向上溯時間？相對之下，你能不能理解為什麼光線以光速行進，對臥室時間和庫柏時間來說就是向前順行？跟那幅艾雪的畫作討論（圖 30.6）比較看看。

致謝

首先我要向我的夥伴琳達‧奧布斯特致上最深摯謝意，感謝她帶領我進入好萊塢，教導我認識那個絕妙世界的許多事。我還要感謝克里斯多福‧諾蘭、艾瑪‧托馬斯、喬納森‧諾蘭、保羅‧富蘭克林和史蒂芬‧史匹柏。

感謝琳達的友情，和我合作孕育出故事大綱，最後拍成了這部《星際效應》電影，也感激她引領《星際效應》熬過歷練、磨難，最後終於託付給克里斯多福‧諾蘭，在他巧妙絕頂之手下使這部電影改頭換面。

這裡要謝謝保羅‧富蘭克林、奧利弗‧詹姆斯和歐吉妮‧馮‧騰澤爾曼接受我進入視覺特效的世界，還讓我有機會為《星際效應》的蟲洞、「巨人」黑洞與其吸積盤的視覺成像奠定根基。我還要謝謝奧利弗和歐吉妮與我密切合作，落實了這些基礎。

許多人對本書提出了高明的意見和建議，這裡我要一併向他們致謝，

謝謝琳達‧奧布斯特、傑夫‧什里夫（Jeff Shreve）、艾瑪‧托馬斯、克里斯多福‧諾蘭、喬丹‧戈德堡、保羅‧富蘭克林、奧利弗‧詹姆斯、歐吉妮‧馮‧騰澤爾曼，以及卡蘿爾‧羅斯（Carol Rose）。感謝萊斯利‧黃（Leslie Huang）和唐‧里夫金（Don Rifkin），謝謝他們逐行校閱原稿，務求準確並一以貫之。

我要感謝底下人士就圖片方面提供的重要協助和／或建言，謝謝喬丹‧戈德堡、艾瑞克‧路易（Eric Lewy）、什里夫、茱莉亞‧德魯斯金（Julia Druskin）、喬‧洛普斯（Joe Lops）、莉亞‧哈洛倫，以及安迪‧湯普森。感謝派特‧荷爾（Pat Holl）提供重要協助，幫忙取得圖片授權。

我還要謝謝以下人士讓本書得以成真。謝謝德雷克‧麥菲利（Drake McFeely）、什里夫、艾咪‧伽里（Amy Cherry）和我的好萊塢律師：艾瑞克‧謝爾曼（Eric Sherman）與肯尼斯‧杰夫仁（Ken Ziffren）。（是的，在好萊塢工作的所有人，大部份都得雇個律師或代理人；就算是跑龍套的科學家也不能免）

我還要向我的妻子與生命伴侶卡蘿莉‧溫斯坦致上謝意。感謝她一路耐心相伴，支持我走過這趟艱險的旅程。

圖片來源

Following figures © Warner Bros. Entertainment Inc.: 1.2, 3.3, 3.4, 3.6, 5.6, 8.1, 8.5, 8.6, 9.7, 9.9, 9.10, 9.11, 11.1, 14.9, 15.2, 15.4, 15.5, 17.5, 17.9, 18.1, 19.2, 19.3, 20.1, 20.2, 24.5, 25.1, 25.7, 25.8, 25.9, 27.8, 28.3, 29.8, 29.14, 30.1, 31.1

Following figures © Kip Thorne: 2.4, 2.5, 3.2, 3.5, 4.3, 4.4, 4.8, 4.9, 5.1, 5.2, 5.3, 5.4, 6.1, 6.2, 6.3, 6.4, 6.5, 7.1, 7.2, 7.3, 7.5, 8.2, 8.7, 9.8, 13.4, 13.5, 13.6, 14.5, 15.1, 15.3, 16.2, 16.5, 16.8, 17.1, 17.2, 17.3, 17.4, 17.6, 19.1, 21.3, 22.2, 22.3, 22.4, 23.2, 23.5, 23.6, 23.7, 23.8, 24.1, 24.4, 24.6, 24.7, 25.2, 25.3, 25.5, 25.6, 26.5, 26.10, 26.11, 26.12, 26.13, 27.1, 27.3, 27.6, 27.10, 28.2, 29.1, 29.2, 29.12, 30.2, 30.3, 30.4, TN.1

1.1: Carolee Winstein

1.2: Melinda Sue Gordon. © Warner Bros.

1.3: Tyler Ott

1.4: Rosie Draper

2.1: NASA, N. Benitez (JHU), T. Broadhurst (Racah Institute of Physics/The Hebrew University), H. Ford (JHU), M. Clampin (STScI), G. Hartig (STScI), G. Illingworth (UCO/Lick Observatory), the ACS Science Team, and ESA

2.2: Adam Evans, www.sky-candy.ca

2.3: Courtesy of NASA/SDO and the AIA, EVE, and HMI science teams

2.6: Property of the estate of Matthew H. Zimet. Courtesy Eva Zimet

2.7: © Best View Stock/Alamy

2.8: Image of Earth: NASA

2.9: © Picture Press/Alamy

2.10: © Russell Kightley/Science Source

2.11: Image of Earth: NASA

3.1: Waldseemuller map: map image courtesy of the Norman B. Leventhal Map Center at the Boston Public Library/Sidney R. Knafel Collection at Phillips Academy, Andover, MA. Ortelius map: from Library of Congress Geography and Map Division Washington, D.C. Bowen map: Geographicus Rare Antique Maps

3.3: Double Negative Visual Effects: Eugénie von Tunzelmann and Oliver James

3.6: Kip Thorne. © Warner Bros.

4.2: United States Government, adapted by Kip Thorne

4.5: © Lia Halloran, www.liahalloran.com

4.6: © Lia Halloran and Kip Thorne

4.7: © Lia Halloran and Kip Thorne

5.5: Courtesy NASA/JPL-Caltech

5.6: Double Negative Visual Effects: Eugénie von Tunzelmann and Oliver James

5.7: Karl Schwarzschild: photograph by Robert Bein, courtesy AIP Emilio Segrè Visual Archives. Roy Kerr: Roy P. Kerr. Stephen Hawking: © Richard M. Diaz. Robert Oppenheimer: en.wikipedia.org—J._Robert_Oppenheimer. Andrea Ghez: Mary Watkins (UCLA)

5.8: Keck/UCLA Galactic Center Group; Andrea Ghez

5.9: Akira Fujii/ESA/Hubble

6.5: © Kip Thorne, patterned after illustrations by Edward Teo (2003)

7.4: Left: © Robert Gendler (robgendlerastropics.com). Right: © Kip Thorne

7.6: Steve Drasco, assistant professor of physics, California Polytechnic State University, San Luis Obispo

7.7: Courtesy NASA/JPL-Caltech

8.1: Double Negative Visual Effects: Eugénie von Tunzelmann and Oliver James

8.3: Star field image: Alain Riazuelo, IAP/UPMC/CNRS; drawing: Kip Thorne. Movie camera icon courtesy basarugur

8.4: Star field image: Alain Riazuelo, IAP/UPMC/CNRS; drawing: Kip Thorne

8.5: Image: Double Negative Visual Effects: Eugénie von Tunzelmann and Oliver James; drawing: Kip Thorne. © Warner Bros. and Kip Thorne

8.6: Image: Double Negative Visual Effects: Eugénie von Tunzelmann and Oliver James; drawing: Kip Thorne. © Warner Bros. and Kip Thorne. Movie camera icon courtesy basarugur

9.1: Photo: NASA/STScI. Spectrum: Maarten Schmidt

9.2: Property of the estate of Matthew H. Zimet. Courtesy Eva Zimet

9.3: Property of the estate of Matthew H. Zimet. Courtesy Eva Zimet

9.4: Property of the estate of Matthew H. Zimet. Courtesy Eva Zimet

9.5: James Guillochon

9.6: James Guillochon

9.7: Double Negative Visual Effects: Eugénie von Tunzelmann and Oliver James

9.8: Movie camera icon courtesy basarugur. © Kip Thorne

9.9: Double Negative Visual Effects: Eugénie von Tunzelmann and Oliver James

10.1: Steve Drasco, assistant professor of physics, California Polytechnic State University, San Luis Obispo

11.2: NASA Goddard Earth Sciences Data and Information Services Center/Giovanni. Special thanks to James G.

Acker.

13.1: © Kip Thorne and Richard Powell, www.atlas oftheuniverse.com

13.2: Freeman Dyson

13.3: Copyright © American Institute of Aeronautics and Astronomics, Inc. 1983. All rights reserved.

14.1: Apple © Preto Perola/Shutterstock.com. Ant: © Katarzyna Cielecka/Fotalia.com

14.2: Wormhole drawing on left previously published in Misner, Thorne, and Wheeler (1973); remainder of figure: Kip Thorne

14.3: Property of the estate of Matthew H. Zimet. Courtesy Eva Zimet

14.4: Property of the estate of Matthew H. Zimet. Courtesy Eva Zimet

14.6: Left: © Catherine MacBride. Right: © Mark Interrante

14.7: Property of the estate of Matthew H. Zimet. Courtesy Eva Zimet

14.8: Property of the estate of Matthew H. Zimet. Courtesy Eva Zimet

15.2: Left: Kip Thorne. Right: Double Negative Visual Effects: Eugénie von Tunzelmann and Oliver James. © Warner Bros. and Kip Thorne

15.4: Left: Kip Thorne. Right: Double Negative Visual Effects: Eugénie von Tunzelmann and Oliver James. © Warner Bros. and Kip Thorne

16.1: Photos courtesy of the LIGO Laboratory

16.3: Courtesy of the LIGO Laboratory

16.4: Images produced by Robert McGehee, Ian MacCormack, Amin Nikbin, and Keara Soloway from a simulation by F. Foucart et al. (2011)

16.6: © Lia Halloran, www.liahalloran.com

16.7: Image courtesy Robert Owen, Department of Physics and Astronomy, Oberlin College

16.9: Figure courtesy SXS collaboration, www.black-holes.org

16.10: Steffen Richter

17.7: Top: © Xinhua/Xinhua Press/Corbis. Bottom: © AFLO/Nippon News/Corbis

17.8: NASA/JPL/University of Arizona

18.1: Data: Huan Yang, Aaron Zimmerman; image: Oliver James and Eugénie von Tunzelmann. © Warner Bros.

21.1: Courtesy NASA/JPL-Caltech

21.2: Left: courtesy John Schwarz. Right: Steve Jennings/Getty Images

22.1: History of Science Collection, John Hay Library, Brown University

23.1: Image of Sun: Courtesy of NASA/SDO and the AIA, EVE, and HMI science teams.

23.4: Randall photo: © Tsar Fedorsky, 2014. Sundrum photo: Raman Sundrum, professor of theoretical physics, University of Maryland, College Park

24.2: NASA/JPL-Caltech/GSFC/SDSS

24.3: Andrew Fruchter (STScI) et al., WFPC2, HST, NASA

24.8: NASA/JPL

25.1: Melinda Sue Gordon. © Warner Bros.

25.4: ESA–GOCE High Level Processing Facility

25.7: Kip Thorne. © Warner Bros.

25.8: Melinda Sue Gordon. © Warner Bros.

26.1: Released into the public domain by PoorLeno

26.2: Photo courtesy of the LIGO Laboratory

26.3: Property of the estate of Matthew H. Zimet. Courtesy Eva Zimet

26.4: ChrisVanLennepPhoto/Shutterstock.com

26.6: © Stephen Hawking, John Preskill, Kip Thorne

26.7: Left: © Matthew W. Choptuik 2000. Middle and right: © Kip Thorne

26.8: Photo by Irene Fertik 1997

26.9: © Lia Halloran, www.liahalloran.com

27.2: Kip Thorne for drawing; Double Negative for image of Endurance. © Kip Thorne and Warner Bros.

27.4: Jeff Darling, www.diseno-art.com

27.5: Kip Thorne for drawing; Double Negative for image of Endurance. © Kip Thorne and Warner Bros.

27.7: Kip Thorne for drawing; Double Negative for image of Endurance. © Kip Thorne and Warner Bros.

27.9: Kip Thorne for drawing; Double Negative for image of Endurance. © Kip Thorne and Warner Bros.

28.1: Kip Thorne for drawing; Double Negative for image of Endurance. © Kip Thorne and Warner Bros.

28.4: Drawing © Kip Thorne. Floating man adapted from illustration by Cameron D. Bennett

29.3: Tesseract: "Hypercube." Licensed under Creative Commons Attribution-Share Alike 3.0 via Wikimedia Commons—http://commons.wiki media.org/wiki/File:Hypercube.svg#media viewer/File:Hypercube.svg, adapted by Kip Thorne. Floating man: illustration by Cameron D. Bennett

29.4: Image of stars and galaxies: my distortion of Figure 2.1, which is courtesy NASA, N. Benitez (JHU), T. Broadhurst (Racah Institute of Physics/The Hebrew University), H. Ford (JHU), M. Clampin (STScI), G. Hartig (STScI), G. Illingworth (UCO/Lick Observatory), the ACS Science Team, and ESA. Shadow of floating man is adapted from illustration by Cameron D. Bennett

29.5: Drawing © Kip Thorne. Floating man adapted from illustration by Cameron D. Bennett. Girl adapted from illustration by Kamenetskiy Konstantin/Shutterstock.com

29.6: Tesseract: "Hypercube." Licensed under Creative Commons Attribution-Share Alike 3.0 via Wikimedia Commons—http://commons.wikimedia

.org/wiki/File:Hypercube.svg#mediaviewer/
File:Hypercube.svg, adapted by Kip Thorne. Floating
man: illustration by Cameron D. Bennett. Standing
girl: Kamenetskiy Konstantin/Shutterstock.com.
Lines, arrows, and text: Kip Thorne

29.7: Drawing © Kip Thorne. Floating man: Cameron D.
Bennett. Standing girl: Kamenetskiy Konstantin/
Shutterstock.com

29.9: Drawing © Kip Thorne. Floating man: Cameron D.
Bennett. Standing girl: Kamenetskiy Konstantin/
Shutterstock.com

29.10: Drawing © Kip Thorne. Floating man: Cameron D.
Bennett. Standing girl: Kamenetskiy Konstantin/
Shutterstock.com

29.11: © Christopher Nolan

29.13: Drawing © Kip Thorne. Floating man: Cameron D.
Bennett

30.5: Drawing © Kip Thorne. Shadow of floating man is
adapted from an illustration by Cameron D.
Bennett

30.6: M. C. Escher's Waterfall © 2014 The M. C. Escher
Company The Netherlands. All rights reserved

參考書目

Abbott, E. A. (1884). Flatland (Dover Thrift Edition 1992, New York); widely available on the web, for example at http://en.wikisource.org/wiki/Flatland_(second_edition).

Adkins, J. F., Ingersoll, A. P., and Pasquero, C. (2005). "Rapid Climate Change and Conditional Instability of the Glacial Deep Ocean from the Thermobaric Effect and Geothermal Heating," Quaternary Science Reviews, 24, 581–594.

Al-Khalili, J. (2012). Black Holes, Wormholes, and Time Machines, 2nd edition (CRC Press, Boca Raton, Florida).

Barrow, J. D. (2011). The Book of Universes: Exploring the Limits of the Cosmos (W. W. Norton, New York).

Bartusiak, M. (2000). Einstein's Unfinished Symphony: Listening to the Sounds of Space-Time (The Berkeley Publishing Group, New York).

Baum, R., and Sheehan, W. (1997). In Search of the Planet Vulcan: The Ghost in Newton's Clockwork Universe (Plenum Trade, New York).

Baumgart, A., Jennerjahn, T., Mohtadi, M., and Hebbeln, D. (2010). "Distribution and Burial of Organic Carbon in Sediments from the Indian Ocean Upwelling Region Off Java and Sumatra, Indonesia," Deep-Sea Research I, 57, 458–467.

Begelman, M., and Rees, M. (2009). Gravity's Fatal Attraction: Black Holes in the Universe, 2nd edition (Cambridge University Press, Cambridge, England).

Billings, L. (2013). Five Billion Years of Solitude: The Search for Life Among the Stars (Penguin Group, New York).

Brans, C. (2010). "Varying Newton's Constant: A Personal History of Scalar-Tensor Theories," Einstein Online, 1002; available at http://www.einstein-online.info/spotlights/scalar-tensor.

Carroll, S. (2011). From Eternity to Here: The Quest for the Ultimate Theory of Time (Oneworld Publications, Oxford, England).

Carroll, S. (2014). Preposterous Universe, http://www.preposterousuniverse.com/blog/.

Choptuik, M. W. (1993). "Universality and Scaling in Gravitational Collapse of a Massless Scalar Field," Physical Review Letters, 70, 9.

Davies, P.C.W., and Brown, J. R. (1986). The Ghost in the Atom: A Discussion of the Mysteries of Quantum Physics (Cambridge University Press, Cambridge, England).

Dyson, F. J. (1963). "Gravitational Machines," in Interstellar Communication, edited by A.G.W. Cameron (W. A. Benjamin, New York), pp. 115–120.

Dyson, F. J. (1968). "Interstellar Transport," Physics Today, October 1968, pp. 41–45.

Ehlinger, L. (2007). Flatland: The Film, currently available on YouTube at http://www.youtube.com/watch?v=eyuNrm4VK2w; see also http://www.flatlandthefilm.com.

Emerson, S., and Hedges, J. I. (1988). "Processes Controlling the Organic Carbon Content of Open Ocean Sediments," Paleoceanography, 3, 621–634.

Everett, A., and Roman, T. (2012). Time Travel and Warp Drives (University of Chicago Press, Chicago).

Feynman, R. (1965). The Character of Physical Law (British Broadcasting System, London); paperback edition (MIT Press, Cambridge, Massachusetts).

Forward, R. (1962). "Pluto—the Gateway to the Stars," Missiles and Rockets, 10, 26–28.

Forward, R. (1984). "Roundtrip Interstellar Travel Using Laser-Pushed Lightsails," Journal of Spacecraft and Rockets, 21, 187–195.

Foucart, F., Duez, M. D., Kidder, L. E., and Teukolsky, S. A., "Black Hole–Neutron Star Mergers: Effects of the Orientation of the Black Hole Spin," Physical Review D 83, 024005 (2011); also available at http:arXiv:1007.4203.

Freeze, K. (2014). The Cosmic Cocktail: Three Parts Dark Matter (Princeton University Press, Princeton, New Jersey).

Gamow, G. (1947). One, Two, Three . . . Infinity: Facts and Speculations of Science (Viking Press, New York; now available from Dover Publications, Mineola, New York).

Gregory, R., Rubakov, V. A., and Sibiryakov, S. M. (2000). "Opening Up Extra Dimensions at Ultra-Large Scales," Physical Review Letters, 84, 5928–5931; available at http://lanl.arxiv.org/abs/hep-th/0002072v2.

Greene, B. (2003). The Elegant Universe: Superstrings, Hidden Dimensions, and the Quest for the Ultimate Theory, 2nd edition (W. W. Norton, New York).

Greene, B. (2004). The Fabric of the Cosmos: Space,

Time, and the Texture of Reality (Alfred A. Knopf, New York).

Guillochon, J., Ramirez-Ruiz, E., Rosswog, S., and Kasen, D. (2009). "Three-Dimensional Simulations of Tidally Disrupted Solar-Type Stars and the Observational Signatures of Shock Breakout," Astrophysical Journal, 705, 844–853.

Guth, A. (1997). The Inflationary Universe (Perseus, New York).

Hartle, J. (2003): Gravity: An Introduction to Einstein's General Relativity (Pearson, Upper Saddle River, New Jersey).

Hawking, S. (1988). A Brief History of Time: From the Big Bang to Black Holes (Bantam Books, New York).

Hawking, S. (2001). The Universe in a Nutshell (Bantam Books, New York).

Hawking, S., and Mlodinow, L. (2010). The Grand Design (Bantam Books, New York).

Hawking, S., Novikov, I., Thorne, K. S., Ferris, T., Lightman, A., and Price, R. (2002). The Future of Spacetime (W. W. Norton, New York).

Hawking, S., and Penrose, R. (1996). The Nature of Space and Time (Princeton University Press, Princeton, New Jersey).

Hedges, J. I., and Keil, R. G. (1995). "Sedimentary Organic Matter Preservation: An Assessment and Speculative Synthesis," Marine Chemistry, 49, 81–115.

Isaacson, W. (2007). Einstein: His Life and Universe (Simon & Schuster, New York).

Kennefick, D. (2007). Traveling at the Speed of Thought: Einstein and the Quest for Gravitational Waves (Princeton University Press, Princeton, New Jersey).

Lemonick, M. (2012). Mirror Earth: The Search for Our Planet's Twin (Walker, New York).

L'Engle, M. (1962). A Wrinkle in Time (Farrar, Strauss and Giroux, New York).

Levin, J., and Perez-Giz, G. (2008). "A Periodic Table for Black Hole Orbits," Physical Review D, 77, 103005.

Lynden-Bell, D. (1969). "Galactic Nuclei as Collapsed Old Quasars," Nature, 223, 690–694.

Maartens, R., and Koyama K. (2010). "Brane-World Gravity," Living Reviews in Relativity 13, 5; available at http://relativity.livingreviews.org/Articles/lrr-2010-5/.

Marolf, D., and Ori, A. (2013). "Outgoing Gravitational Shock-Wave at the Inner Horizon: The Late-Time Limit of Black Hole Interiors," Physical Review D, 86, 124026.

McKinney, J. C., Tchekhovskoy, A., and Blandford, R. D. (2012). "Alignment of Magnetized Accretion Disks and Relativistic Jets with Spinning Black Holes," Science, 339, 49–52; also available at http://arxiv.org/pdf/1211.3651v1.pdf.

McMullen, C. (2008). The Visual Guide to Extra Dimensions. Volume 1: Visualizing the Fourth Dimension, Higher-Dimensional Polytopes, and Curved Hypersurfaces (Custom Books).

Meier, D. L. (2012). Black Hole Astrophysics: The Engine Paradigm (Springer Verlag, Berlin).

Merritt D. (2013). Dynamics and Evolution of Galactic Nuclei (Princeton University Press, Princeton, New Jersey).

Misner, C. W., Thorne, K. S., and Wheeler, J. A. (1973). Gravitation (W. H. Freeman, San Francisco).

Nahin, P. J. (1999). Time Machines: Time Travel in Physics, Metaphysics and Science Fiction, 2nd edition (Springer Verlag, New York).

Obst, L. (1996). Hello, He Lied: & Other Truths from the Hollywood Trenches (Little, Brown, Boston).

Obst, L. (2013). Sleepless in Hollywood: Tales from the New Abnormal in the Movie Business (Simon & Schuster, New York).

O'Neill, G. K. (1978). The High Frontier: Human Colonies in Space (William Morrow, New York; 3rd edition published by Apogee Books, 2000).

Paczynski, B., and Wiita, P. J. (1980). "Thick Accretion Disks and Supercritical Luminosities," Astronomy and Astrophysics, 88, 23–31.

Pais, A. (1982). "Subtle Is the Lord . . ." : The Science and the Life of Albert Einstein (Oxford University Press, Oxford, England).

Panek, R. (2011). The 4% Universe: Dark Matter, Dark Energy, and the Race to Discover the Rest of Reality (Houghton Mifflin Harcourt, New York).

Penrose, R. (2004). The Road to Reality: A Complete Guide to the Laws of the Universe (Alfred A. Knopf, New York).

Perryman, M. (2011). The Exoplanet Handbook (Cambridge University Press, Cambridge, England).

Pineault, S., and Roeder, R. C. (1977a). "Applications of Geometrical Optics to the Kerr Metric. I.

Analytical Results," Astrophysical Journal, 212, 541–549.

Pineault, S., and Roeder, R. C. (1977b). "Applications of Geometrical Optics to the Kerr Metric. II. Numerical Results," Astrophysical Journal, 213, 548–557.

Poisson, E., and Israel, W. (1990). "Internal Structure of Black Holes," Physical Review D, 41, 1796–1809.

Randall, L. (2006). Warped Passages: Unraveling the Mysteries of the Universe's Hidden Dimensions (HarperCollins, New York).

Rees, M., ed. (2005). Universe: The Definitive Visual Guide (Dorling Kindersley, New York).

Roseveare, N. T. (1982). Mercury's Perihelion from Le Verriere to Einstein (Oxford University Press, Oxford, England).

Schutz, B. (2003). Gravity from the Ground Up: An Introductory Guide to Gravity and General Relativity (Cambridge University Press, Cambridge, England)

Schutz, B. (2009). A First Course in General Relativity, 2nd edition (Cambridge University Press, Cambridge, England).

Singh, P. S. (2004). Big Bang: The Origin of the Universe (HarperCollins, New York).

Shostak, S. (2009). Confessions of an Alien Hunter: A Scientist's Search for Extraterrestrial Intelligence (National Geographic, Washington, DC).

Stewart, I. (2002). The Annotated Flatland: A Romance of Many Dimensions (Basic Books, New York).

Teo, E. (2003). "Spherical Photon Orbits Around a Kerr Black Hole," General Relativity and Gravitation, 35, 1909–1926; available at http://www.physics.nus.edu
.sg/~phyteoe/kerr/paper.pdf.

Thorne, K. S. (1994). Black Holes & Time Warps: Einstein's Outrageous Legacy (W. W. Norton, New York).

Thorne, K. S. (2002). "Spacetime Warps and the Quantum World: Speculations About the Future," in Hawking et. al. (2002).

Thorne, K. S. (2003). "Warping Spacetime," in The Future of Theoretical Physics and Cosmology: Celebrating Stephen Hawking's 60th Birthday, edited by G. W. Gibbons, S. J. Rankin, and E.P.S. Shellard (Cambridge University Press, Cambridge, England), Chapter 5, pp. 74–104.

Toomey, D. (2007). The New Time Travelers: A Journey to the Frontiers of Physics (W. W. Norton, New York).

Visser, M. (1995). Lorentzian Wormholes: From Einstein to Hawking (American Institute of Physics, Woodbury, New York).

Vilenkin, A. (2006). Many Worlds in One: The Search for Other Universes (Hill and Wang, New York).

Wheeler, J. A., and Ford, K.(1998). Geons, Black Holes and Quantum Foam: A Life in Physics (W. W. Norton, New York).

Will, C. M. (1993). Was Einstein Right? Putting General Relativity to the Test (Basic Books, New York).

Witten, E. (2000). "The Cosmological Constant from the Viewpoint of String Theory," available at http://arxiv.org/abs/hep-ph/0002297.

Yang, H., Zimmerman, A., Zenginoglu, A., Zhang, F., Berti, E., and Chen, Y. (2013). "Quasinormal Modes of Nearly Extremal Kerr Spacetimes: Spectrum Bifurcation and Power-Law Ringdown," Physical Review D, 88, 044047.

人名索引

主題索引

＊ 斜體數字代表插圖頁碼

星際效應：電影幕後的科學事實、推測與想像
The Science of Interstellar

作　　者	基普・索恩（Kip Thorne）	電　　話	（02）2715 2022
序　　言	克里斯多福・諾蘭（Christopher Nolan）	傳　　真	（02）2715 2021
譯　　者	蔡承志	讀者服務信箱	service@azothbooks.com
校　　對	謝惠鈴	漫遊者臉書	www.facebook.com/azothbooks.read
封面設計	陳威伸	發行或營運統籌	大雁文化事業股份有限公司
內頁排版	高巧怡	地　　址	台北市 105 松山區復興北路 333 號 11 樓之 4
行銷企劃	蕭浩仰、江紫涓	劃撥帳號	50022001
行銷統籌	駱漢琦	戶　　名	漫遊者文化事業股份有限公司
業務發行	邱紹溢	二版一刷	2022 年 8 月
營運顧問	郭其彬	二版三刷 (1)	2023 年 7 月
責任編輯	林淑雅	定　　價	台幣 900 元
總　編　輯	李亞南	ISBN	978-986-489-670-7
發　行　人	蘇拾平		
出　　版	漫遊者文化事業股份有限公司	有著作權・侵害必究（Printed in Taiwan）	
地　　址	台北市松山區復興北路 331 號 4 樓	本書如有缺頁、破損、裝訂錯誤，請寄回本公司更換。	

國家圖書館出版品預行編目(CIP)資料

星際效應：電影幕後的科學事實、推測與想像/基普.索恩(Kip Thorne)
著；蔡承志譯. -- 二版. -- 臺北市：漫遊者文化事業股份有限公司出版：
大雁文化事業股份有限公司發行, 2022.08
304面；19×26公分
譯自：The science of interstellar
ISBN 978-986-489-670-7(平裝)
1.CST: 太空科學 2.CST: 天文學 3.CST: 物理學
320　　　　　　　　　　　　　　　　　　　　　　　　111009633

FROM
CHRISTOPHER NOLAN

INTERSTELLAR

PARAMOUNT PICTURES AND WARNER BROS. PICTURES PRESENT
IN ASSOCIATION WITH LEGENDARY PICTURES A SYNCOPY/LYNDA OBST PRODUCTIONS PRODUCTION
A FILM BY CHRISTOPHER NOLAN "INTERSTELLAR" MATTHEW McCONAUGHEY ANNE HATHAWAY
JESSICA CHASTAIN BILL IRWIN ELLEN BURSTYN AND MICHAEL CAINE COSTUMES DESIGNED BY MARY ZOPHRES MUSIC BY HANS ZIMMER
EDITOR LEE SMITH, A.C.E. PRODUCTION DESIGNER NATHAN CROWLEY DIRECTOR OF PHOTOGRAPHY HOYTE VAN HOYTEMA, F.S.F., N.S.C.
EXECUTIVE PRODUCERS JORDAN GOLDBERG JAKE MYERS KIP THORNE WRITTEN BY JONATHAN NOLAN AND CHRISTOPHER NOLAN
PRODUCED BY EMMA THOMAS CHRISTOPHER NOLAN LYNDA OBST THOMAS TULL DIRECTED BY CHRISTOPHER NOLAN

NOVEMBER 2014
IN THEATRES AND IMAX

InterstellarMovie.com